局域网技术

于继超　赵家瑞　彭昊旻　编著

北京航空航天大学出版社

内 容 简 介

本书系统阐述局域以太网知识，共14章。第1章概述计算机网络背景与网络规模划分原则。第2～8章依次讲解局域网基础知识，如以太网物理层、数据链路层、网络层、传输层、组播、应用层知识，以及电路与分组交换区别等。第9章介绍华为交换机典型配置，第10章讲解eNSP和WireShark网络工具。第11章以PowerLink为例说明实时以太网。第12～14章简要介绍无线局域网、虚拟化、云和其他网络。

作为局域以太网基础书籍，本书适用于在局域网环境中应用以太网的工程师阅读，尤其适合于以太网基础较为薄弱的工程总体或分系统技术人员阅读。

图书在版编目(CIP)数据

局域网技术 / 于继超，赵家瑞，彭昊旻编著. -- 北京 ：北京航空航天大学出版社，2025. 3

ISBN 978-7-5124-4159-0

Ⅰ. ①局… Ⅱ. ①于… ②赵… ③彭… Ⅲ. ①局域网 Ⅳ. ①TP393. 1

中国国家版本馆CIP数据核字(2023)第169434号

局域网技术

于继超　赵家瑞　彭昊旻　编著

策划编辑　董宜斌　　责任编辑　董宜斌

*

北京航空航天大学出版社出版发行

北京市海淀区学院路37号(邮编100191)　http://www.buaapress.com.cn

发行部电话：(010)82317024　传真：(010)82328026

读者信箱：copyrights@buaacm.com.cn　邮购电话：(010)82316936

北京九州迅驰传媒文化有限公司印装　各地书店经销

*

开本：710×1 000　1/16　印张：15　字数：337千字

2025年4月第1版　2025年4月第1次印刷

ISBN 978-7-5124-4159-0　定价：69.00元

前　言

我作为一名航天技术人员，一转眼已经工作了10年了。这10年来我一直从事着航天飞行器航电系统设计工作，见证了我国航天飞行器技术的快速发展，学到了很多工程实践技术知识。这些知识在市面上的书本中往往难以找到，所以当我考虑以哪种方式来纪念我参加工作10周年时，发现把我积累的部分工作经验和知识总结成书，应当是最有意义的一种方式了。

在上大学的时候我就自学过以太网相关知识，还考取了计算机网络四级证书。参加工作以后，接触到各类通信总线，经过比对发现，以太网的复杂程度如此之高，以前通过书本获得的知识缺乏针对性，在工作实践中还是需要根据实际需求一点点去学习、去理解。航天飞行器所需要的以太网知识主要是与局域网相关的，然而市面上却找不到专门讲解局域网相关知识的书籍，学习者则需要查阅大量的书籍、网页、视频，根据实际需求甄选自己所需要的相关知识。然而，以太网的相关知识体系过于庞大和繁杂，学习者需要花费大量的时间和精力去甄别，且网络上很多说法也存在矛盾，并不能特别好地解决实际中的问题，还需要学习者去实践和摸索。因此，我就产生了写一本关于小型局域网相关知识书籍的冲动，结合自己实际工作过程中的应用经验将局域网相关知识进行提炼，以使后来人不必重蹈我的覆辙，能够更快地掌握相关知识。

以太网具有强大的功能和众多的工具支持，除了在互联网领域，在工业领域也逐渐得到广泛应用。尤其是实时以太网的出现，其高带宽、强实时、与普通以太网兼容等优势使其在工业控制、汽车自动驾驶、航天飞行器等领域逐渐获得广泛应用。

本书内容除了介绍一些必要的基本知识之外，还介绍了工作实践中需要用到的一些技能，以及实时以太网、无线局域网的相关知识。书中无过多废话，力求语言精炼、通俗易懂。

这里要特别感谢北航出版社董宜斌和各位编辑老师的认真修改，正是在各位编辑老师的支持和辛苦工作下，这本书才终于得以面世。要特别感谢我的雇主公司东方空间的领导彭昆雅和布向伟，在我第一次表达要出版本书的时候就给与了我非常大的鼓励和帮助。要特别感谢我的爱人时雨婷，因期待本书早日面市进行了多次敦促，并给与了很好的后勤保障支持。此外，本书得到了国家自然科学基金（基金号 12205008）青年项目、国家重点研发计划“基础科研条件与重大科学仪器设备研发”重点专项（课题号 2024YFF0726304）和北京市自然科学基金面上项目（基金号 1252019）的支持，特别感谢。

由于作者水平有限，书中错误在所难免，敬请读者不吝指正。读者可通过电子邮箱 superfish0123@126.com 与我直接联系。

于继超

2024 年 12 月写于北京

目　　录

第 1 章　以太网概况

1.1　计算机网络出现的背景

计算机正对我们的社会与生活产生着不可估量的影响。现如今，计算机已应用于各种各样的领域，以至于有人说“20 世纪最伟大的发明就是计算机”。计算机已被广泛引入到工厂、学校、科研机构以及办公室、实验室等场所，就连在家里使用个人电脑也已是普遍现象。同时，笔记本电脑、平板电脑、手机终端等便携设备的持有人数也日益增多，甚至外观上一点都不像计算机的家用电器、音乐播放器、办公电器、汽车等设备中，一般也会内置一个甚至上千个芯片，使这些设备具有相应的计算机控制功能。在不经意间，我们的工作与生活已与计算机紧密相连。而且我们所使用的计算机和带有内置芯片的设备当中，绝大多数都具有联网功能。

起初，计算机以单机模式被广泛使用（如图 1－1 所示）；然而随着计算机的不断发展，人们已不再局限于单机模式，而是将一个个计算机连接在一起，形成一个计算机网络，如图 1－2 所示。连接多台计算机可以实现信息共享，同时还能在两台物理位置较

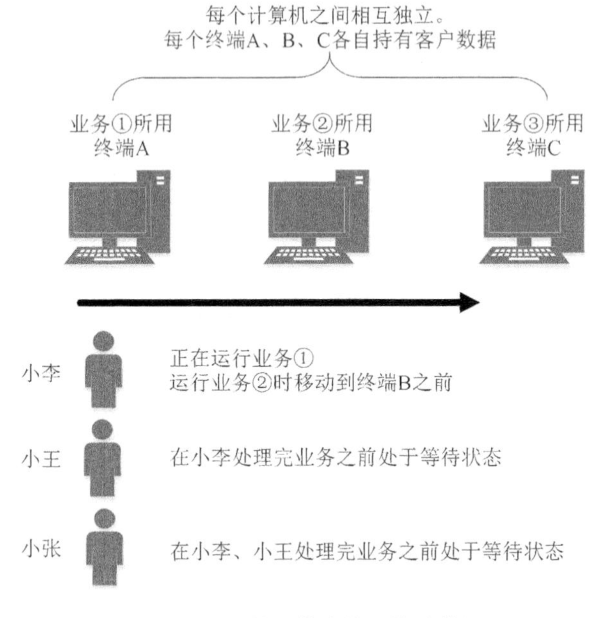

图 1－1　以单机模式使用的计算机

远的机器之间即时传递信息。

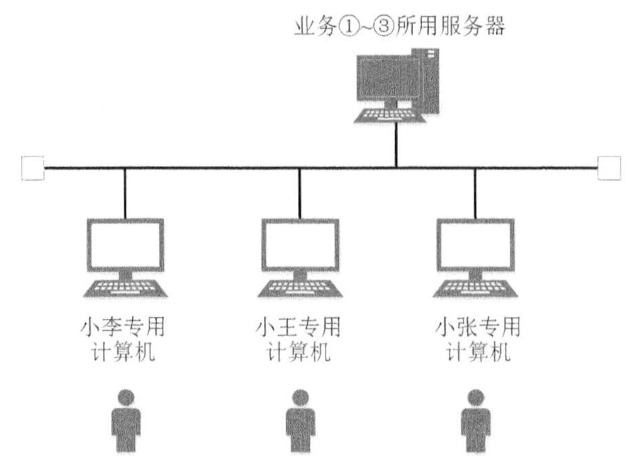
业务①~③所用服务器
小李专用
计算机
小王专用
计算机
小张专用
计算机
每个人都使用各自独立的计算机，业务①、②、③之间随时自由切换。
共享数据由服务器集中管理。

图 1-2　以网络互联方式使用计算机

最初，由管理员将特定的几台计算机相连在一起形成计算机网络。例如，将同一公司、同一实验室所持有的计算机连接在一起，或是将有业务往来的企业之间的计算机相连在一起。总而言之，形成的是一种私有的网络。

随着这种私有网络的不断发展，人们开始尝试将多个私有网络相互连接组成更大的私有网络。这种网络又逐渐发展演变成互联网为公众所使用。在这个过程中，网络环境俨然已发生戏剧性的变化。

连接到互联网以后，计算机之间的通信已不再局限于公司或者部门内部，一台计算机能够与互联网中其他任何一台计算机进行通信。互联网作为一门新兴技术，极大地丰富了当时以电话、邮政以及传真为主的通信手段，逐渐被人们所接受。

此后，人们不断研发各种互联网接入技术，使得各种通信终端都能够连接到互联网，使互联网成为了一个世界级规模的计算机网络，形成了现在这种综合通信环境。

1.2　网络规模的划分

按照规模，网络可以粗略地划分为 4 类：局域网（LAN，Local Area Network）、城域网（MAN，Metropolitan Area Network）、广域网（WAN，Wide Areq Network）、互联网（Internet）。

1. 局域网

若一个单位想将位于某个范围有限、行政可控区域内的大量联网设备通过一种高速的方式相互连接起来，就需要通过组建一个局域网来让这些设备实现相互通信，如图 1-3 所示。这是本书要着重介绍的内容。

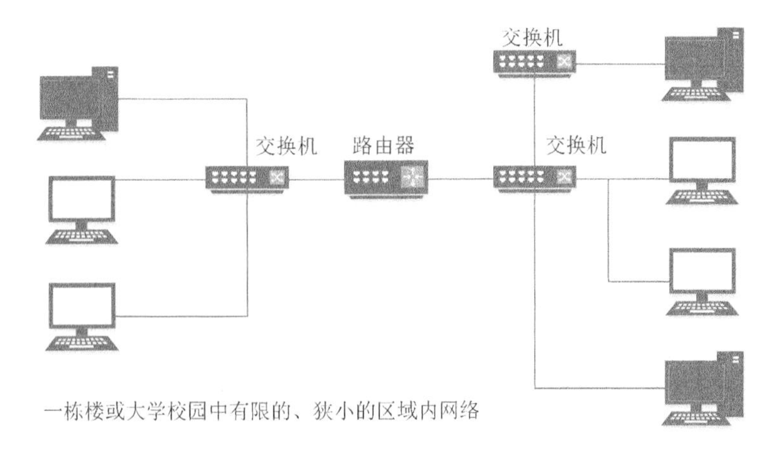

图1-3 局域网LAN

2. 城域网

城域网的规模介于局域网和广域网之间,它原本指的是那些跨越几公里到几十公里范畴,为一个园区、一座城市或者一个都市圈中的用户提供各类公共通信服务的网络。

需要指出的是,在实践中,企事业机构往往会将自己单位可管理的网络统统视为局域网,而将超出自己管理范畴的网络统统视为广域网。这种差异导致人们在实际工作中很少会刻意区分城域网和广域网的概念,或者将城域网视为广域网的一部分。

3. 广域网

广域网与局域网所采用的底层技术有所不同,连接方式存在显著区别,如图1-4所示。

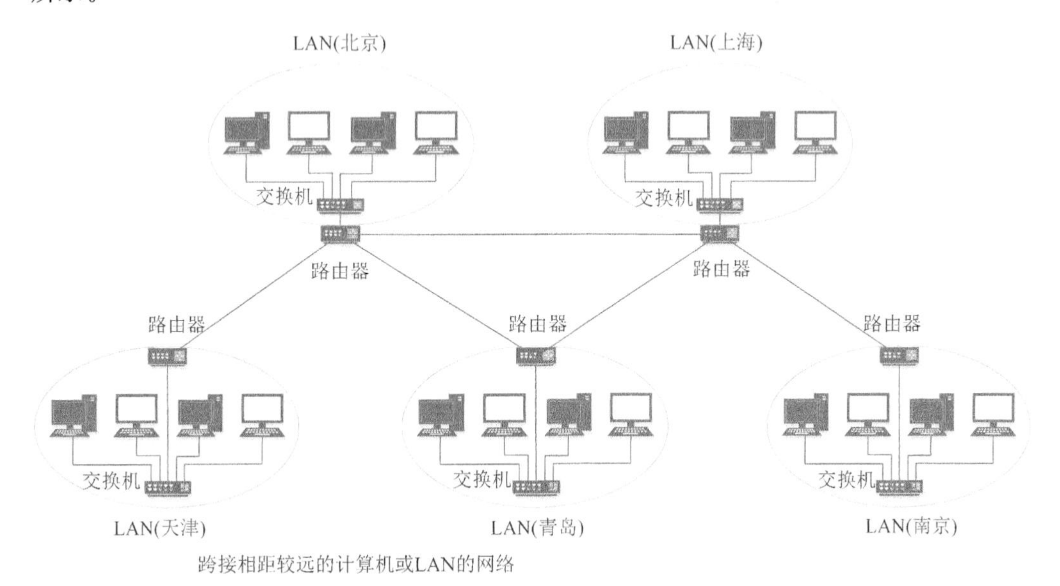

图1-4 广域网WAN

4. 互联网

互联网(Internet)不是一个单一的网络,也没有特定的技术范畴,它是大量异构网络的集合。这个庞大的网络不隶属于任何机构或者个人。任何组织和个人都可以使用各种不同的方法,通过各类不同的基础设施连接到这个网络中,通过这个网络,接受同样连接到这个网络中的其他组织、个人所提供的各类网络服务,或者为其他组织、个人提供不同的网络服务。

第 2 章　网络基础知识

2.1　电路交换和分组交换

目前,网络通信方式大致分为两种——电路交换和分组交换。电路交换技术的历史相对久远,过去主要用于电话网。而分组交换技术则是一种较新的通信方式,从 20 世纪 60 年代后半叶才开始逐渐被人们认可。本书着力介绍的 TCP/IP(Transmission Control Protocol/Internet Protocol),正是采用了分组交换技术。

在电路交换中,交换机主要负责数据的中转处理。计算机首先被连接到交换机上,而交换机与交换机之间则由众多通信线路继续连接。因此,计算机之间传送数据时,需要通过交换机与目标主机建立通信线路。我们将连接线路称为建立连接。建立好连接后,用户就可以一直使用这条线路,直到该连接被断开为止。

如果一条线路上连接了多台计算机,而这些计算机之间需要相互传递数据,就会出现新的问题。鉴于一台计算机在收发信息时会独占整个线路,其他计算机只能等待这台计算机处理结束以后才有机会使用这条线路收发数据,并且在此过程中,谁也无法预测某一台计算机的数据传输从何时开始又在何时结束。如果并发用户数超过交换机之间的通信线路数,就意味着通信根本无法实现。

为此,人们想到了一个新的方法,即让连接到通信线路的计算机将所要发送的数据分成多个数据包,按照一定的顺序排列之后分别发送。这就是分组交换。有了分组交换,数据被细分后,所有的计算机就可以同时收发数据,这样就提高了通信线路的利用率。由于在分组过程中,在每个分组的首部写入了发送端和接收端的地址,所以即使同一条线路同时为多个用户提供服务,也可以明确区分每个分组数据发往的目的地,以及它是与哪台计算机进行通信。

在分组交换中,由分组交换机(路由器)连接通信线路。分组交换的大致处理过程是:发送端计算机将数据分组发送给路由器,路由器收到这些分组数据以后,缓存到自己的缓冲区,然后再转发给目标计算机。因此,分组交换也有另一个名称:蓄积交换。

在电路交换中,计算机之间的传输速率不变;而在分组交换中,通信线路的传输速率可能有所不同,根据网络的拥堵情况,数据到达目标地址的时间有长有短。

2.2 OSI参考模型

目前广为人知的OSI(Open System Interconnection)参考模型是将ISO(International Organization for Standardization,国际标准化组织)提议的模型与CCITT(International Consultative Committee on Telecommunications and Telegraph,国际电话电报咨询委员会)提议的标准相互融合的模型。这个模型明确区分了服务、接口和协议这三者的概念。

这里所说的服务,是模型中每一层在作用上的界定。接口,则定义了模型上下层之间互相访问的标准。

按照OSI模型的定义方式,其每一层皆通过接口为上一层提供特定服务,同时也通过接口接受下一层提供的服务,同一层设备之间的通信则通过协议来定义标准,如图2-1所示。这种服务、接口和协议的区分是OSI模型最大的贡献之一。这不仅强化了通信流程的逻辑性,让各层的职责更加清晰,还实现了分层模型的模块化,为协议甚至分层的不断更新换代做好了框架上的准备。正是由于OSI模型将协议与接口和服务相互独立,用同类协议来替换某一个协议才不会对通信构成影响。

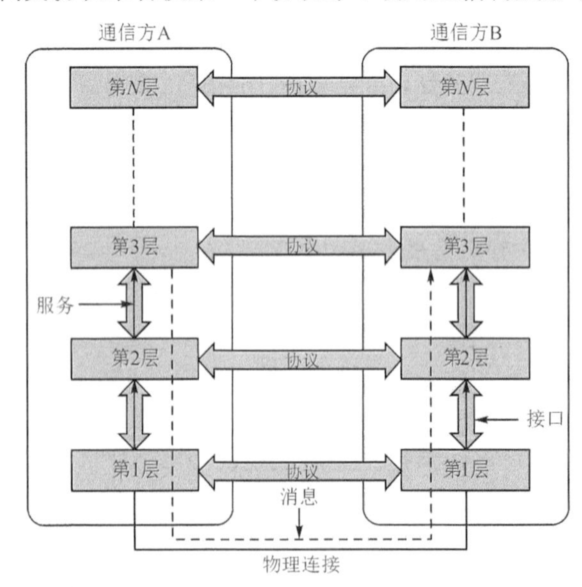

图2-1 协议、接口与服务三者的关系

OSI模型将计算机网络的体系结构分为如图2-2所示的7层,并对这7层提供的服务分别进行了定义。

OSI模型的分层结构,以及ISO组织为每一层定义的服务如下:

1. 应用层(Application Layer)

应用层的服务是为用户提供接口,因此,应用层中包含各类用户常见的协议。

2. 表示层(Presentation Layer)

表示层的服务是既保证通信各方在应用层相互发送的信息可以相互解读,也保证双方在信息的表达方式上是一致的。加密解密、压缩解压、编码方式转换等属于表示层的服务。比如,将拉丁字母转换为数据的做法如果套用到网络技术领域,大致就属于表示层的功能。

图 2-3 为表示层传输功能示意图,表示层可将数据从“某个计算机特定的数据格式”转换为“网络通用的标准数据格式”(比如 UTF-8、EUC-JP 等很多编码格式)后再发送出去。表示层与表示层之间为了识别编码格式也会在所传输的数据前端附加首部信息。

应用层
表示层
会话层
传输层
网络层
数据链路层
物理层

图 2-2 OSI 的 7 层模式

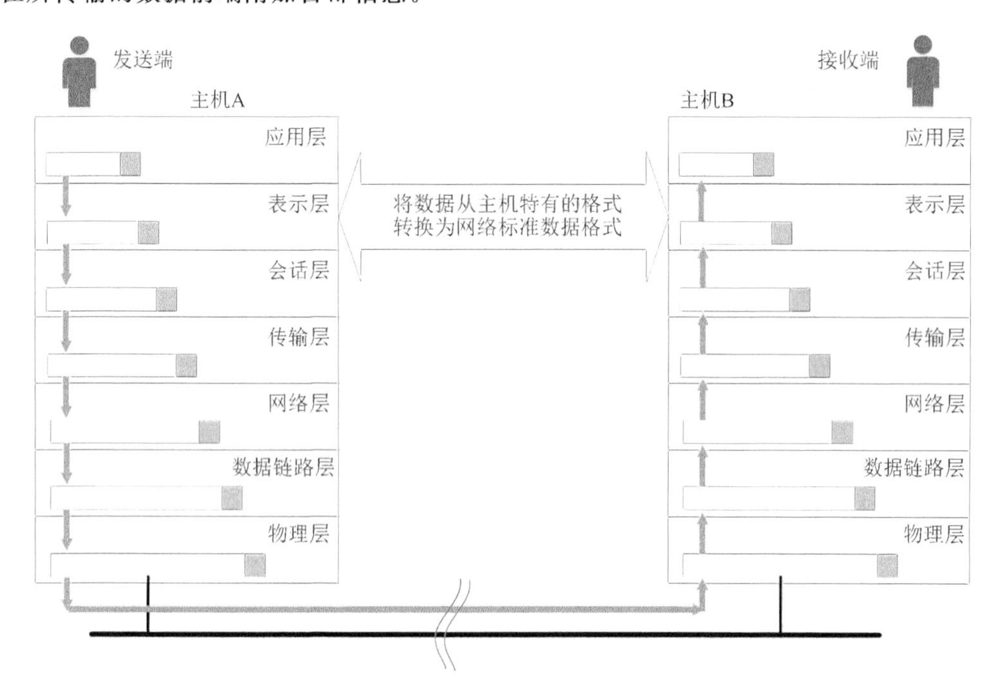

图 2-3 表示层传输功能示意图

3. 会话层(Session Layer)

会话层的服务是为各方交互信息之前的会话建立准备工作。这里的工作包括确认通信方的身份,确认通信方可以执行的操作等,因此如认证、授权等功能皆属于会话层的服务。

假定用户 A 新建了 5 封电子邮件并准备发送给用户 B。这 5 封电子邮件的发送顺序可以有很多种。例如,可以每发送一封邮件时建立一次连接,随后断开连接。还可以一旦建立好连接就将 5 封邮件连续发送给对方。甚至可以同时建立好 5 个连接,将 5 封邮件同时发送给对方。决定采用何种连接方法是会话层的主要责任。

会话层也像应用层或表示层那样,在其收到的数据前端附加首部或标签信息后再转发给下一层。而这些首部或标签中记录着数据传送顺序的信息。

4. 传输层(Transport Layer)

传输层的服务是规范数据传输的功能和流程。因此,这一层的协议会针对是否执行消息确认,对数据分片和重组等制定标准。传输层的交换单元叫段,即经传输层协议封装后的数据称为数据段(Segement)。

会话层决定建立连接和断开连接的时机,而传输层进行实际的建立和断开处理。为确保所传输的数据到达目标地址,传输层会在通信两端的计算机之间进行确认,如果数据没有到达,它会重发。

例如,主机 A 将“早上好”发送给主机 B,其间某些原因可能导致数据被破坏,或发生了某种网络异常致使只有一部分数据到达目标地址。假设主机 B 只收到“早上”,那么它会在收到这一部分数据后将自己没有收到“早上”之后那部分数据的事实告诉主机 A。主机 A 得知这个情况后会将“早上”后面的“好”重发给主机 B,并再次确认对端是否收到。

由此可见,保证数据传输的可靠性是传输层的一个重要功能。在这一层会为所要传输的数据附加首部信息以识别这一层的数据。

5. 网络层(Network Layer)

网络层的服务是将数据从源设备转发给目标设备。由此可知,这一层的协议需要定义如地址格式、寻址方式等标准。网络层交换单元的名称是包,即经网络层协议封装后的数据称为数据包(Packet)。

6. 数据链路层(Data Link Layer)

数据链路层的服务是为相连设备或处于同一个局域网中的设备实现数据帧传输,并对传输的数据帧进行校验和控制。因此,数据链路层的协议会定义如何检测出数据在传输过程中出现的错误、如何向发送方确认接收到了数据、如何调节流量的发送速率等。数据链路层交换单元的名称是帧,即经数据链路层协议封装后的数据称为数据帧(Frame)。

7. 物理层(Physical Layer)

物理层的服务是实现信号在两台相邻网络实体之间的传输。因此物理层需要定义通信的机械、电子和功能标准,比如二进制 1 和 0 在传输时的具体描述方法、物理接口每个针脚的作用等。物理层交换单元的名称是比特(Bit)。

在上面这个 7 层模型中,表示层和会话层的定义广受诟病,它们的存在确实显得相当多余,这两层的服务在实际使用时基本都合并到了第 7 层中。

注:虽然与这两层相关的内容在实际工作场合中基本不会出现,但在工程师们进行技术交流时,大家还是会称应用层为第 7 层。当然,第 5 层和第 6 层的说法在技术领域相当罕见。

除了把服务划分得过于琐碎,导致模型中的表示层和会话层大体处于空白状态之外,还有一些其他因素使得 OSI 模型最终没有得到广泛应用。例如,对 OSI 模型的定义先于对 OSI 模型中协议的定义，这让 OSI 模型给人有一些纸上谈兵的感觉。而 TCP/IP 模型则刚好相反，它是通过既有协议归纳总结出来的模型，因此比 OSI 模型更有现实意义，在实际应用中获得了广泛的认可。

2.3 TCP/IP 参考模型

TCP/IP(Transmission Control Protocol/Internet Protocol)参考模型将通信过程定义为 4 层，其与 OSI 模型的对应关系如图 2-4 所示。

OSI 模型	TCP/IP 模型	
应用层 表示层 会话层	应用层 DNS,URI,HTML,HTTP,TLS/SSL, SMTP,POP,IMAP,MIME,TELNET, SSH,FTP,SNMP,MIB,SIP,RTP,LDAP	应用程序
传输层	传输层 TCP,UDP,UDP-Lite,SCTP,DCCP	操作系统
网络层	互联网层 ARP,IP,ICMP	操作系统
数据链路层 物理层	网络接入层	设备驱动程序与网络接口

图 2-4　TCP/IP 模型与 OSI 模型的对应关系

TCP/IP 模型中每一层的名称和作用如下：

1. 应用层(Application Layer)

TCP/IP 模型中的应用层等同于 OSI 模型中应用层、表示层和会话层之和。Telnet、FTP、SMTP、HTTP 等协议都是 TCP/IP 模型中的应用层协议。

TCP/IP 应用的架构绝大多数属于客户端/服务端模型。

2. 传输层(Transport Layer)

TCP/IP 模型的传输层在功能上与 OSI 模型的传输层相同。这一层中最重要的两个协议是 TCP(传输控制协议)和 UDP(用户数据协议)。

3. 互联网层(Internet Layer)

TCP/IP 模型的互联网层与 OSI 模型的网络层类似，其目的都是让数据实现从源地址到目标地址的正确转发。IP 协议就是这一层中的协议。

4. 网络接入层(Network Access Layer)

TCP/IP 模型的网络接入层可以视为与主机和线路之间的接口。这一层的功能与 OSI 模型最下面两层的功能存在一定的重叠。但 TCP/IP 模型的网络接入层没有制订通过介质传输信号时所使用的协议。

TCP/IP 模型将 OSI 模型的表示层、会话层都整合到应用层当中，这与实际环境中的情况基本吻合。但对数据链路层和物理层不加区分的做法有时会造成一些混淆，毕竟这两层在通信任务中扮演的角色截然不同。

2.4 TCP/IP 通信模型和包结构

2.4.1 数据包首部

网络中传输的数据包由两部分组成：一部分是协议所要用到的首部，另一部分是上层传过来的数据。首部的结构由协议的具体规范详细定义，看到包首部就如同看到协议的规范。典型的以太网数据包传输如图 2－5 所示。

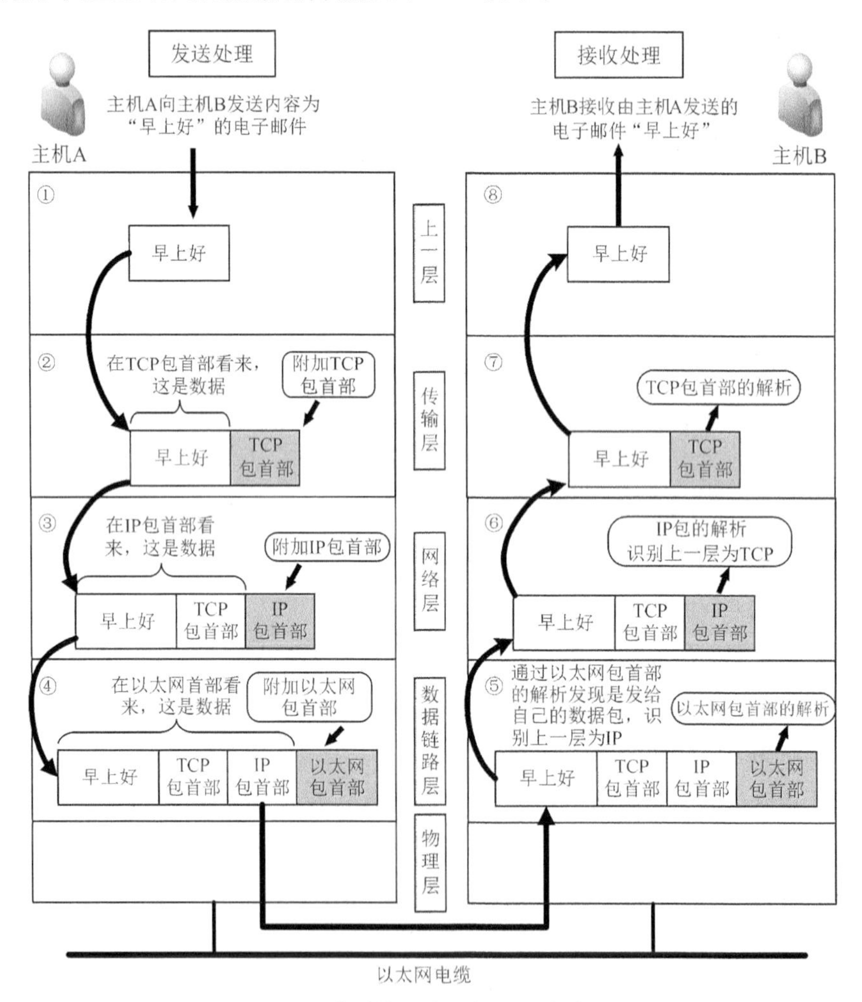

图 2－5　典型的以太网数据包传输过程

包、帧、数据报、段、消息：包可以说是全能性术语；帧用于表示数据链路层中包的单位；而数据报是IP和UDP等网络层以上的分层中包的单位；段则表示TCP数据流中的信息；消息是指应用协议中数据的单位。

TCP首部中包括源端口号和目标端口号、序号、校验和。随后将附加了TCP首部的包再发送给IP。

IP首部中包含接收端IP地址以及发送端IP地址，紧随IP首部的还有用来判断其后面数据是TCP还是UDP的信息。如果尚未知道接收端的MAC地址，可以利用ARP(地址路由协议)查找。只要知道了对端的MAC地址，就可以将MAC地址和IP地址交给以太网的驱动程序，以实现数据传输。

以太网首部中包含接收端MAC地址、发送端MAC地址以及标志以太网类型的以太网数据的协议。发送处理中的FCS(Frame Check Sequence)由硬件计算，添加到包的最后。设置FCS的目的是判断数据包是否会被噪声破坏。

2.4.2 包结构

典型的以太网数据包结构如图2-6所示。

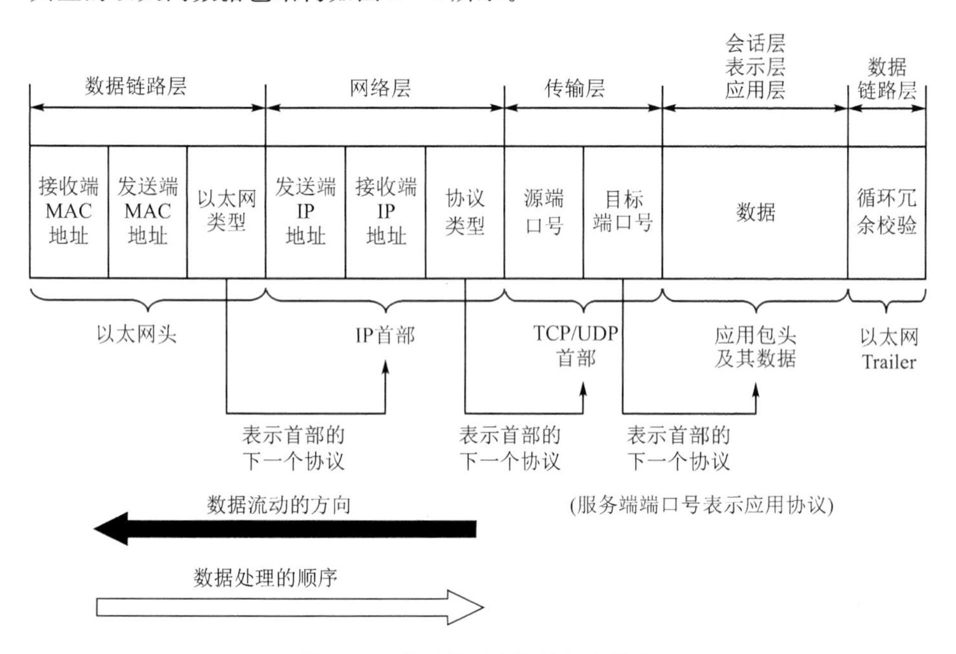

图2-6 典型的以太网数据包结构

每个包首部至少都会包含两个信息：一个是发送端和接收端地址，另一个是上一层的协议类型。

此外，每个分层的包首部还包含一个识别位，它是用来标识上一层协议的种类信息。

包的接收流程是发送流程的逆序过程。主机收到以太网包以后，首先从以太网的包首部找到MAC地址来判断是否为发给自己的包，如果不是发给自己的包则丢弃数据。

第3章　物理层

3.1　基础知识

通信最终通过物理层实现传输。即本书中提及的从数据链路层到应用层的数据包发送都要通过物理层才能送达目标地址。物理层通过把上层的比特流（0、1的二进制流）转换为电压的高低或灯光的闪灭等物理信号，将数据传输出去；而接收端收到这些物理信号以后，再将这些电压的高低或灯光的闪灭信号恢复为比特流。因此，物理层的规范中包括比特流转换规则、线缆结构和质量以及接口形状等。

在计算机网络被广泛普及之前，模拟电话曾一度盛行。虽然用模拟信号力图模拟存在于自然界的事物，但是对于计算机来说直接处理模拟信号是一件非常困难的事情。模拟信号连续变化，它的值有一定的模糊性。由于在远距离传输中模拟信号的值容易发生变化，因此在计算机之间的通信中模拟信号未能得到广泛使用。

图3－1所示为不同的编码规则，使用100BASE-FX等电缆的NRZI中，如果出现

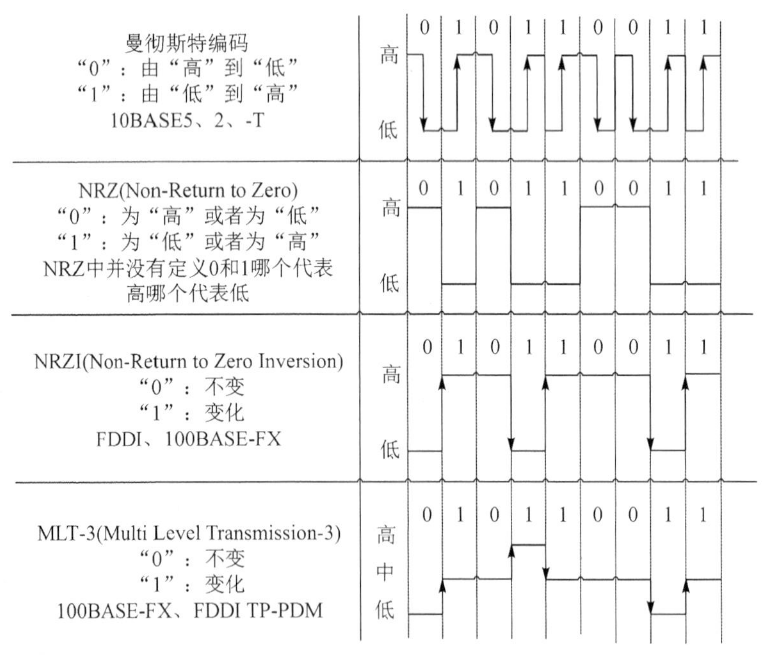

图3－1　不同的编码规则

连续的0就无法分割不同的比特流(例如,接收方无法区分0是持续了999 bit,还是1 000 bit)。为了避免这种问题,使用4B/5B技术将比特流转换、发送。它是指每4 bit数据插入一个附加比特,将其置换成为一个5 bit的比特流以后再进行发送处理。在这个5 bit的比特流中必定有一位是1,从而可以避免出现连续4 bit以上为0的情况。这种转换使得100Base-FX虽然在数据链路层面的传输速率为100 Mbps,但在物理层却为125 Mbps。除了4B/5B转换方法之外,类似地还有8B/6B、5B/6B以及8B/10B等转换方法。

以太网因通信电缆的不同及通信速度的差异,衍生出了如表3-1所列众多的以太网类型。10BASE、100BASE和1000BASE中的“10”和“100”分别表示传速速率为10 Mbps、100 Mbps、1 000 Mbps。而追加于后面的“5”“2”“T”“F”等字符表示的是传输介质。

表3-1 以太网类型

以太网类型	电缆最大长度/m	电缆类型
10BASE2	185(最大节点数为30)	同轴电缆
10BASE5	500(最大节点数为100)	同轴电缆
10BASE-T	100	双绞线(UTP-CAT3-5)
10BASE-F	1 000	多模光纤(MMF)
100BASE-TX	100	双绞线(UTP-CAT5/STP)
100BASE-FX	412	多模光纤(MMF)
100BASE-T4	100	双绞线(UTP-CAT3-5)
1000BASE-CX	25	屏蔽铜线
1000BASE-SX	220/550	多模光纤(MMF)
1000BASE-LX	550/5 000	多模/单模光纤(MMF/SMF)
1000BASE-T	100	双绞线(UTP-CAT5/5e)
10GBASE-SR	26～300	多模光纤(MMF)
10GBASE-LR	1 000～2 500	单模光纤(SMF)
10GBASE-ER	3 000/4 000	单模光纤(SMF)
10GBASE-T	100	双绞线(UTP /FTP CAT6a)

3.2 双绞线

目前连接局域网时采用的有线介质以双绞线和光纤为主。

双绞线是指为了冲抵干扰,而将由两根相互绝缘的导线按照一定规格相互缠绕在一起而形成的通信介质。

双绞线可以分为屏蔽双绞线和非屏蔽双绞线。IEEE 对非屏蔽双绞线 UTP(Unshielded Twisted Pair)进行了分类,如表 3-2 所列。

表 3-2 UTP 电缆类型

UTP 电缆类型	适用的以太网速率
3 类线(CAT-3)	10 Mbps/100 Mbps
5 类线(CAT-5)	10 Mbps/100 Mbps/1 000 Mbps
超 5 类线(CAT-5e)	10 Mbps/100 Mbps/1 000 Mbps
超 6 类线(CAT-6e)	10 Mbps/100 Mbps/1 000 Mbps/10 Gbps

双绞线使用 RJ-45 接头(即人们平时所说的水晶头)连接网络设备。为保证终端能够正确地收/发数据,接头中的针脚必须按照一定的线序排列。以太网 RJ-45 接头的线序如图 3-2 所示,分为 568A 和 568B 两种:若一条电缆两头的线序均为 568B,则该电缆为直通线;若一条电缆两头的线序分别为 568A 和 568B,则该电缆为交叉线。在过去,究竟使用直通线还是交叉线来连接设备取决于电缆两侧所连接的设备类型。

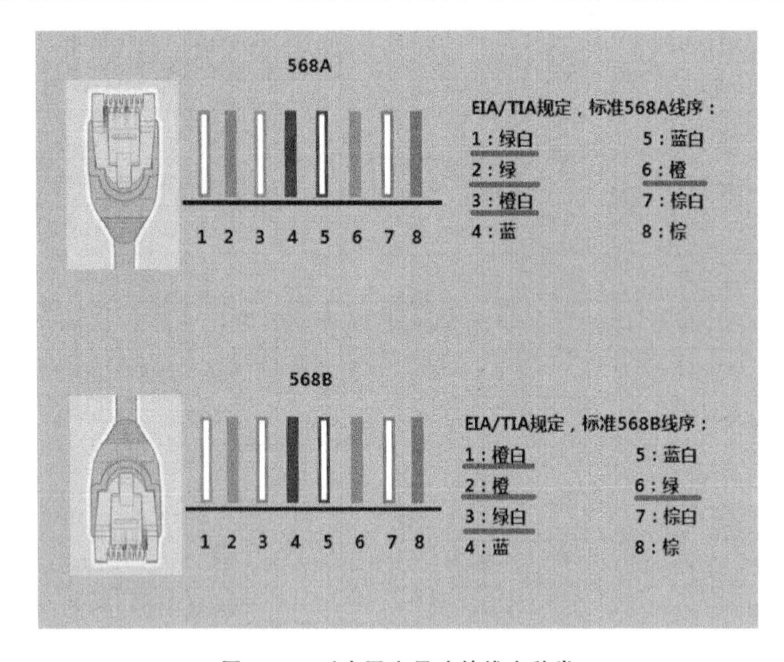

图 3-2 以太网水晶头的线序种类

我们生活中常用的网线接头类型分为两类:用于连接到网络中终端设备的 DTE(Data Terminal Equipment)类型(如连接到 PC 机网卡的网线属于 DTE 型)用于网络设备间连接的 DCE(Data Circuit-terminating Equipment)类型(如路由器连接到交换机的线或交换机连接到交换机的线均属于 DCE 型)。

我们称DTE为“数据终端设备”，这里的终端是一个广义的概念，PC也可以是终端（一般广域网常用的DTE设备有路由器、终端主机）。我们称DCE为“数据通信设备”，如调制解调器MODEM、连接DTE设备的通信设备（一般广域网常用的DCE设备有CSU/DSU、广域网交换机、MODEM）。DTE设备的特点是主动通信，DCE设备的特点是被动通信。当两个类型一样的设备使用RJ45接口连接通信时，必须使用交叉线连接，如图3－3所示。

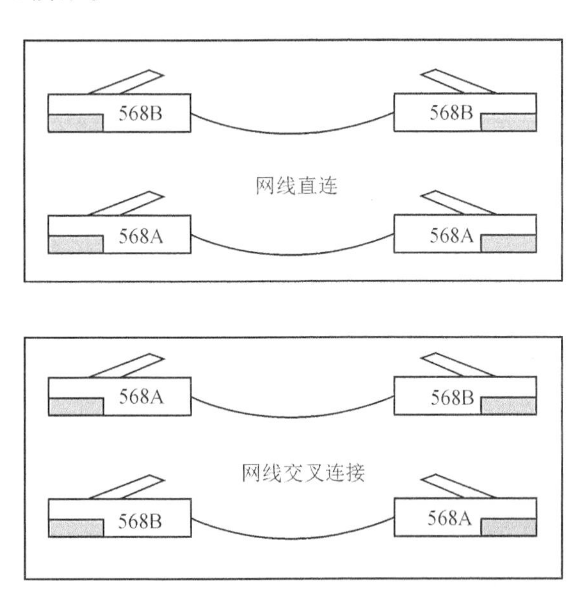

图3－3 网线直连和网线交叉连接的区别

但当今，即使在需要使用交叉线的环境中使用了直通线或者相反，绝大多数网络设备也已经具备自动识别和适应电缆类型的功能。因此，采用哪种线序来制作电缆已经不像过去那么重要，重要的是电缆应该按照表3－3的标准正确设置线序。

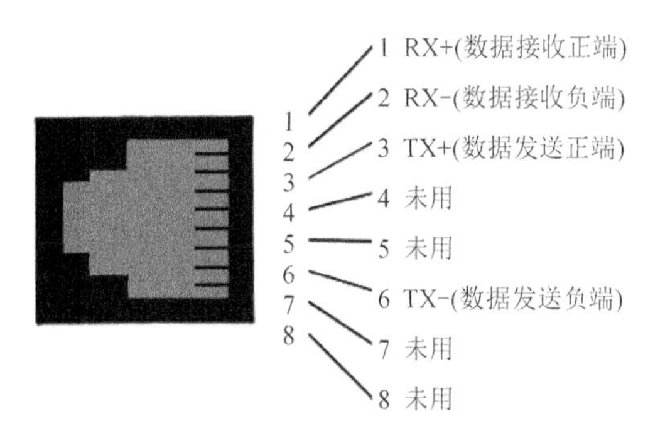

图3－4 RJ45引脚定义

RJ45引脚定义如图3－4所示，识别RJ45网线插头引脚号方法是：手拿插头，有8个镀金接片的一端向上，有固定卡的一端朝下，最左边是第1脚，最右边是第8脚。

目前常见的以太网双绞线连接标准如表3－3所列。

表 3-3 常见的以太网双绞线连接标准

以太网命名	IEEE 标准	传输速率	电缆类型
10BASE-T	IEEE 802.3i	10 Mbps	2 对 3/4/5 类线
100BASE-TX	IEEE 802.3u	100 Mbps	2 对 5 类线
100BASE-T4		100 Mbps	4 对 3 类线
100BASE-T2	IEEE 802.3y	100 Mbps	2 对 3 类线
1000BASE-T	IEEE 802.3ab	1 Gbps	4 对超 5 类线
10GBASE-T	IEEE 802.3an	10 Gbps	4 对 6 类线

3.3 光 纤

与双绞线相比，光纤的连接器种类较多，包括 ST、FC、SC、LC 连接器，如图 3-5 所示。

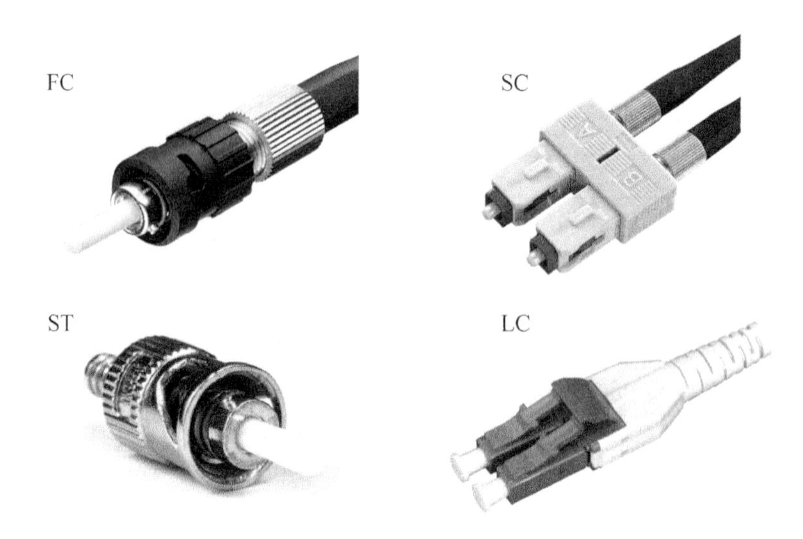

图 3-5 4 种常用的光纤连接器

相比双绞线，光纤的传输距离是一大优势。双绞线的最大传输距离为 100 m。根据光纤传输光信号模式的不同，光纤可以分为单模光纤和多模光纤。多模光纤可以让不同模式的光在一根光纤上传输，但由于模间色散较大因而信号脉冲展宽严重。因此多模光纤传输距离较短，主要用于局域网中的短距离传输，但其传输距离也可以达到数百米，相比双绞线来说，多模光纤已经有其数倍的优势。单模光纤只能传输一种模式的光，不存在模间色散，因此适用于长距离高速传输，传输距离可以达到数千米，甚至上百千米。目前常见的以太网光纤连接标准见表 3-4。

表3-4 常见的以太网光纤连接标准

<table>
<tr><th>以太网命名</th><th>IEEE 标准</th><th>传输速率</th><th>传输介质</th><th>传输距离</th></tr>
<tr><td>10BASE-F</td><td>IEEE 802.3j</td><td>10 Mbps</td><td>多模光纤</td><td>2 000 m(全双工)</td></tr>
<tr><td>100BASE-FX</td><td>IEEE 802.3u</td><td>100 Mbps</td><td>多模光纤</td><td>400 m(半双工)
2 000 m(全双工)</td></tr>
<tr><td>100BASE-SX</td><td rowspan="4">IEEE 802.3z</td><td>1 Gbps</td><td>多模光纤</td><td>550 m</td></tr>
<tr><td rowspan="2">100BASE-LX</td><td>1 Gbps</td><td>多模光纤</td><td>550 m</td></tr>
<tr><td>1 Gbps</td><td>单模光纤</td><td>5 000 m</td></tr>
<tr><td>100BASE-ZX</td><td>1 Gbps</td><td>单模光纤</td><td>70～100 km</td></tr>
<tr><td>1000BASE-BX</td><td>IEEE 802.3ah</td><td>1 Gbps</td><td>单模光纤</td><td>10 km</td></tr>
<tr><td>10GBASE-SR</td><td rowspan="3">IEEE 802.3ae</td><td>10 Gbps</td><td>多模光纤</td><td>300 m</td></tr>
<tr><td>10GBASE-LR</td><td>10 Gbps</td><td>单模光纤</td><td>10 km</td></tr>
<tr><td>10GBASE-ER</td><td>10 Gbps</td><td>单模光纤</td><td>40 km</td></tr>
</table>

光纤不仅在传输距离上拥有双绞线无法比拟的优势，而且双绞线相比，由于其依靠不会受到电磁场影响的光信号描述信息，因此所传输信号的保真度更高。另外，光纤提供的带宽也比铜线更高，因此更适合于高速网络。不仅如此，光纤电缆还远比铜线更难被人从中进行窃听，所以在安全性方面也比铜线更加可靠。目前，光纤得到更广泛使用的最大瓶颈之一在于光纤接口高昂的成本。

3.4 集线器

一般情况下，中继器的两端连接的是相同的通信媒介，但有的中继器也可以完成不同媒介之间的连接工作。例如，可以在同轴电缆和光缆之间调整信号。

用中继器无法连接一个 100 Mbps 的以太网和一个 10 Mbps 的以太网。连接两个不同速度的网络需要的是网关或路由器这样的设备。

通过中继器而进行的网络延长，其距离也并非刻意无限扩大。例如一个 10 Mbps 的以太网最多可以用 4 个中继器分段连接，而一个 100 Mbps 的以太网则最多只能连接两个中继器。

有些中继器可以提供多个端口服务，这种中继器被称为中继集线器或集线器。因此，集线器也可以看作是多口中继器，每个端口都可以成为一个中继器。

3.5 网桥(二层交换机)

网桥能识别数据链路层中的数据帧，并将这些数据帧临时存储于内存，再重新生成信号并将其作为一个全新的帧转发给相连的另一个网段。由于能够存储这些数据帧，网桥能够连接 10BASE-T 与 100BASE-TX 等传输速率完全不同的数据链路，并且不限制连接网段的个数。

有些网桥能够判断是否将数据报文转发给相邻的网段，被称为自学式网桥。这类网桥会记住曾经通过自己转发的所有数据帧的 MAC 地址，并保存到自己的内存表中，由此可判断哪个网段中包含持有哪类 MAC 地址的设备，如图 3－6 所示。

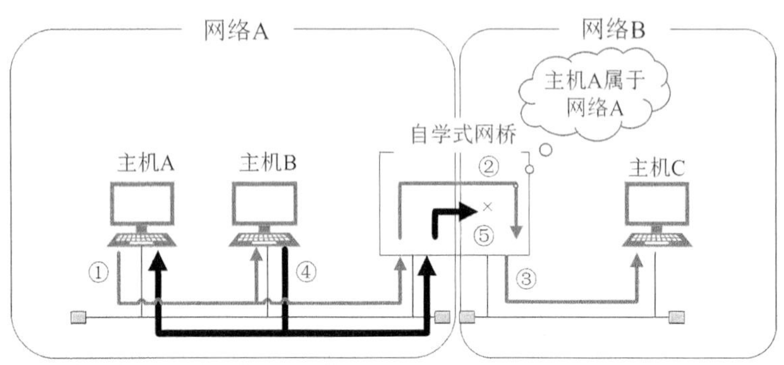

① 主机A向主机B发送数据帧；
② 网桥学习到主机A属于网络A；
③ 由于网桥尚不知道主机B属于哪个网络，暂时将数据帧转发给网络B；
④ 主机B向主机A发送数据帧；
⑤ 由于网桥此时已经知道主机A属于网络A，不再将应发往主机A的数据帧转发给网络B，并且它也学习到主机B属于网络A。
此后，当主机A再发送数据帧给主机B时，只在网络A中传送。

图 3－6　自学式网桥自学原理示意图

具有网桥功能的 Hub 叫作交换集线器，只有中继器功能的 Hub 叫作集线器。

3.6　4～7 层交换机

为了能通过同一个 URL 将前端访问分发到后台多个服务器上，可以在这些服务器的前端加一个负载均衡器。这种负载均衡器就是 4～7 层交换机的一种。

此外，在实际通信中，人们希望在网络比较拥堵时，优先处理像语音这类对及时性要求较高的通信请求。这种处理被称为带宽控制，也是 4～7 层交换机的重要功能之一。

3.7　网　关

网关是 OSI 参考模型中负责将从传输层到应用层的数据进行转换和转发的设备。一个非常典型的例子就是互联网邮件与手机邮件之间的转换服务，如图 3－7 所示。

此外，在使用 WWW 时，为了控制网络流量以及出于安全考虑，有时会使用代理服

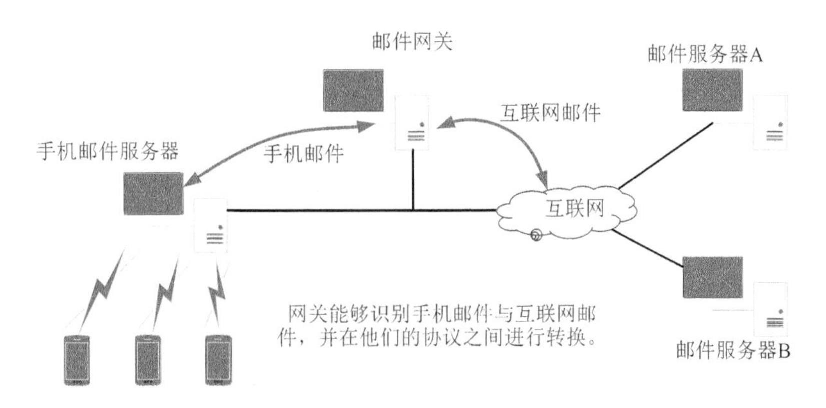

图3-7 网关提供手机邮件与互联网邮件的转换服务

务器。这种代理服务器是网关的一种，称为应用网关。有了代理服务器，客户端与服务器之间无需在网络层直接通信，而是从传输层到应用层对数据和访问进行各种控制和处理。防火墙就是一款通过网关通信，并针对不同应用提高安全性的产品。

3.8 无线介质

第一个无线局域网的标准802.11建立于1997年，同期一些其他的无线局域网标准也建立了起来，但它们都无一能撼动802.11的统治地位。根据802.11标准，无线局域网可以通过2.4 GHz的频带，实现最大2 Mbps的数据传输。1999年，802.1b标准制定，新标准使用的工作频段不变，可以实现的最大传输速率为11 Mbps。表3-5为常用的IEEE 802.11无线标准及其对应的通信频段、最高数据传输速率和调制及复用技术。

表3-5 常用的IEEE 802.11无线标准对比

IEEE标准	通信频段/GHz	最高数据传输速率	调制及复用技术
802.11	2.4	2 Mbps	DSSS、FHSS
802.11b	2.4	11 Mbps	DSSS
802.11a	5	54 Mbps	OFDM
802.11g	2.4	54 Mbps	OFDM
802.11n	2.4、5	600 Mbps	MIMO-OFDM
802.11ac	5	1 Gbps	MIMO-OFDM
802.11ad	60	7 Gbps	OFDM、SC、LC

注：之所以将802.11a放在802.11b之后，是因为虽然802.11a工作组的建立先于802.11b，但由于802.11a使用了在部分国家存在使用约束条件的5 GHz通信频段，因此802.11b实际上比802.11a更早获得批准，也使得802.11b对应的产品比802.11a更早投入市场。同时，由于采用了比较高的通信频率，因此802.11a尽管传输速率大大超过802.11b，但是在相同功率条件下的覆盖范围却不到802.11b的1/7。

第 4 章　数据链路

4.1　数据链路层的作用

数据链路层需要解决如下问题。

(1) 数据成帧：当网络层封装的数据包到达数据链路层时，数据链路层协议需要给数据包添加头部和尾部。这个封装之后的结构称为数据帧。数据帧就是物理层执行编码转换的数据。

(2) 错误校验：由于信号在物理层传输过程中难免会出现差错，因此位于物理层之上的数据链路层就需要拥有错误校验的功能，以确保交付给网络层的数据帧是正确的。数据链路层协议给数据包封装尾部的一大原因是为了实现校验功能。

(3) 物理寻址：数据链路层为处于同一网段中的设备提供物理层寻址的依据，让发送方设备可以使用接收方设备的地址来封装数据帧，以确保接收方设备能够接收并接受发送方发来的数据。

(4) 可靠传输：在物理层介质差错率比较严重的情况下，数据链路层协议可以像传输层协议一样提供保障数据可靠传输的机制，即通过确认和重传来确保通信的接收方接收到数据。由于确认和重传会占据链路的开销，因此在物理介质差错率不高的环境中，数据链路层协议往往不会提供与可靠传输有关的功能，而会把相关的步骤留给传输层协议来处理。

信号在从发出端发送出去到被接收端接收到的过程中，必然会经历各种各样的变化。当然，物理层在定义二进制信号判别标准时，会考虑信号在传输过程中发生变化的因素，让一定程度之内的物理信号变化不至于影响设备对二进制消息的识别。比如接收方在判断接收到的数据是否为高电压时，往往会参照一个电压区间进行判断，区间范围内的电压都会被识别为高电压。尽管如此，过度衰减而导致接收方将信号 1 识别为 0 的情况仍旧不可能彻底避免。除了信号衰减之外，外部干扰也有可能导致发送方的信号在传输过程中产生变化。哪怕排除了外部干扰对信号的影响，传输介质自身的物理属性也有可能导致信号出现失真。而这里的问题在于，无论接收方将信号由 1 识别为 0 还是正好相反，都是数据传输中希望尽量避免的。

物理层的信号编码方式会影响接收方对信号识别的准确度，比如不归零编码(NRZ)就容易让接收方在接收到连续的 0 或 1 时，判别信号 0 或 1 的基线降低，导致接收方对后续信号出现误判。因此，合理的编码技术可以起到改善信号传送错误率的作用。

物理层之上的数据链路层也要承担差错校验的职能。为了让接收方能够判断出其接收到的信息是否与自己发送的数据一致，发送方需要在原数据的基础上添加一部分数据供接收方设备进行校对。目前，执行错误校验有以下几种做法：

(1) 奇偶校验：在传输之前，发送方和接收方要确定使用奇校验还是偶校验。在开始传输时，发送方会在原数据的基础上增加一位，其目的是确保每个数据中数字 1 的个数都是奇数(或偶数)个。比如原始数据为 0100011011，如果采用偶校验，那么发送方会在校验位填充 1，以确保自己传输的每个数据中，1 的个数是偶数个(本例中补充后为 6 个)。这样一来，接收方接收到数据后，如果发现 1 的个数不是偶数个，就会意识到接收到的数据与原始数据并不一致。然而，当传输环境的差错率比较大时，奇偶校验就不再适用。

(2) 校验和：校验和指发送方在发送数据之前，先通过累加计算好数据的总校验和值，然后将这个值封装在数据的外部发送给接收方。接收方在接收到数据后，如果计算发现这段数据实际的校验和值与数据携带的校验和值不符，表示信息在传输中出现了问题。

(3) 循环冗余校验：这种方式借助多项式除法来判断数据在传输过程中是否出现差错。如果被发送数据和一个附加比特所组成的函数能够被系数次幂的多项式整除，则说明数据在传输过程中没有遭到修改。正是因为采用了多项式除法，使得循环冗余校验成为目前计算机网络中应用最广泛的校验方法。因为这种方法不仅准确率高，可以用于任何长度的编码，而且这种相对比较复杂的数据算法在硬件实现上却相对容易。

4.2 MAC 地址

在总线型和环路型的网络中，先暂时获取所有目标站的帧，然后再通过 MAC (Media Access Control)寻址，如果帧是发给自己的就接收，如果不是就丢弃(在令牌环这种情况下，依次转发给下一个站)。

MAC 地址定义和比特流顺序如图 4 - 1 所示。MAC 地址长 48 位，在使用网卡(NIC)的情况下，MAC 地址一般会被烧入 ROM 中，因此任何一个网卡的 MAC 地址都是唯一的。

MAC 地址的长度为 6 字节，每个字节的 8 位二进制数分别用 2 个十六进制数来表示，如 00-9A-CD-00-00-0A 就是一个典型的 MAC 地址。此外，在 MAC 地址的 6 字节中，前 3 字节是 IEEE 分配给该 MAC 地址适配器厂商的代码，这个代码是组织唯一标识符(OUI，Organizationally Unique Identifier)。这是适配器厂商在生产适配器之前，向 IEEE 注册并申请到的本厂商标识符。而 MAC 地址的后 3 字节则要由设备制造商给各个适配器分配，同一厂商生产的不同适配器，它们的后 3 字节不能相同。值得一提的是，一个厂商未必只有一个 OUI。

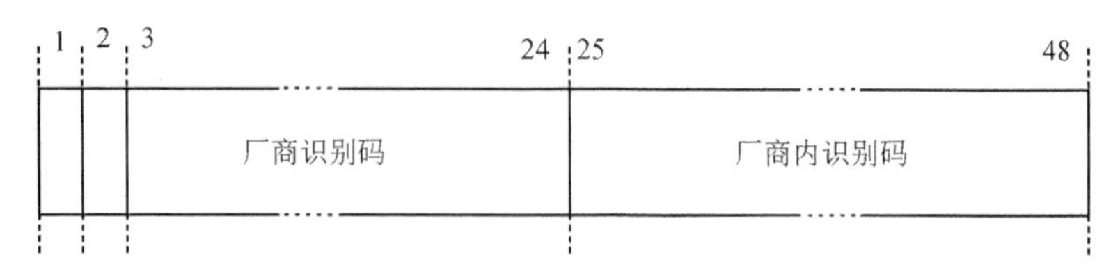

第1位：单播地址(0)/多播地址(1)
第2位：全局地址(0)/本地地址(1)
第3~24位：由IEEE管理并保证各厂家之间不重复
第25~48位：由厂商管理并保证产品之间不重复

MAC地址一般用十六进制数表示。注意，如果以十六进制表示，
此图中已按照每8位转换了对应的值，并替换了前后顺序。

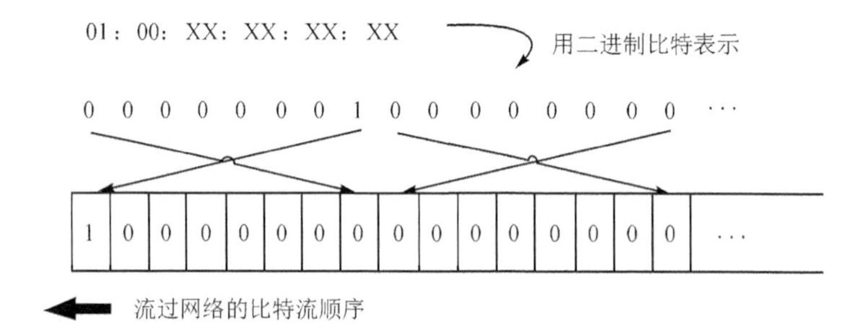

图 4-1 MAC 地址定义和比特流顺序

在传统的共享型以太网中，终端在发送数据时，无论以哪台设备的 MAC 地址作为目标地址来封装数据帧，这个数据帧都会被集线器转发给所有它连接的终端。所有终端的适配器都会查看数据的以太网数据帧头部信息，但只有发现该目标 MAC 地址与自己 MAC 地址相同的适配器才会进一步解封装数据帧并查看其内部信息，其余设备在发现数据帧的目标地址并非自己的之后，就会丢弃数据帧。这个过程如图 4-2 所示。

交换机只会将数据帧从其目标地址所在的那个接口发送出去，这让交换型以太网在处理数据帧时会采用与共享型以太网不同的做法。交换机之所以有能力实现有针对性的数据帧转发，是因为交换机内部包含一个叫作 CAM(Content Address Memory)表的缓存表。当终端设备第一次向自己直连的交换机发送数据时，交换机不仅会查看数据帧的目标 MAC 地址，以便将其转发给目标设备，还会查看数据帧的源 MAC 地址，并且将数据帧的源 MAC 地址与交换机接口之间的映射关系添加到自己的 CAM 表中。这样一来，交换机再收到以这个数据帧的源 MAC 地址作为目标 MAC 的数据帧时，交换机只要查看自己 CAM 表中的映射关系，就可以查询到需要将这个数据帧从哪个端口转发出去了。这个过程如图 4-3 所示。

当然，另一种一定会发生的情形是：当交换机接收到一个数据帧时，它将数据帧的源 MAC 地址与接收到这个数据帧的接口，在 CAM 表中建立一对一的映射关系。但是在查看这个数据帧的目标 MAC 地址时，它发现自己的 CAM 表中并没有记录拥有

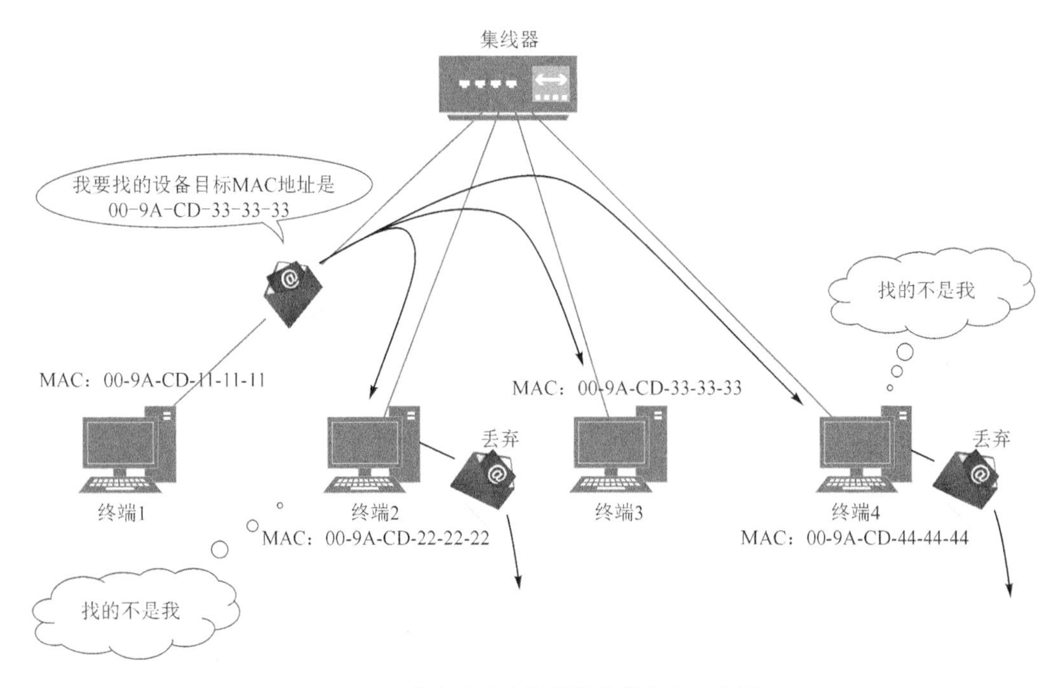

图 4－2　共享型以太网数据帧的处理示意图

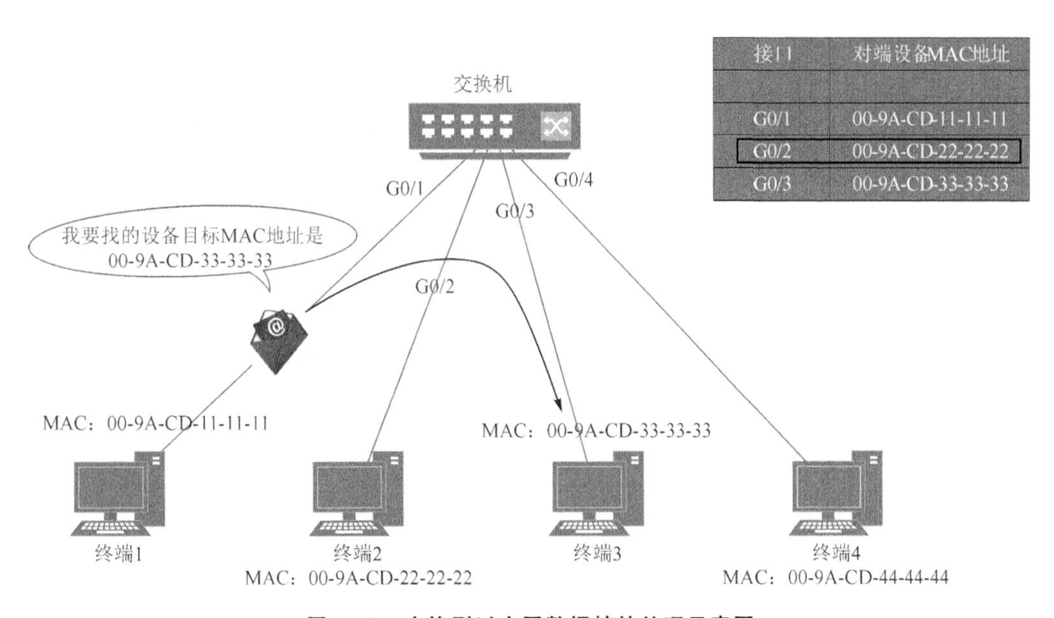

图 4－3　交换型以太网数据帧的处理示意图

这个 MAC 地址的适配器连接在自己的哪个接口上。此时，交换机显然不知道该从哪个接口转发这个数据帧，目标设备才能接收到，因此它只能利用泛洪来达到目的。即交换机会将这个数据帧从除了接收到这个数据帧的那个接口之外的所有接口转发出去。由于只有真正拥有这个 MAC 地址的那台设备才会做出响应，因此交换机在对方响应时，即可看到这台设备到底连接在自己的哪个接口上，并以此建立接口与终端适配器MAC地址之间的映射关系。

网络设备是以单播还是广播的形式发送数据帧，取决于它们在封装数据时使用的目标地址是单播地址还是广播地址。实际上，MAC地址可以分为单播MAC地址、广播MAC地址和组播MAC地址3类。

(1) 单播MAC地址：绝大多数的MAC地址都是单播MAC地址。

(2) 广播MAC地址：只有全1的MAC地址为广播MAC地址，即FF-FF-FF-FF-FF-FF。根据广播的定义，所有设备在接收到以广播MAC地址作为目标MAC地址的数据时，都应该对数据进行解封装而不应该丢弃。

(3) 组播MAC地址：要想让局域网中的一部分设备认为数据帧是发给它们的，需要定义一些固定的MAC地址格式，让这部分接收方可以判断出自己是数据帧的目标设备之一。例如，对于从IPv4组播映射为以太网组播的数据帧，其目标MAC地址的前24位就会被固定设置为01-00-5E，第25位固定为0，后23位则使用组播IPv4地址的后23位。这样就既体现出这是一个IPv4映射的组播数据帧，又标识了这个数据帧的目标组。对于从IPv6组播映射为以太网组播的数据帧，其目的MAC地址的前16位会被固定设置为33-33，后32位使用组播IPv6地址的后32位。

4.3 链路类型

在集线器(Hub)被交换机取代之前，集线器本身并不具有依照目标地址对数据执行转发的功能，它只会将接收到的数据从自己的所有接口统统转发出去，这就让集线器在功能上等同于一个连接了大量以太网电缆的多向接头，因此当时的以太网通信环境也属于共享型介质。对于所有通过同一共享型介质连接在一起的设备来说，只要有一台以上的设备同时发送数据，它们发送的数据就会在这个共享介质上叠加，这会导致接收方难以识别其中任何一台设备发送的数据。这种数据在共享介质上信号叠加而导致接收方无法识别原数据的情形称为冲突(Collision)，而通过同一共享型介质连接在一起的设备则称为处于同一个冲突域中。

交换机与集线器不同，它可以根据数据帧的头部信息查看数据的目标设备，并由此判断应该将数据从自己的哪个接口转发出去，所以交换机不同接口所连接的设备就不会再因同时发送数据而发生冲突，因此以太网环境就变成了大量终端与交换机之间分别建立点对点连接的网络。换言之，因为交换机可以通过接口隔离冲突域，所以由交换机连接的以太网就不再属于需要竞争链路资源的共享型介质了，这类用交换机连接的以太网就称为交换型以太网。

在数据链路层环境中，设备用来定义发送方和接收方的地址并不是逻辑层面的IP地址，而是硬件地址。至于如何在发送和接收数据时避免冲突，显然属于硬件层面的标准。

共享型网络要想实现数据传输，必须针对大量设备如何在网络中有序收发数据、如何实现相互寻址等服务制订明确的规则，而这类规则在逻辑上应该比数据链路层的其他服务更加靠近物理层，于是 IEEE 将数据链路层的服务分为 LLC 子层和 MAC 子层，如图 4-4 所示，它们的作用概括如下：

- 逻辑链路控制(LLC)子层：与网络层相接，为不同的 MAC 子层协议与网络层协议之间提供统一的接口，并提供流量控制等服务。
- 介质访问控制(MAC)子层：与物理层相接，为统一 LLC 子层协议和不同的物理层介质之间提供沟通的媒介，并执行与硬件有关的服务，包括在共享环境中实现资源分配、让通信可以适应不同的传输介质、实现数据寻址等。

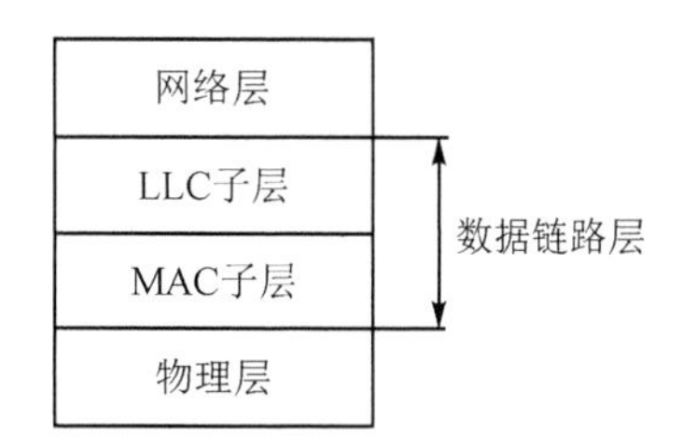

图 4-4 LLC 子层和 MAC 子层

由于 MAC 子层贴近物理层，因此不同的通信介质常常会对应不同的 MAC 层 IEEE 协议标准。比如以太网标准为 IEEE 802.3，而无线局域网标准则为 IEEE 802.11。这些标准分别定义了不同介质中与寻址、避免冲突等 MAC 子层需要提供的服务。

4.3.1 共享介质型网络

最早的以太网和 FDDI(Fiber Distributed Data Interface)就是共享介质型网络，基本上采用半双工通信方式，并有必要对介质进行访问控制——一种是争用方式，另一种是令牌传递方式。

1. 争用方式

争用方式是指争夺获取数据传输的权力，也叫 CSMA(Carrier Sense Multiple Access，载波侦听多路访问)，这种方式通常令网络中的各个站采用先到先得的方式占用信道发送数据。如果多个站同时发送数据，则会产生冲突现象，因此会导致网络拥堵与性能下降。

在一部分以太网中，采用了改良 CSMA 的另一种方式——CSMA/CD(Collision Detection)方式。CSMA/CD 要求每个站提前检查冲突，一旦发生冲突，则尽早释放信道。如图 4-5 所示，其具体工作原理如下：

(1) 如果载波信道上没有数据流动，则任何站都可以发送数据。

(2) 检查是否发生冲突，一旦发生冲突，就放弃发送数据(实际上会发送一个 32 位特别的信号，在阻塞报文以后再停止发送。接收端通过发生冲突时帧的 FCS(Frame Check Sequence)判断出该帧不正确从而将其丢弃)，同时立即释放载波信道。

(3) 放弃发送数据以后，随机延时一段时间，再重新争用介质，重新发送。

2. 令牌传递方式

令牌传递方式是沿着令牌环发送一种叫作“令牌”的特殊报文，它是控制传输的一

CSMA(Carrier Sense Multiple Access)

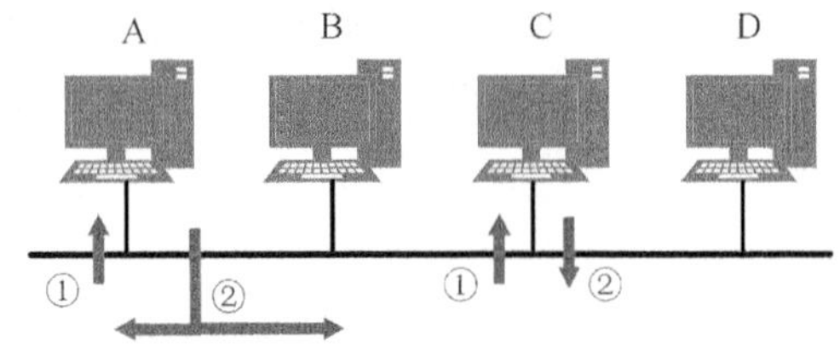

① 确认没有任何设备发送数据。
② 发送数据。

CD(Collsion Detection)

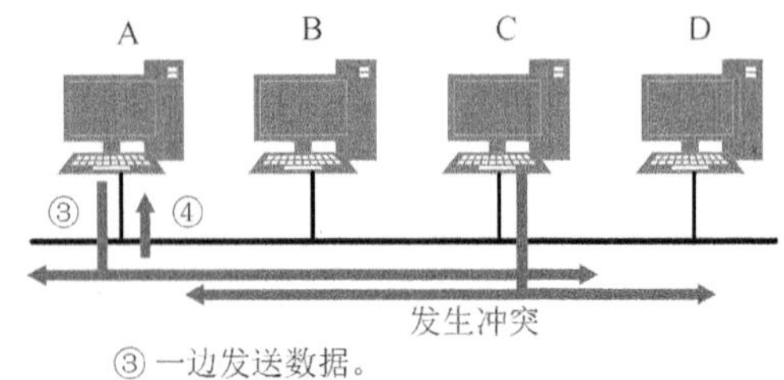

③ 一边发送数据。
④ 一边监控电压。

- 直到发送完数据，如果电压一直处于规定范围内，就认为该数据已正常发送。
- 发送途中，如果电压一旦超出规定范围，就认为发生了冲突。
- 发生冲突时先发送一个阻塞报文，再放弃发送数据帧，在随机延时一段时间后进行重发。
- 这种通过电压检查冲突的硬件属于同轴电缆。

图 4－5　CSMA/CD 工作原理

种方式。只有获得令牌的站才能发送数据。这种方式有两个特点：一是不会发生冲突；二是每个站都有通过平等循环获得令牌的机会。

当然，对于这种方式，一个站在没有收到令牌前不能发送数据，因此在网络不太拥堵的情况下数据链路的利用率就达不到 100%，为此衍生出多种令牌传递的技术，例如，早期令牌释放、令牌追加等方式以及多个令牌同时循环等方式。

这种方式其实与实时以太网中“时间片”的传输方式类似，这在后文中会有详细描述。

3. 载波侦听多路访问/冲突避免(CSMA/CA)

CSMA/CA 是一种用于无线局域网环境中的冲突避免技术，这是另一种通过定义不可发送数据的情形来避免冲突的技术。无线环境之所以没有沿用传统的 CSMA/CD 技术，一方面是因为无线环境中的信号衰减十分严重，这使得发送方无法在发送信号的同时，通过判断自己接收到的信号是否与发送的信号一致来检测信号是否在信道中发生了冲突，因为相对于发送方正在发送的信号而言，它接收到的信号往往在强度上过于微弱，设备难以判断信号是否在信道中与其他信号产生了叠加；另一方面，无线设备是以帧为单位发送数据的，即使检测到了冲突也不会为了避免冲突而立刻停止发送数据帧。根据上述两点可以得出结论：在无线环境中执行冲突检测不仅难以做到，而且也没有必要。于是，CSMA/CA 机制则规定，除了发送第一个数据帧的设备可以在检测到信道空闲时，仅经历一段短暂的间隔时间就可以发送数据帧之外，其他设备即使检测到信道空闲，也必须随机回退一段时长来避免冲突。设备在回退时会设置一个计时器，等待过程中只要检测到信道被占用，就暂停计时器倒计时，待计时器倒计时结束再执行数据帧的发送。

4.3.2 非共享介质型网络

在这种方式下，网络中的每个站直连交换机，由交换机负责转发数据帧，发送端与接收端并不共享介质，因此很多情况下采用全双工通信方式。

这种传输控制方式不仅被 ATM 采用，而且最近它也成为了以太网的主流方式。在这种一对一连接全双工通信的方式下不会发生冲突，因此不需要 CSMA/CD 机制就可以实现更高效的通信。

该方式还可以根据交换机的高级特性构建虚拟局域网(VLAN)、进行流量控制等。当然，这种方式有一个致命的弱点，那就是一旦交换机发生故障，与之相连的所有计算机之间都将无法通信。

根据数据链路层中每个帧的目标 MAC 地址，以太网交换机决定从哪个网络接口发送数据，这时所参考的、用以记录发送接口的表就叫作转发表。

这种转发表的内容不需要使用者在每个终端或交换机上手工设置，可以自动生成，如图 4-6 所示。

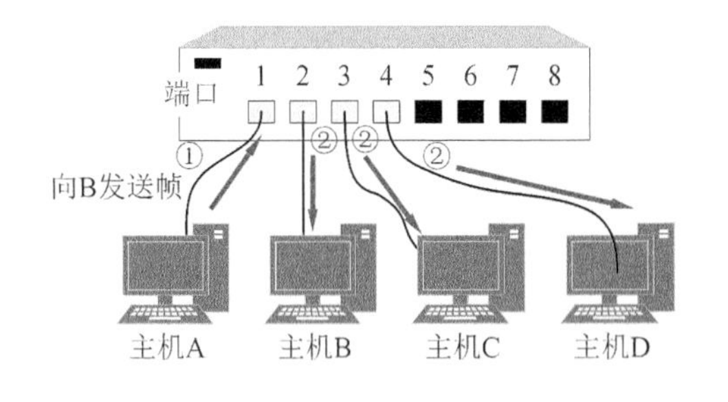
端口
1 2 3 4 5 6 7 8
①
②
②
②
向B发送帧
主机A
主机B
主机C
主机D
① 从源MAC地址可以获知主机A与端口1相连接。
② 复制那些以“未知”MAC地址为目标的帧给所有的端口 。
③ 从源MAC地址可以获知主机B与端口2相连接。
④由于已经知道主机A与端口1相连接，那么发给主机A的帧只复制给端口1。
端口
1 2 3 4 5 6 7 8
④
③
向A发送帧
主机A
主机B
主机C
主机D
以后，主机A与主机B的通信就只在它们各自所连接的端口之间进行。

图 4-6 交换机转发表生成原理

由于 MAC 地址没有层次性，转发表中的入口个数与整个数据链路中所有网络设备的数量有关。当设备数量增加时，转发表会随之变大，检索转发表所用的时间就越来越长。当连接多个终端时，有必要将网络分成多个数据链路，采用类似于网络层的 IP 地址来对地址进行分层管理。

交换机转发方式有两种：一种叫存储转发，另一种叫直通转发。

存储转发方式是检查以太网数据帧末尾的 FCS 位后再转发。因此，这种方式可以避免发送由因冲突而被破坏的帧或噪声导致的错误帧。

直通转发方式不需要将整个帧全部接收下来以后再转发，只需要得知目标地址即可转发。因此，这种方式具有延迟较短的优势；但同时也不可避免地有发送错误帧的可能性。

4.4 环路检测技术

解决网络中的环路问题具体有生成树和源路由两种方法。

1. 生成树法

该方法由 IEEE802.1D 定义，每个网桥必须在 1～10 s 内相互交换 BPDU(Bridge Protocol Data Unit)包，从而判断哪些端口使用哪些端口不使用，以便消除环路。一旦发生故障，则自动切换通信线路，利用那些没有被使用的端口继续传输数据。

例如，以某一个网桥为构造树的根(Root)，并对每个端口设置权重。这一权重可以由网络管理员适当设置，指定优先使用哪些端口以及发生问题时该使用哪些端口。

生成树法其实与计算机和路由器的功能没有关系，但是只要有生成树的功能就足以消除环路，其基本功能示意如图 4-7 所示。

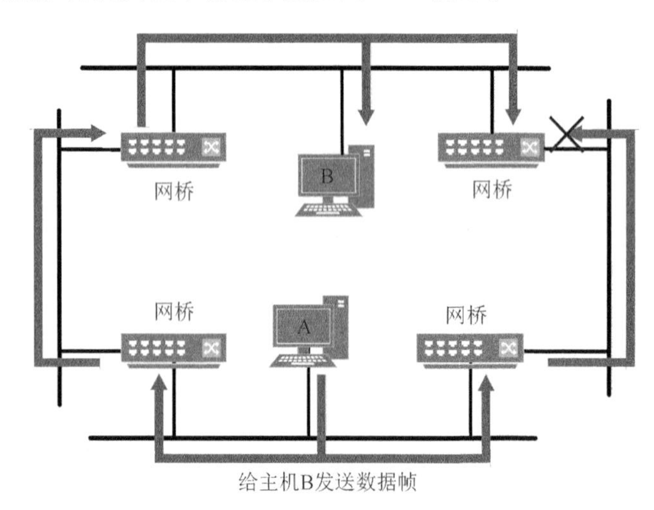

网桥
B
网桥
网桥
A
网桥
给主机B发送数据帧
生成树协议通过检查网络的结构、禁止某些端口的使用可以有效地消除环路。不过，该端口可以作为发生问题时能绕行的端口。

图 4-7 生成树协议消除环路

生成树法有一个弊端，就是在发生故障时，切换网络需要几十秒的时间。为了解决这个用时过长的问题，IEEE802.1W 定义了一个叫 RSTP(Rapid Spanning Tree Protocol)的方法。该方法能将发生问题时的恢复时间缩短到几秒以内。

2. 源路由法

源路由法最早由 IBM 提出，以解决令牌环网络的问题。该方法可以判断发送数据的源地址是通过哪个网桥实现传输的,并将帧写入 RIF(Routing Information Field)。网桥则根据这个 RIF 信息发送帧给目标地址。因此,即使网桥中出现了环路,数据帧也不会被反复转发,仍可成功地被发送到目标地址。在这种机制中发送端必须具备源路由的功能。

4.5 生成树协议 STP

生成树协议 STP(Spanning-Tree Protocol)的作用就是在拥有冗余链路的交换环境中,既能保证每个节点可达,又能打破网络中的逻辑环路。

IEEE 协会在 1990 年发布了第一个公共 STP 标准,该标准定义在 IEEE 802.1D 中。

为了在物理的有环交换环境中创建出一个逻辑的无环环境,STP 会根据一些规则判断哪些端口能够转发数据,哪些端口不能转发数据(否则就会构成环路),从而暂时禁用这些有可能造成环路的端口。

交换机上都会默认运行 STP 协议,这就是人们可以放心在交换网络中部署冗余的原因。

4.5.1 相关基本概念

(1) 图:在图论中,图是由顶点的集合、边的集合和它们之间的相互关系所构成的。

(2) 树:树是图的一种,指的是无环连通图。

(3) 生成树:当图 Gn 是图 G 的一个生成子图时,如果生成子图 Gn 是树,那么就称图 Gn 为图 G 的生成树。

图 4-8 所示为图、树与生成树示意图。

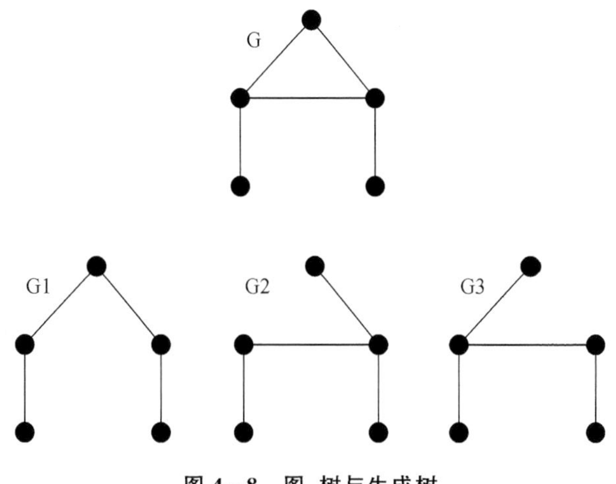

图 4-8 图、树与生成树

(4) 最小生成树:在图论中,人们采用给连通图的每条边赋予一个代价(Cost)的方式,来标记每条边的效率,代价越高的边相当于网络中转发能力越差的链路。在图论中,称权值最小的生成树为最小生成树或最优生成树。

(5) 整个交换网络、每台交换机、每个网段:"整个交换网络"指的是一个二层广播域,这个范围可以称为一个 STP 网络,在这个范围内有且只有一个根网桥。"这里的每台交换机"是指整个交换网络中的每一个交换机实机。这里的"每个网段(Segment)"是一个物理层的概念,是指以两个或两个以上的网卡为边界的一段物理链路,如图 4-9 所示。

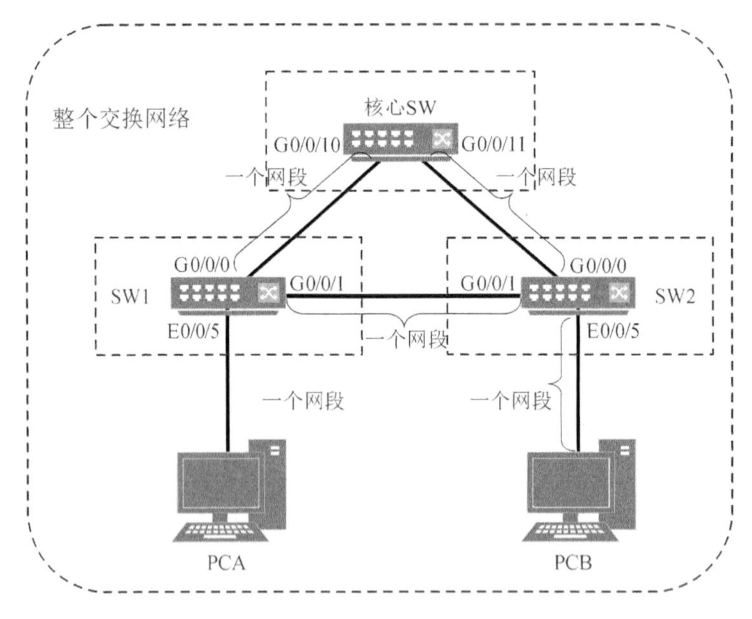

图 4-9　交换网络、交换机与网段

(6) BPDU:STP 是通过比较 BPDU(Bridge Protocol Data Unit,网桥协议数据单元)中携带的信息进行选举的。其携带着网桥 ID、根网桥 ID、根路径开销等信息。BPDU 分为两种类型:

(7) 配置 BPDU:在初始形成 STP 树的过程中,各 STP 交换机都会周期性地(缺省为 2 s)主动产生并发送配置 BPDU(Configuration BPDU)。在 STP 树形成后的稳定期,只有根网桥才会周期性地(缺省为 2 s)主动产生并发送配置 BPDU。非根网桥接收配置 BPDU,并立即被触发而产生自己的配置 BPDU,且从自己的指定端口发送出去。这一过程看起来就像是根网桥发出的配置 BPDU 逐跳(Hop-by Hop)"经过"了其他交换机。

拓扑变化通知 BPDU:拓扑变化通知 BPDU(简称 TCN BPDU)是非根网桥通过根端口向根网桥方向发送的。当非根网桥检测到拓扑变化后,就会生成一个描述拓扑变化的 TCN BPDU,并将其从自己的根端口发送出去。

4.5.2 STP原理

应用STP协议的好处包括两点：

- 消除环路：STP可以通过阻塞冗余端口，保证交换网络无环且连通；
- 链路备份：当正在转发数据的链路因故障而断开时，STP会马上检测到这一情况，并根据需要自动开启某些处于阻塞状态的冗余端口，以迅速恢复交换网络的连通性。

STP的工作流程如下：

步骤1：选举根网桥。每个STP网络中都有且只有一台根网桥，作为根网桥的这台交换机就是STP所构建的生成树的根。

步骤2：选举根端口。非根交换机会在自己的所有端口之间，选择距离根网桥最近的端口，这个端口就是根端口。

步骤3：选举指定端口。在位于同一网段中的所有端口之间选择一个距离根网桥最近的端口。由于现在大多环境中一个网段的范围与两个直连端口的范围等同，因此在接下来的试验环境中，可以理解为在直连的两个端口之间选择一个距离根网桥最近的端口为指定端口。

步骤4：阻塞剩余端口。在选出根端口和指定端口后，STP会把那些既不是根端口也不是指定端口的其他所有端口置于阻塞状态。

1. 根网桥的选举

参选者：在一个STP网络中，默认所有交换机都会参与根网桥的选举；

选举原则：在选举根网桥时，交换机之间相互对比的参数是“桥ID”，桥ID由16位优先级加上48位MAC地址构成，其中，桥ID数值最小的当选。

在交换网络中选举出根网桥之后，根网桥往往就会承担这个交换网络中最繁重的转发工作，因此一般我们会希望网络中当选根网桥的交换机是所有交换机中性能最高者之一。STP在选举根网桥时显然不会把交换机的性能列入考量，一般都应该由管理员通过配置交换机来影响根网桥的选举，这就是当选标准中16位优先级的作用。

既然优先级的长度为16位，其取值范围就是0～65 535，这个参数的默认值为32 768。通过设置，值最小的即为根网桥。

在交换机刚连接到网络中时，每台交换机都会以自己为根网桥，从所有启用的端口向外发送BPDU。接收到BPDU的交换机则会用对方BPDU中的根网桥ID与自己的根网桥ID进行对比。如果对端BPDU中的根网桥ID数值小，交换机就会按照对方的根网桥ID修改自己BPDU中的根网桥ID，如图4-10所示。

2. 根端口的选举

根端口(RP，Root Port)的选举范围是每台非根交换机，参选者是这台非根交换机上所有启用的端口。

根端口按照下面3个步骤进行判断：

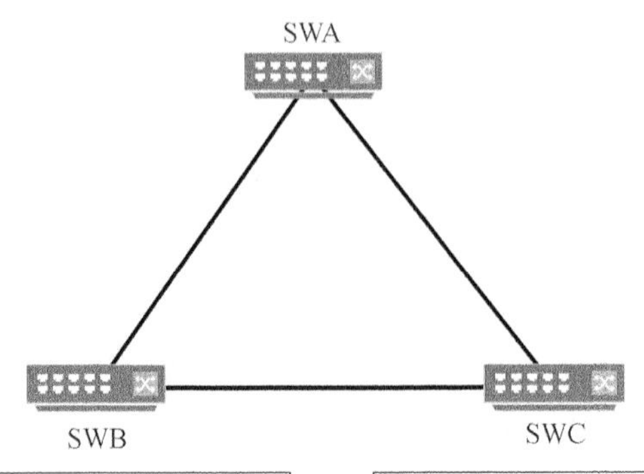

图 4-10 根网桥的选举

步骤 1:选择根路径开销(Root Path Cost,RPC)最低的端口；

步骤 2:若有多个端口的 RPC 相等,选择对端桥 ID 最低的端口；

步骤 3:若有多个端口的对端桥 ID 相等,选择对端端口 ID 最低的端口。

图 4-11 中 SWA 为根交换机,在选举根端口的过程中,非根交换机(SWB 和 SWC)要从所有端口收到的 BPDU 中进行选择。在这一步中,非根交换机比较的是 BPDU 中的根路径开销(RPC)。

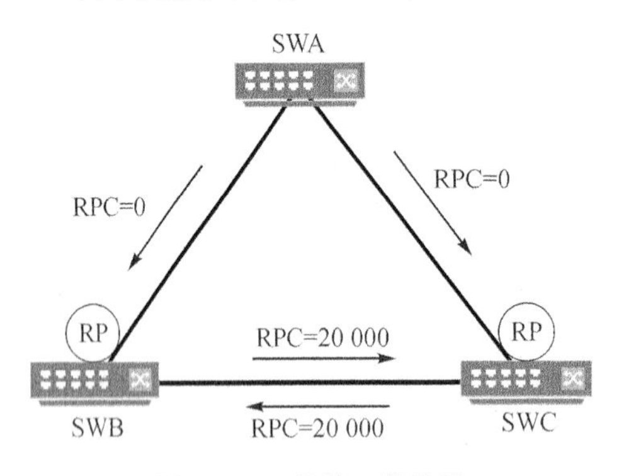

图 4-11 根端口的选举

STP 不会计算入端口的开销,只是在通过端口向外发出 BPDU 时,把该端口的开销(出端口开销)计算进去。

当然,大多数更加复杂的交换网络中,交换机仅凭步骤 1 无法选出根端口,此时 STP 就需要通过步骤 2 来决定根端口,如图 4-12 所示。

SWD 发现两个端口的 RPC 值都是 20 000,此时需要继续比较参数根网桥 BID,选择接收到 BID 最小的那个端口作为根端口,这与非根交换机自己的 BID 没有任何关系。

若非根交换机收到的多个 BPDU 来自同一台交换机,则需要进行步骤 3 的比较,即进行 PID(端口 ID)的比较,如图 4-13 所示。PID 由优先级和端口号构成,优先级的取值范围是 0～240,华为设备的默认值为 128。管理员可以修改这个优先级,但是新的优先级值必须是 16 的倍数。

由于图 4-13 中管理员没有修改 SWB 端口的默认优先级,因此 SWD 通过端口编

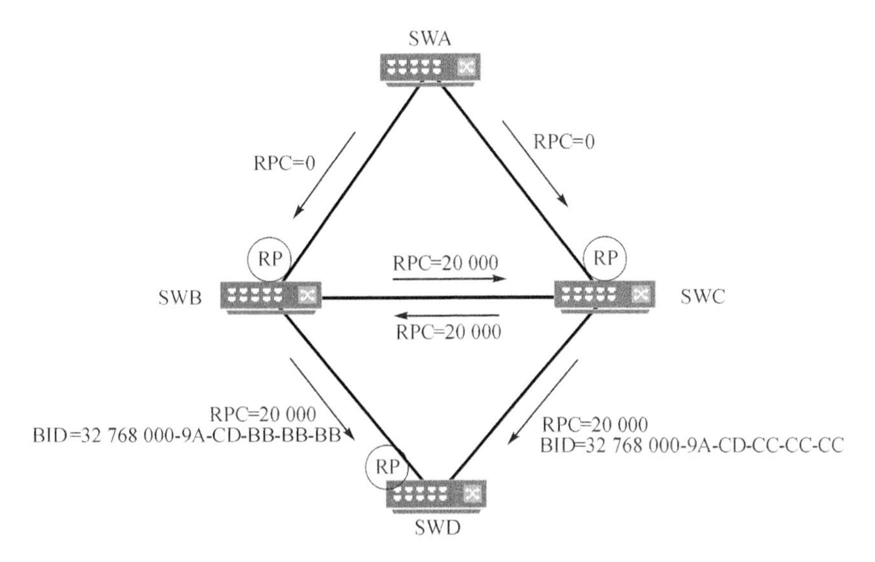

图 4-12　通过对端桥 ID 的比较进行根端口的选举

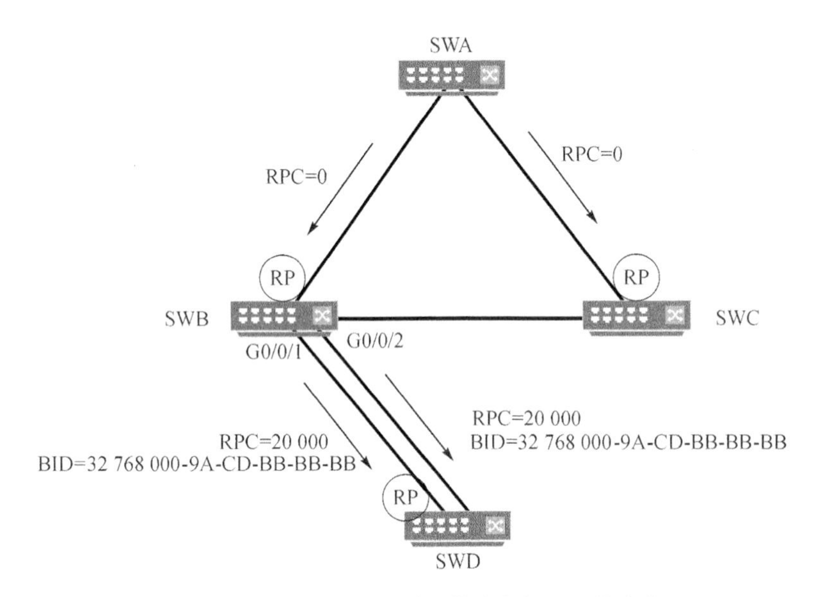

图 4-13　通过端口 ID 的比较进行根端口的选举

号选择连接 G0/0/1 的端口为自己的根端口(也是最小的当选)。

3. 指定端口的选举

指定端口(Designated Port,DP)的选举范围是同一个网段,参选者是同处于这个网段的所有端口(不包括已经被选举为根端口的端口)。选举的原则与根端口的选举一致:

步骤 1:选择根路径开销(Root Path Cost,RPC)最低的端口;

步骤 2:若有多个端口的 RPC 相等,选择桥 ID 最低的端口;

步骤 3:若有多个端口的桥 ID 相等,选择端口 ID 最低的端口。

注:思考一下何种情况下会出现“多个端口的桥 ID 相等”的情况?

答案是:桥 ID 相同表示同一台交换机有多个端口参选,对应到指定端口的选举范围,这就表示同一台交换机有多个端口连接到了同一个网段中。例如,当有人错误地将同一台交换机上的两个端口连接在一起时,若没有 STP 的帮助,网络中就会出现环路。因此第 3 步的设计是为了预防因这种错误连接而造成环路的情况。

典型指定端口选举结果示意如图 4-14 所示。

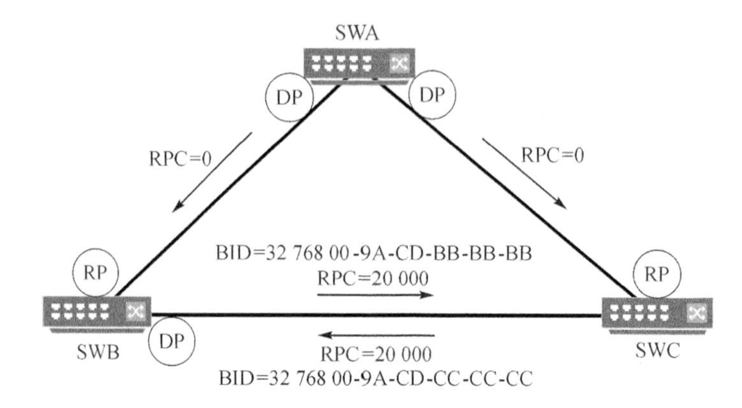

图 4-14 指定端口的选举

只要不是根交换机自身存在物理环路,那么根交换机的所有端口皆会被选举为其所在网段的指定端口。

4. 阻塞剩余端口

剩余端口又叫预备端口(Alternate Port,AP),它不会接收和发送任何数据,但它会监听 BPDU。以上文中最简单的三交换网连接为例,SWC 交换机上与 SWB 交换机的端口就是剩余端口,在通信过程中该端口将处于阻塞状态,不接收和发送任何数据,只侦听 BPDU,如图 4-15 所示。

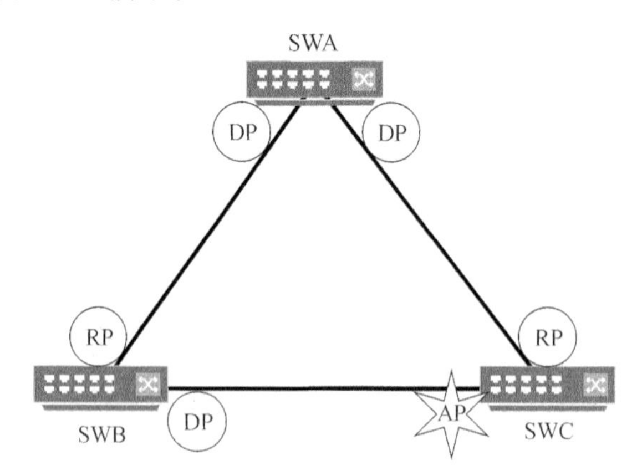

图 4-15 阻塞剩余端口

5. STP 端口状态机

每个参与 STP 的端口一定处于以下 5 种状态之一：

- 阻塞状态(Discarding)：接收并处理 BPDU，不发送 BPDU，不学习 MAC 地址表，不转发数据；
- 侦听状态(Listening)：过渡状态，这时端口接收并发送 BPDU，参与 STP 计算，不学习 MAC 地址表，不转发数据；
- 学习状态(Learning)：过渡状态，接收并发送 BPDU，参与 STP 计算，学习 MAC 地址表，不转发数据；
- 转发状态(Forwarding)：稳定状态，接收并发送 BPDU，参与 STP 计算，学习 MAC 地址表，转发数据；
- 未启用(Disabled)：端口未启用。

图 4-16 为 STP 端口的状态机，图中数字表示“事件”：

编号 1：表示端口初始化事件，即端口未连接电缆或者管理员在端口应用了 shutdown 命令。当管理员为端口连接上电缆且应用了 undo shutdown 命令之后，端口会立即进入第一个真正意义上的 STP 状态——阻塞状态。

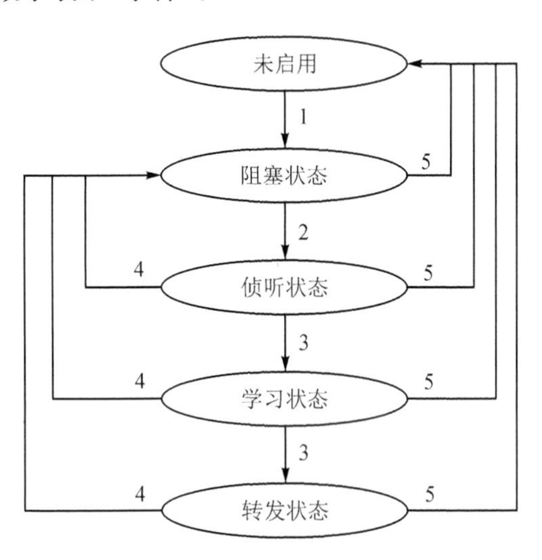

图 4-16　STP 端口状态机的状态切换

编号 2：端口只有被选为根端口或指定端口，它才有资格最终进入转发状态；但在此之前它还需要经历 2 个过渡状态——侦听和学习。一旦端口被选为根端口或指定端口，它就会立即进入侦听状态。

编号 3：表示的事件是转发延时(Forward Delay)计时器超时。这种状态在图 4-16 中出现了 2 次，即从侦听过渡到学习，以及从学习过渡到转发。转发延时计时器默认延时为 15 s，端口一旦进入侦听状态(或学习状态)，就必须等待 15 s 才能过渡到学习状态(或转发状态)，也就是说一共需要等待 30 s。

编号 4：端口不再是根端口或指定端口。当端口处于侦听、学习或转发状态时，都有可能因为网络环境的变化而使端口的 STP 角色从根端口或指定端口变为预备端口，并立即进入阻塞状态。

编号 5：链路失效或端口禁用。

4.5.3 STP的配置

本节以图4-17所示的整个交换网络为例对交换机STP功能的配置和信息查询进行说明。

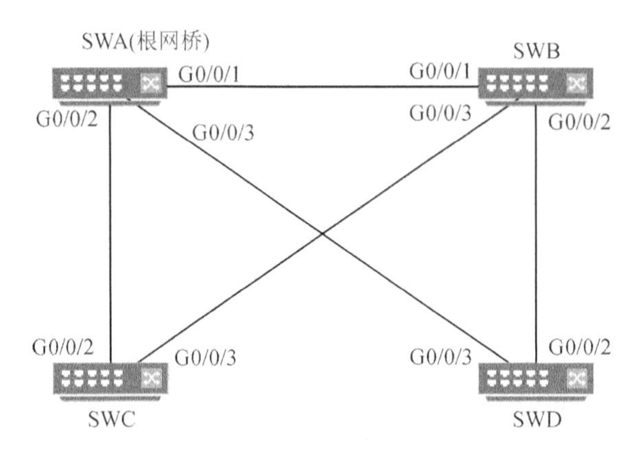

图4-17 STP交换机连接方式

STP的配置如下：

```
[SWA]stp enable
[SWA]stp mode stp
[SWA]stp priority 4096
——————————————————————————————————
[SWB]stp enable
[SWB]stp mode stp
[SWB]stp priority 8192
——————————————————————————————————
[SWC]stp enable
[SWC]stp mode stp
——————————————————————————————————
[SWD]stp enable
[SWD]stp mode stp
```

指令stp enable的功能是启用STP。在大多数华为交换机上，STP功能默认就是启用的，因此管理员可以忽略这条命令，直接配置STP的运行模式。华为交换机默认的STP模式是MSTP。上面配置中使用stp mode stp命令将STP模式修改为stp。优先级最低的为根网桥，优先级参数配置范围是0～61 440，且必须是4 096的整数倍。

通过display stp命令可以查看STP的状态，系统输出信息如图4-18和图4-19所示。

使用display stp brief命令查看交换机的STP端口角色，显示如图4-20～图4-23所示。

```
[SWA]display stp
-------[CIST Global Info][Mode STP]-------
CIST Bridge             :4096 .4c1f-cc1d-5b1a
Config Times            :Hello 2s MaxAge 20s FwDly 15s MaxHop 20
Active Times            :Hello 2s MaxAge 20s FwDly 15s MaxHop 20
CIST Root/ERPC          :4096 .4c1f-cc1d-5b1a / 0
CIST RegRoot/IRPC       :4096 .4c1f-cc1d-5b1a / 0
CIST RootPortId         :0.0
BPDU-Protection         :Disabled
TC or TCN received      :60
TC count per hello      :0
STP Converge Mode       :Normal
Time since last TC      :0 days 0h:0m:14s
Number of TC            :14
Last TC occurred        :GigabitEthernet0/0/1
----[Port1(GigabitEthernet0/0/1)][FORWARDING]----
 Port Protocol          :Enabled
 Port Role              :Designated Port
 Port Priority          :128
 Port Cost(Dot1T )      :Config=auto / Active=20000
 Designated Bridge/Port    :4096.4c1f-cc1d-5b1a / 128.1
 Port Edged             :Config=default / Active=disabled
 Point-to-point         :Config=auto / Active=true
 Transit Limit          :147 packets/hello-time
 Protection Type        :None
 Port STP Mode          :STP
 Port Protocol Type     :Config=auto / Active=dot1s
 BPDU Encapsulation     :Config=stp / Active=stp
```

图 4-18　SWA 交换机 display stp 命令显示内容

```
[SWB]display stp
-------[CIST Global Info][Mode STP]-------
CIST Bridge             :8192 .4c1f-cc07-2931
Config Times            :Hello 2s MaxAge 20s FwDly 15s MaxHop 20
Active Times            :Hello 2s MaxAge 20s FwDly 15s MaxHop 20
CIST Root/ERPC          :4096 .4c1f-cc1d-5b1a / 20000
CIST RegRoot/IRPC       :8192 .4c1f-cc07-2931 / 0
CIST RootPortId         :128.1
BPDU-Protection         :Disabled
TC or TCN received      :63
TC count per hello      :0
STP Converge Mode       :Normal
Time since last TC      :0 days 0h:3m:9s
Number of TC            :12
Last TC occurred        :GigabitEthernet0/0/1
----[Port1(GigabitEthernet0/0/1)][FORWARDING]----
 Port Protocol          :Enabled
 Port Role              :Root Port
 Port Priority          :128
 Port Cost(Dot1T )      :Config=auto / Active=20000
 Designated Bridge/Port    :4096.4c1f-cc1d-5b1a / 128.1
 Port Edged             :Config=default / Active=disabled
 Point-to-point         :Config=auto / Active=true
 Transit Limit          :147 packets/hello-time
 Protection Type        :None
 Port STP Mode          :STP
 Port Protocol Type     :Config=auto / Active=dot1s
 BPDU Encapsulation     :Config=stp / Active=stp
 PortTimes              :Hello 2s MaxAge 20s FwDly 15s RemHop 0
 TC or TCN send         :4
 TC or TCN received     :54
 BPDU Sent              :5
          TCN: 4, Config: 1, RST: 0, MST: 0
 BPDU Received          :139
```

图 4-19　SWB 交换机 display stp 命令显示内容

```
[SWA]display stp brief
 MSTID  Port                        Role  STP State     Protection
   0    GigabitEthernet0/0/1        DESI  FORWARDING      NONE
   0    GigabitEthernet0/0/2        DESI  FORWARDING      NONE
   0    GigabitEthernet0/0/3        DESI  FORWARDING      NONE
```

图 4－20　SWA 交换机的 STP 端口角色

图中 DESI 表示指定端口，FORWARDING 表示转发。

```
[SWB]display stp brief
 MSTID  Port                        Role  STP State     Protection
   0    GigabitEthernet0/0/1        ROOT  FORWARDING      NONE
   0    GigabitEthernet0/0/2        DESI  FORWARDING      NONE
   0    GigabitEthernet0/0/3        DESI  FORWARDING      NONE
```

图 4－21　SWB 交换机的 STP 端口角色

图中 ROOT 表示根端口。

```
<SWC>sys
Enter system view, return user view with Ctrl+Z.
[SWC]display stp brief
 MSTID  Port                        Role  STP State     Protection
   0    GigabitEthernet0/0/2        ROOT  FORWARDING      NONE
   0    GigabitEthernet0/0/3        ALTE  DISCARDING      NONE
```

图 4－22　SWC 交换机的 STP 端口角色

图中 ALTE 表示预备端口，DISCARDING 表示阻塞。

```
<SWD>sys
Enter system view, return user view with Ctrl+Z.
[SWD]display stp brief
 MSTID  Port                        Role  STP State     Protection
   0    GigabitEthernet0/0/2        ALTE  DISCARDING      NONE
   0    GigabitEthernet0/0/3        ROOT  FORWARDING      NONE
```

图 4－23　SWD 交换机的 STP 端口角色

除了端口角色之外，用户也可以在 display stp 命令中使用 interface 关键字来查看端口的开销值，如图 4－24 所示。

图 4－24 第一个框内的行表示系统会从这里开始展示 G0/0/1 的 STP 相关信息，第二个框内的行展示出该端口使用的开销标准是 Dot1T，也就是 802.1t 标准，开销值为 20 000。

关于 STP 各类计时器的配置，由于使用默认值即可满足需求，此处不再赘述，详情可查看参考文献[1]中相关章节。

```
[SWA]display stp interface g0/0/1
-------[CIST Global Info][Mode STP]-------
CIST Bridge           :4096 .4c1f-cc1d-5b1a
Config Times          :Hello 2s MaxAge 20s FwDly 15s MaxHop 20
Active Times          :Hello 2s MaxAge 20s FwDly 15s MaxHop 20
CIST Root/ERPC        :4096 .4c1f-cc1d-5b1a / 0
CIST RegRoot/IRPC     :4096 .4c1f-cc1d-5b1a / 0
CIST RootPortId       :0.0
BPDU-Protection       :Disabled
TC or TCN received    :62
TC count per hello    :0
STP Converge Mode     :Normal
Time since last TC    :0 days 0h:17m:33s
Number of TC          :16
Last TC occurred      :GigabitEthernet0/0/3
----[Port1(GigabitEthernet0/0/1)][FORWARDING]----
 Port Protocol         :Enabled
 Port Role             :Designated Port
 Port Priority         :128
 Port Cost(Dot1T )     :Config=auto / Active=20000
 Designated Bridge/Port   :4096.4c1f-cc1d-5b1a / 128.1
 Port Edged            :Config=default / Active=disabled
 Point-to-point        :Config=auto / Active=true
 Transit Limit         :147 packets/hello-time
 Protection Type       :None
 Port STP Mode         :STP
 Port Protocol Type    :Config=auto / Active=dot1s
 BPDU Encapsulation    :Config=stp / Active=stp
 PortTimes             :Hello 2s MaxAge 20s FwDly 15s RemHop 20
 TC or TCN send        :55
 TC or TCN received    :22
 BPDU Sent             :547
          TCN: 1, Config: 546, RST: 0, MST: 0
 BPDU Received         :24
          TCN: 11, Config: 13, RST: 0, MST: 0
```

图 4-24　使用 interface 关键字来查看端口的开销值

4.6　VLAN

4.6.1　什么是 VLAN

VLAN(Virtual LAN)，翻译成中文是“虚拟局域网”。LAN 可以是由少数几台家用计算机构成的网络，也可以是由数以百计的计算机构成的企业网络。VLAN 所指的 LAN 特指使用路由器分割的网络——广播域。

简单来说，同一个 VLAN 中用户间的通信就同在一个局域网内一样，同一个 VLAN 中的广播只有 VLAN 中的成员才能听到，而不会传输到其他 VLAN 中，这样可控制不必要的广播风暴的产生。同时，若没有路由，则不同 VLAN 之间不能相互通信，这就提高了不同工作组之间的信息安全性。网络管理员可以通过配置 VLAN 之间的路由来全面管理网络内部不同工作组之间的信息互访。

那么,为什么需要分割 VLAN(广播域)呢?那是因为,仅有一个广播域可能会影响网络整体的传输性能。具体原因可参看图 4-25。

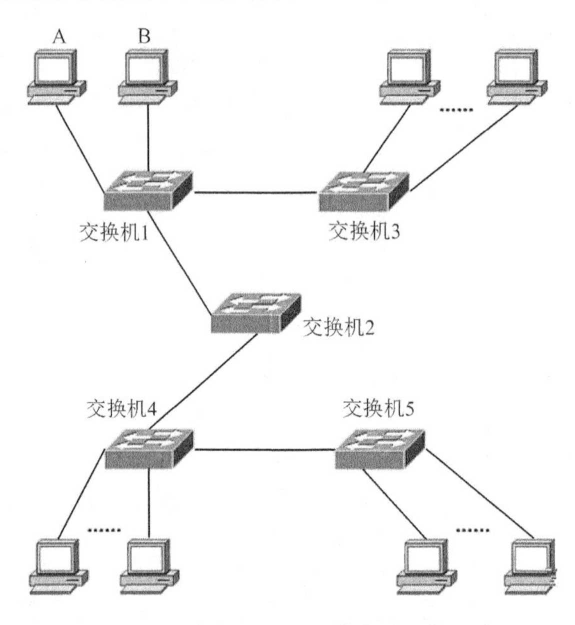

图 4-25　分割 VLAN 之优点的拓扑示意

图 4-25 所示是一个由 5 台二层交换机(交换机 1～5)和大量客户机构成的网络。假设计算机 A 需要与计算机 B 通信。在基于以太网的通信中,必须在数据帧中指定目标 MAC 地址才能正常通信,因此计算机 A 必须先广播 ARP 请求(ARP Request)信息,来尝试获取计算机 B 的 MAC 地址。

交换机 1 收到广播帧(ARP 请求)后,会将它转发给除接收端口外的其他所有端口,也就是泛洪。接着,交换机 2 收到广播帧后也会泛洪。交换机 3、4、5 还会泛洪。最终 ARP 请求会被转发到同一网络中的所有客户机上,这就是网络风暴。

在一台未设置任何 VLAN 的二层交换机上,任何广播帧都会被转发给除接收端口外的所有其他端口上并泛洪。例如,计算机 A 发送广播信息后,这些信息会被转发给端口 2、3、4,如图 4-26 所示。

如图 4-27 所示,如果在交换机上生成黑、灰两个 VLAN,同时设置端口 1、2 属于黑色 VLAN,端口 3、4 属于灰色 VLAN,那么从计算机 A 发出广播帧时,交换机就只会把收到的广播帧转发给同属于一个 VLAN 的其他端口,也就是同属于黑色 VLAN 的端口 2,不会转发给属于灰色 VLAN 的端口。

同样,从计算机 C 发送广播帧时,交换机只会将收到的广播帧转发给其他属于灰色 VLAN 的端口,不会转发给属于黑色 VLAN 的端口。

就这样,VLAN 通过限制广播帧转发的范围分割了广播域。在实际使用中红、蓝

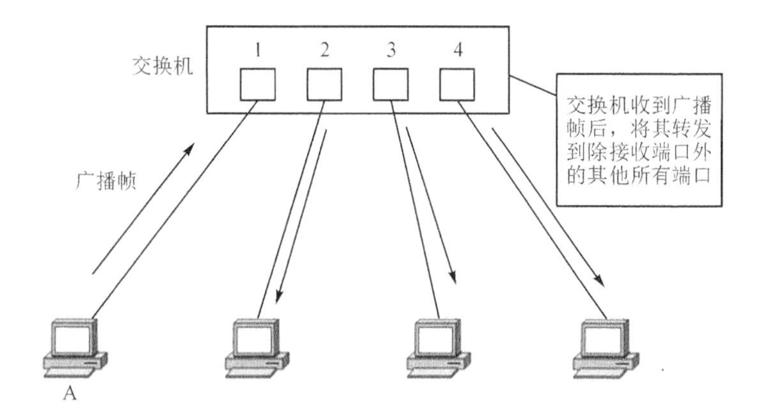

图 4-26 无 VLAN 分割时的信息广播

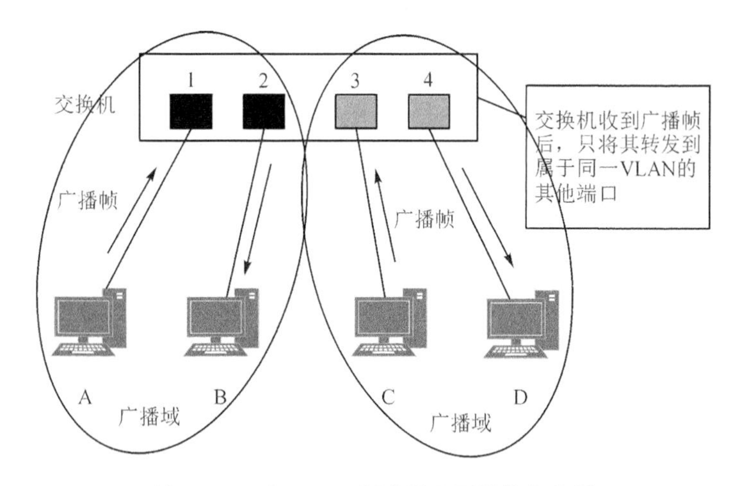

图 4-27 有 VLAN 划分情况下的信息广播

两色的 VLAN 则是用 VLAN 的 ID 来区分的。

但是，同一台交换机上生成的不同 VLAN 之间是互不相通的。因此，在交换机上设置 VLAN 后，如果未做其他处理，VLAN 间是无法通信的。

4.6.2 VLAN 的划分方法

1. 静态 VLAN

静态 VLAN 也叫作基于端口的 VLAN。从意思上也能理解，它是固定不变的，就是明确指定交换机各端口属于哪个 VLAN 的设定方法。静态 VLAN 的划分方法如图 4-28 所示。

基于端口的 VLAN 这种方法，其主要优点就是将 VLAN 的成员定义得简单明了，思路清楚，直接针对交换机现有的端口设置 VLAN，哪些端口属于同一个 VLAN 指定得很清晰。

那么它的缺点呢？由于需要逐个端口设定，因此当网络中的计算机数目超过一定

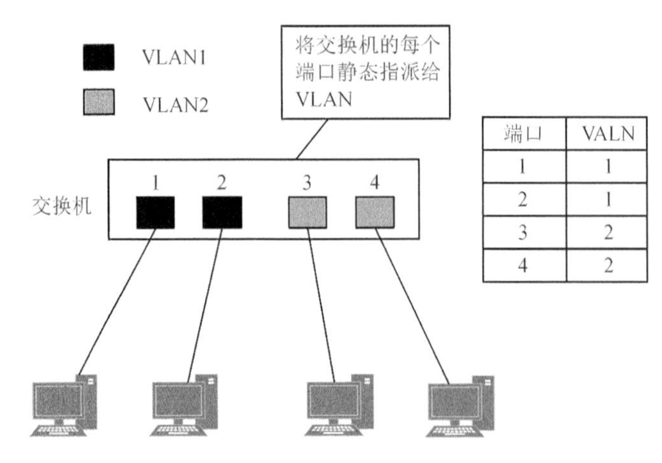

图 4-28　静态 VLAN 划分方法

数字(比如数百台)后,设定操作就会变得繁杂无比;并且计算机每次变更所连端口,都必须同时更改该端口所属 VLAN 的设定。显然静态 VLAN 不适合那些需要频繁改变拓扑结构的网络和大型网络。

2. 动态 VLAN

动态 VLAN 则是根据每个端口所连的计算机,随时改变端口所属的 VLAN。这就可以避免上述更改设定之类的操作。动态 VLAN 可以大致分为 3 类:

- 基于 MAC 地址的 VLAN(MAC Based VLAN);
- 基于子网的 VLAN(Subnet Based VLAN);
- 基于用户的 VLAN(User Based VLAN)。

(1) 基于 MAC 地址的 VLAN

基于 MAC 地址的 VLAN 就是通过查询并记录端口所连计算机上网卡的 MAC 地址来决定端口所属的 VLAN。假定有一个计算机的 MAC 地址为 A,被交换机设定为属于 VLAN10,那么不论 MAC 地址为 A 的这台计算机连在交换机哪个端口,该端口都会被划分到 VLAN10 中。MAC 地址的动态 VLAN 划分方法如图 4-29 所示。

(2) 基于子网的 VLAN

基于子网的 VLAN 则是通过所连计算机的 IP 地址来决定端口所属的 VLAN。不像基于 MAC 地址的 VLAN,即使某台计算机因为交换了网卡或其他原因而导致其 MAC 地址改变,只要它的 IP 地址不变,就仍可以加入原先设定的 VLAN。基于子网的动态 VLAN 划分方法如图 4-30 所示。

(3) 基于用户的 VLAN

基于用户的 VLAN 则是根据交换机各端口所连计算机上当前登录的用户识别信息,来决定该端口属于哪个 VLAN。这里的用户识别信息一般是指在计算机操作系统登录的,比如可以是 Windows 域中使用的用户名。这些用户名信息属于 OSI 第四层以上的信息。

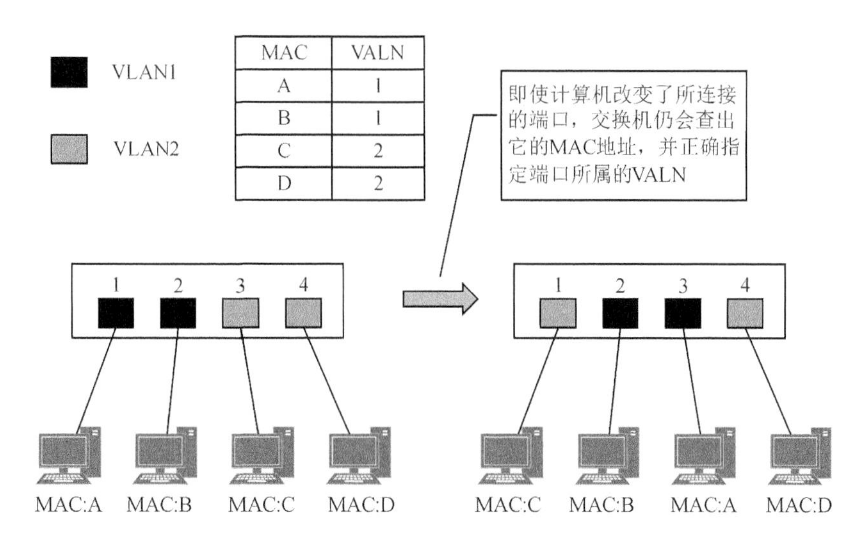

图 4-29 基于 MAC 地址的动态 VLAN 划分方法

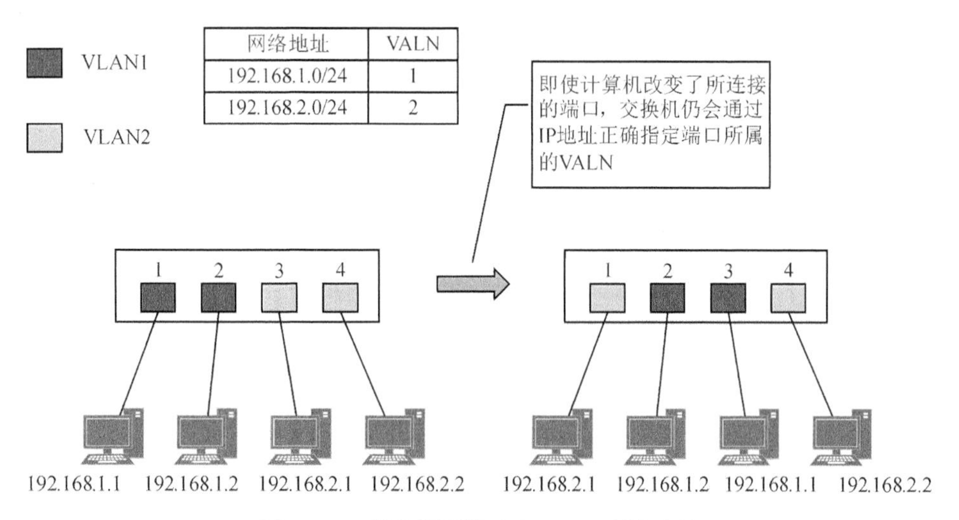

图 4-30 基于子网的动态 VLAN 划分方法

那么，如果需要设置跨越多台交换机的 VLAN，则又如何实现呢？

1. 方法一

在规划企业级网络时，很有可能遇到隶属于同一部门的用户分散在同一座建筑物中不同楼层的情况，这时就需要考虑如何跨越多台交换机设置 VLAN 的问题了。假设有如图 4-31 所示网络，需要将不同楼层的计算机 A、C 和 B、D 设置为同一个 VLAN。

这里最关键的就是交换机 1 和交换机 2 该如何连接才好呢？

最简单的方法自然是在交换机 1 和交换机 2 上各设一个黑、灰 VLAN 专用的接口并互联了，如图 4-32 所示。

但是，这个办法从扩展性和管理效率来看都不好。例如，在现有网络基础上再新建

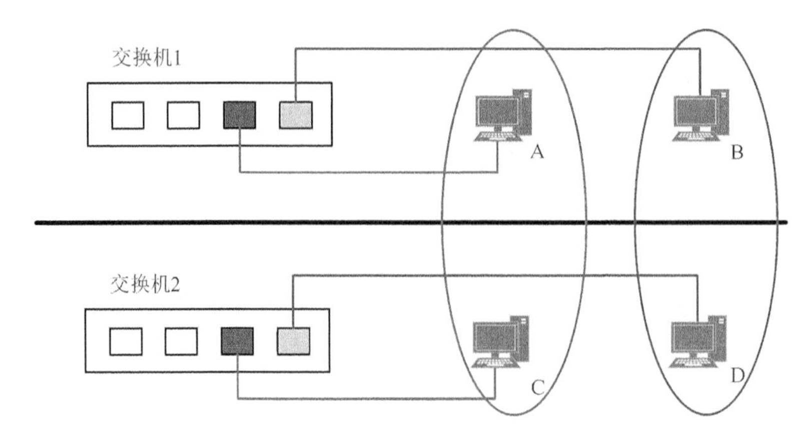

图 4-31　跨越多台交换机的 VLAN 划分需求

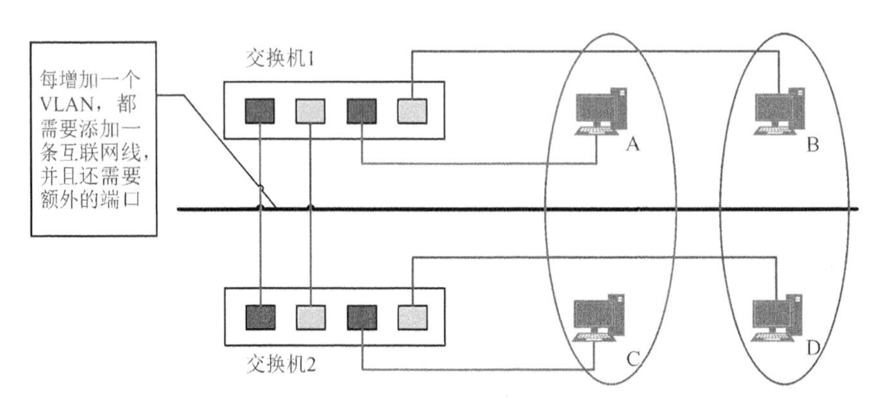

图 4-32　跨越多台交换机的 VLAN 划分方法一

VLAN 时，为了让这个 VLAN 能够与其他 VLAN 互通，就需要在交换机间连接新的网线。建筑物楼层间的纵向布线是比较麻烦的，一般不能由基层管理人员随意操作。并且 VLAN 越多，楼层间（严格地说是交换机间）互联所需的端口也越多，交换机端口的利用效率越低，这是对资源的一种浪费，也限制了网络的扩展。

2. 方法二

为了避免上面这种低效率的连接方式，人们想办法让交换机间互联的网线集中到一根线上，这时使用的就是汇聚链接（Trunk Link）。

汇聚链接指的是能够转发多个不同 VLAN 的通信的端口。汇聚链路上流通的数据帧都被附加了用于识别分属于哪个 VLAN 的特殊信息。

我们再来考虑一下图 4-31 所示网络如果采用汇聚链接则会如何。用户只需要简单地将交换机间互联的端口设定为汇聚链接就可以了。这时使用的一根网线还是普通的 UTP 线，而不是其他特殊布线。图 4-31 中是交换机间互联，因此需要用交叉线连接。

接下来我们具体看看汇聚链接如何实现跨越多台交换机间的不同 VLAN,如图 4-33 所示。

计算机 A 发送的数据帧从交换机 1 经过汇聚链路到达交换机 2 时,在数据帧上附加了表示属于黑色 VLAN 的标识。

交换机 2 收到数据帧后,经过检查 VLAN 标识发现这个数据帧属于黑色 VLAN,因此去除其标识后根据需要将复原的数据帧只转发给其他属于红色 VLAN 的端口。这时的转发是经过确认目标 MAC 地址并与 MAC 地址列表比对后,只转发给目标 MAC 地址所连的端口。只有当数据帧是一个广播帧、多播帧或目标不明的帧时,它才会被转发到所有属于黑色 VLAN 的端口。

灰色 VLAN 发送数据帧的情形与此相同。

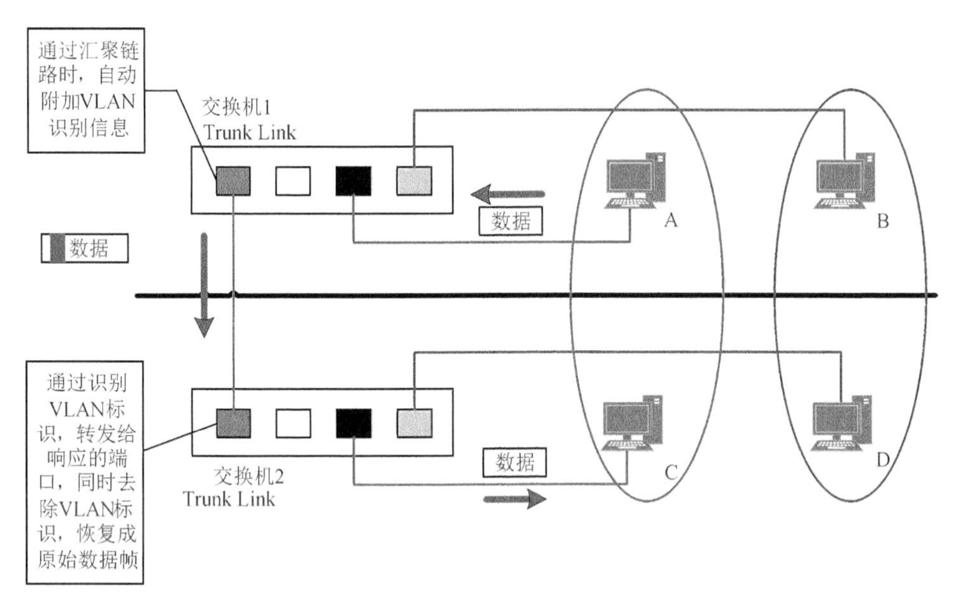

图 4-33 数据包跨越多台交换机不同 VLAN 的原理说明

4.6.3 VLAN 通信原理

1. 同一 VLAN 内的通信

下面介绍使用汇聚链路连接交换机与路由器时,VLAN 间的路由是如何实现的。如图 4-34 所示,为各台计算机以及路由器的子接口设定 IP 地址。

黑色 VLAN(VLANID=1)的网络地址为 192.168.1.0/24,灰色 VLAN(VLANID=2)的网络地址为 192.168.2.0/24。各计算机的 MAC 地址分别为 A/B/C/D,路由器汇聚链接端口的 MAC 地址为 R。交换机通过对各端口所连计算机 MAC 地址的学习,生成如表 4-1 所列 MAC 地址列表。

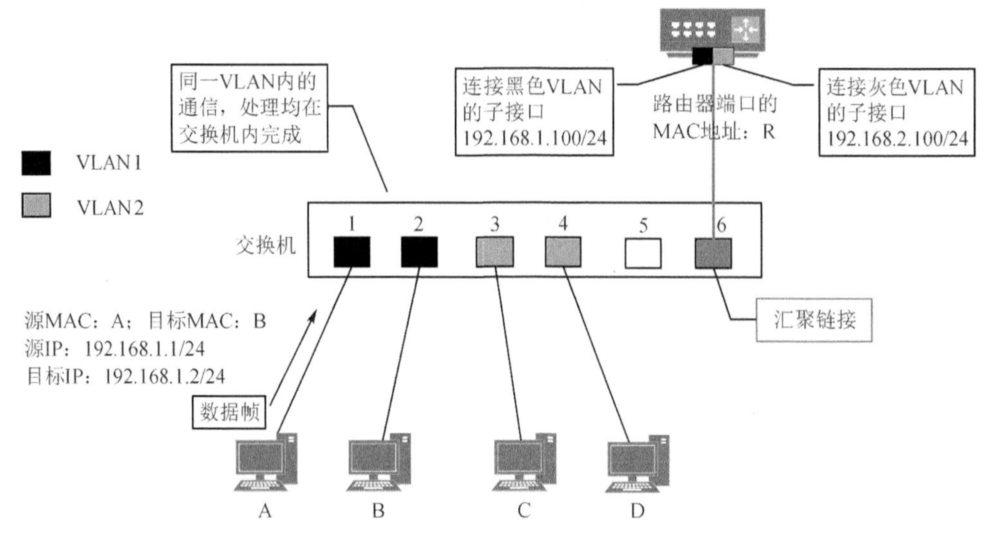

图 4-34　VLAN 间通信原理讲解之同一 VLAN 内的通信

表 4-1　交换机生成 MAC 地址表

端　口	MAC 地址	VLAN	端　口	MAC 地址	VLAN
1	A	1	4	D	2
2	B	1	5	—	—
3	C	2	6	R	汇聚

计算机 A 与同一 VLAN 内的计算机 B 之间通信时的情形：计算机 A 发出 ARP 请求信息，请求解析计算机 B 的 MAC 地址。交换机收到数据帧后，检索 MAC 地址列表中与收信端口同属一个 VLAN 的表项。结果发现，计算机 B 连接在端口 2 上，于是交换机将数据帧转发给端口 2，最终计算机 B 收到该帧。收、发信双方同属一个 VLAN 之内的通信，一切处理均在交换机内完成。

2. 不同 VLAN 间的通信

我们来考虑一下计算机 A 与计算机 C 之间通信时的情况，如图 4-35 所示。

(1) 计算机 A 从通信目标的 IP 地址(192.168.2.1)得出计算机 C 与本机不属于同一个网段。因此会向设定的默认网关(Default Gateway，GW)转发数据帧。在发送数据帧之前，需要先用 ARP 获取路由器的 MAC 地址。

(2) 得到路由器的 MAC 地址 R 后，按图 4-35 中所示步骤发送往 C 去的数据帧。图中①的数据帧中，目标 MAC 地址是路由器的地址 R，但内含的目标 IP 地址仍是最终要通信的计算机 C 的地址。

(3) 交换机在端口 1 上收到图中①的数据帧后，检索 MAC 地址列表中与端口 1 同属一个 VLAN 的表项。由于汇聚链路会被看作属于所有的 VLAN，因此这时交换机的端口 6 也属于被参照对象。这样交换机就知道往 MAC 地址 R 发送数据帧，需要经过端口 6 转发。

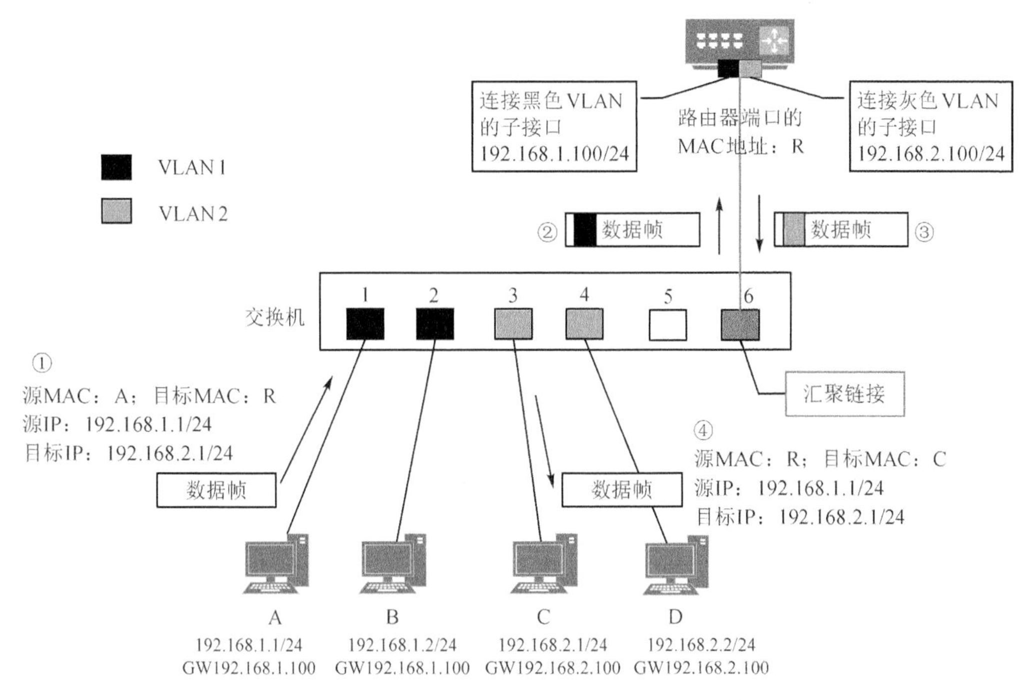

图 4-35　VLAN 间通信原理——不同 VLAN 间的通信

(4) 从端口 6 发送数据帧时，由于它是汇聚链接，因此会被附加上 VLAN 识别信息。由于数据帧来自黑色 VLAN，因此如图中②所示，它会被加上黑色 VLAN 的识别信息后进入汇聚链路。路由器收到图中②的数据帧后，确认其 VLAN 识别信息，由于它是属于黑色 VLAN 的数据帧，因此将其交由负责黑色 VLAN 的子接口接收。

(5) 根据路由器内部的路由表，判断数据帧该向哪里中继。

由于目标网络 192.168.2.0/24 是灰色 VLAN，且该网络通过子接口与路由器直连，因此只要从负责灰色 VLAN 的子接口转发数据帧就可以了。这时，数据帧的目标 MAC 地址被改写成计算机 C 的目标地址；由于需要经过汇聚链路转发，因此数据帧被附加了属于灰色 VLAN 的识别信息。这就是图中③的数据帧。

(6) 交换机收到图中③的数据帧后，根据 VLAN 标识信息从 MAC 地址列表中检索属于灰色 VLAN 的表项。由于通信目标计算机 C 连接在端口 3 上且端口 3 为普通的访问链接，因此交换机会将数据帧除去 VLAN 标识信息后(图中④)转发给端口 3，最终计算机 C 成功收到这个数据帧。

VLAN 间进行通信时，即使通信双方都连接在同一台交换机上，也必须经过“发送方—交换机—路由器—交换机—接收方”这样一个流程。

3. VLAN 标签

要使设备能够分辨不同 VLAN 的数据帧，需要在数据帧中添加标识 VLAN 信息的字段。IEEE 802.1Q 协议规定，在以太网数据帧的目标 MAC 地址和源 MAC 地址字段之后、协议长度/类型字段之前，加入 4 字节的 VLAN 标签(又称 VLAN Tag，简称

Tag)，用以标识 VLAN 信息，如图 4－36 所示。

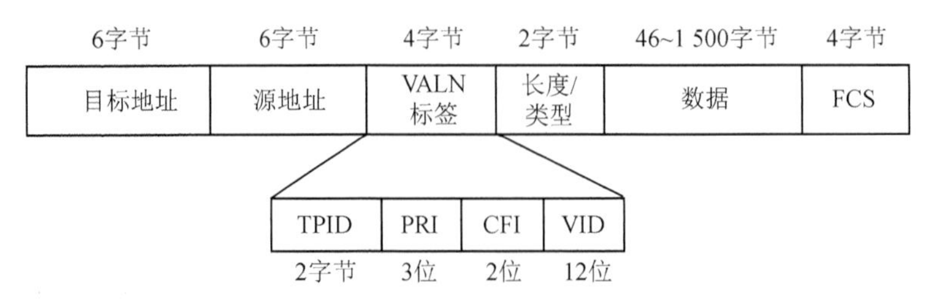

图 4－36　VLAN 标签的数据格式

VLAN 标签中各字段的解释如表 4－2 所列。

表 4－2　VLAN 标签中不同字段含义解释

字　段	长　度	含　义	取　值
TPID	2 字节	Tag Protocol Identifier(标签协议标识符)，表示数据帧类型	取值为 0x8100 时表示 IEEE 802.1Q 的 VLAN 数据帧。如果不支持 802.1Q 的设备收到这样的帧，会将其丢弃。各设备厂商可以自定义该字段的值。当邻居设备将 TPID 值配置为非 0x8100 时，为了能够识别这样的报文，实现互通，必须在本设备上修改 TPID 值，以确保与邻居设备的 TPID 值配置一致
PRI	3 位	Priority，表示数据帧的 802.1p 优先级	取值范围为 0～7，值越大优先级越高。当网络阻塞时，设备优先发送优先级高的数据帧
CFI	1 位	Canonical Format Indicator(标准格式指示位)，表示 MAC 地址在不同的传输介质中是否以标准格式封装，用于兼容以太网和令牌环网	取值为 0 表示 MAC 地址以标准格式封装，为 1 表示以非标准格式封装。在以太网中，CFI 的值为 0
VID	12 位	VALN ID，表示该数据帧所属 VLAN 的编号	取值范围是 0～4 095。由于 0 和 4 095 为协议保留取值，所以 VLAN ID 的有效取值范围是 1～4 094

在一个 VLAN 交换网络中，以太网帧主要有以下两种格式：

➢ 有标记帧(Tagged 帧)：加入了 4 字节 VLAN 标签的帧。

➢ 无标记帧(Untagged 帧)：原始的、未加入 4 字节 VLAN 标签的帧。

4.6.4　链路类型和接口类型

为了适应不同的连接和组网，设备定义了 Access 接口、Trunk 接口和 Hybrid 接口 3 种接口类型，以及接入链路(Access Link)和干道链路(Trunk Link)两种链路类型。

1. 链路类型

根据链路中需要承载的 VLAN 数目的不同，以太网链路分为接入链路和干道链路：

- 接入链路：接入链路只可以承载1个VLAN的数据帧，用于连接设备和用户终端(如用户主机、服务器等)。通常情况下，用户终端并不需要知道自己属于哪个VLAN，也不能识别有标记帧，所以在接入链路上传输的帧都是无标记帧。
- 干道链路：干道链路可以承载多个不同VLAN的数据帧，用于设备间互连。为了保证其他网络设备能够正确识别数据帧中的VLAN信息，在干道链路上传输的数据帧必须都打上标签。

2. 接口类型

根据接口连接对象以及对收发数据帧处理的不同，以太网接口分为Access接口、Trunk接口和Hybrid接口：

- Access接口：Access接口一般用于与不能识别标签的用户终端(如用户主机、服务器等)相连，或者用于不需要区分不同VLAN成员的场合。它只能收发无标记帧，且只能为无标记帧添加唯一VLAN的标签。
- Trunk接口：Trunk接口一般用于连接交换机、路由器、AP以及可同时收发有标记帧和无标记帧的语音终端。它可以允许多个VLAN的帧带标签通过，但只允许一个VLAN的帧从该类接口上发出时不带标签(即剥除标签)。
- Hybrid接口：Hybrid接口既可以用于连接不能识别标签的用户终端(如用户主机、服务器等)和网络设备(如Hub)，也可以用于连接交换机、路由器以及可同时收发有标记帧和无标记帧的语音终端、AP。它可以允许多个VLAN的帧带标签通过，且允许从该类接口发出的帧根据需要配置某些VLAN的帧带标签(即不剥除标签)、某些VLAN的帧不带标签(即剥除标签)。

Hybrid接口和Trunk接口在很多应用场合下可以通用；但在某些应用场合下，必须使用Hybrid接口。比如在一个接口连接不同VLAN网段的场合中，因为一个接口需要给多个无标记帧添加标签，所以必须使用Hybrid接口。表4-3为同类型接口添加或剥除VLAN标签的比较。

表4-3 同类型接口添加或剥除VLAN标签的比较

接口类型	对接收不带标签的报文处理	对接收带标签的报文处理	发送帧处理过程
Access接口	接收该报文，并打上缺省的VLAN ID	当VLAN ID与缺省VLAN ID相同时，接收该报文；当VLAN ID缺省VLAN ID不同时，丢弃该报文	先剥离帧的PVID标签，然后再发送
Trunk接口	打上缺省的VLAN ID，当缺省VLAN ID在允许通过的VLAN ID列表里时，接收该报文，打上缺省的VLAN ID；当缺省VLAN ID不再允许通过的VLAN ID列表里时，丢弃该报文	当VLAN ID在接口允许通过的VLAN ID列表里时，接收该报文。当VLAN ID不在接口允许通过的VLAN ID列表里时，丢弃该报文	当VLAN ID与缺省VLAN ID相同，且是该接口允许通过的VLAN ID时，去掉标签，发送该报文；当VLAN ID与缺省VLAN ID不同，且是该接口允许通过的VLAN ID时，保持原有标签，发送该报文

续表 4－3

接口类型	对接收不带标签的数据帧处理	对接收带标签的数据帧处理	发送帧处理过程
Hybrid 接口	打上缺省的 VLAN ID，当缺省 VLAN ID 在允许通过的 VLAN ID 列表里时，接收该报文。打上缺省的 VLAN ID；当缺省 VLAN ID 不再允许通过的 VLAN ID 列表里时，丢弃该报文	当 VLAN ID 在接口允许通过的 VLAN ID 列表里时，接收该报文；当 VLAN ID 不在接口允许通过的 VLAN ID 列表里时，丢弃该报文	当 VLAN ID 是该接口允许通过的 VLAN ID 时，发送该报文，可以通过命令设置发送时是否携带标签

当接收到不带 VLAN 标签的数据帧时，Access 接口、Trunk 接口、Hybrid 接口都会给数据帧打上 VLAN 标签，但 Trunk 接口、Hybrid 接口会根据数据帧的 VID 是否为其允许通过的 VLAN 来判断是否接收，而 Access 接口则无条件接收。

当接收到带 VLAN 标签的数据帧时，Access 接口、Trunk 接口、Hybrid 接口都会根据数据帧的 VID 是否为其允许通过的 VLAN(Access 接口允许通过的 VLAN 就是缺省 VLAN)来判断是否接收。

当发送数据帧时：

- Access 接口直接剥离数据帧中的 VLAN 标签。
- Trunk 接口只有在数据帧中的 VID 与接口的 PVID 相等时才会剥离数据帧中的 VLAN 标签。
- Hybrid 接口会根据接口上的配置判断是否剥离数据帧中的 VLAN 标签。

因此，Access 接口发出的数据帧肯定不带标签；Trunk 接口发出的数据帧只有一个 VLAN 的数据帧不带标签，其他都带 VLAN 标签；Hybrid 接口发出的数据帧可根据需要设置某些 VLAN 的数据帧带标签，某些 VLAN 的数据帧不带标签。

4.6.5 VLAN 实施

1. 添加与删除

在系统视图下，可使用如下命令进行 VALN 的创建：

vlan valn-id

例如“valn 9”。管理员在使用这条命令创建 VALN 后，会直接进入这个 VALN 的配置视图中。

valn batch { valn-id1 valn-id12}

例如“valn 9 10”。管理员在使用这条命令创建 VALN 后，仍会留在系统视图中。

在 VLAN 视图中，可通过“description TEXT”来添加描述信息为 VLAN 起一个描述性的名字`[Huawei-vlan2]description Local-VLAN2`

系统视图下(在 VLAN 视图下可能也可以查看)，可通过“display vlan”指令查看 VLAN 配置情况，如图 4－37 所示。

要想删除已创建的 VLAN，管理员只需要在创建 VLAN 的命令前添加 undo 关键

```
[Huawei-vlan2]quit
[Huawei]display vlan
The total number of vlans is : 2
--------------------------------------------------------------------------------
U: Up;          D: Down;         TG: Tagged;          UT: Untagged;
MP: Vlan-mapping;                ST: Vlan-stacking;
#: ProtocolTransparent-vlan;     *: Management-vlan;
--------------------------------------------------------------------------------

VID  Type     Ports
--------------------------------------------------------------------------------
1    common   UT:GE0/0/1(D)      GE0/0/2(D)      GE0/0/3(D)      GE0/0/4(D)
                 GE0/0/5(D)      GE0/0/6(D)      GE0/0/7(D)      GE0/0/8(D)
                 GE0/0/9(D)      GE0/0/10(D)     GE0/0/11(D)     GE0/0/12(D)
                 GE0/0/13(D)     GE0/0/14(D)     GE0/0/15(D)     GE0/0/16(D)
                 GE0/0/17(D)     GE0/0/18(D)     GE0/0/19(D)     GE0/0/20(D)
                 GE0/0/21(D)     GE0/0/22(D)     GE0/0/23(D)     GE0/0/24(D)

2    common

VID  Status  Property      MAC-LRN Statistics Description
--------------------------------------------------------------------------------

1    enable  default       enable  disable    VLAN 0001
2    enable  default       enable  disable    Local-VLAN2
```

图 4-37 通过"display vlan"指令查看 VLAN 配置情况

字即可。

2. Access 和 Trunk 接口配置

图 4-38 所示为 Access 和 Trunk 接口配置连接拓扑图。

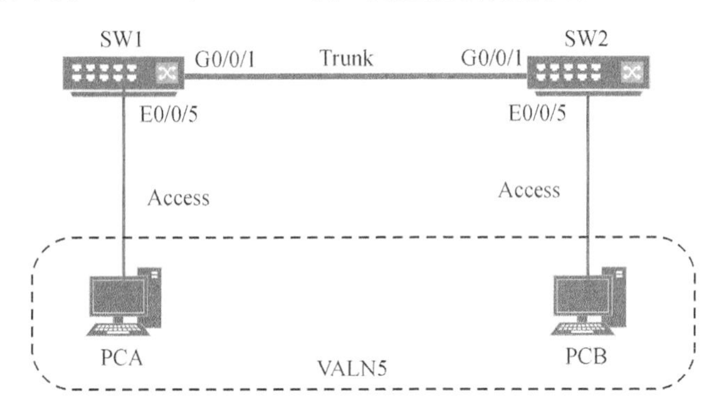

图 4-38 Access 和 Trunk 接口配置连接拓扑图

两台交换机和两台计算机终端按照图 4-38 所示方式连接为整个网络，要实现图 4-38 所示的拓扑功能，在 SW1 交换机上需输入如下配置指令。

```
[SW1]vlan 5
[SW1-vlan5]quit
[SW1]interface g0/0/1
[SW1-GigabitEthernet0/0/1]port link-type trunk
[SW1-GigabitEthernet0/0/1]port trunk allow-pass vlan 5
[SW1-GigabitEthernet0/0/1]quit
```

```
[SW1]interface e0/0/5
[SW1-Ethernet0/0/5]port link-type access
[SW1-Ethernet0/0/5]port default vlan 5
[SW1-Ethernet0/0/5]quit
```

上述“port link-type trunk”命令的作用是修改接口的链路类型(默认为 Hybrid 接口),将其变更为 Trunk 接口。“port trunk allow-pass vlan 5”命令用来放行 VLAN5 的流量,对于多个 VLAN 可以用“vlan 5 to vlan 10”来表示,也可以将 vlan-id 更改为 all,表示可以放行所有 VLAN 的流量。

在接口模式下使用“port default vlan 5”命令将接口加入 VLAN5。此外,还有一个方式将接口加入 VLAN,即在 VLAN 配置视图下,使用命令“port interface-type interface-number”向 VLAN 中添加接口。

3. Hybrid 接口配置

假设一家公司拥有自己的邮件服务器,所有员工都必须能够访问该邮件服务器,但不同部门的员工不能直接相互访问。为了简化环境以便更清晰地说明问题,我们只建立 3 个 VLAN:部门 1 的员工属于 VLAN2,部门 2 的员工属于 VLAN3,邮件服务器属于 VALN10。而我们要通过 Hybrid 接口实现的效果是:VALN2 和 VALN3 之间不能相互通信,但 VALN2 和 VLAN3 都能够与 VALN10 进行通信。拓扑结构如图 4－39 所示。

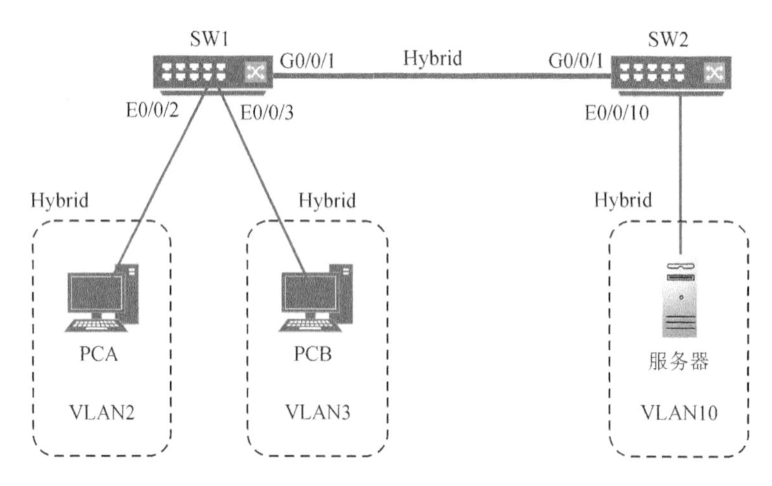

图 4－39 Hybrid 接口配置连接拓扑图

这里说的“相互通信”指的是二层通信,Hybrid 接口能够在一定程度上打破 VALN 的隔离,使两个不同 VLAN 中的设备能够直接实现二层通信。

要实现图 4－39 所示的拓扑功能,在 SW1 交换机上需输入如下配置指令。

```
[SW1]interface e0/0/2
[SW1-Ethernet0/0/2]port link-type hybrid
[SW1-Ethernet0/0/2]port hybrid pvid vlan 2
```

```
[SW1-Ethernet0/0/2]port hybrid untagged vlan 2 10
[SW1-Ethernet0/0/2]quit
[SW1] interface e0/0/3
[SW1-Ethernet0/0/3]port link-type hybrid
[SW1-Ethernet0/0/3]port hybrid pvid vlan 3
[SW1-Ethernet0/0/3]port hybrid untagged vlan 3 10
[SW1-Ethernet0/0/3]quit
[SW1] interface g0/0/1
[SW1-GigabitEthernet0/0/1]port link-type hybrid
[SW1- GigabitEthernet 0/0/1]port hybrid tagged vlan 2 3 10
[SW1- GigabitEthernet 0/0/1]quit
```

由于 E0/0/2 和 E0/0/3 接口连接的终端无法识别 VLAN 标签信息，因此从这两个接口上发送出去的流量是不携带 VALN 标签的数据，因此通过“port hybrid untagged vlan 2(3) 10”命令在这两个接口上分别放行 VLAN2(3)和 VLAN10 的流量。

此外，当交换机从这两个连接 PC 的接口接收数据时，由于接口所连接的终端设备无法为自己的数据标识 VLAN 标签，因此需要由接口来完成这项工作。为此需要使用接口视图的命令“port hybrid pvid vlan vlan-id”来指明该接口的缺省 VLAN。也就是说，如果该接口接收到不携带 VLAN 标签的数据，那么交换机就会默认这些数据帧属于该接口的缺省 VLAN，从而为这种流量打上相应的 VLAN 标签。

4. 检查 VLAN 信息

检查 VLAN 信息的命令如下：

```
display vlan                          查看所有 VLAN 信息
display vlan vlan-id                  查看指定 VLAN 信息
display vlan vlan-id verbose          查看指定 VLAN 详细信息
[vlan 视图]statistic enable            启用 VLAN 流量统计功能
display vlan vlan-id statistics       查看指定 VLAN 流量统计信息(需先启用)
display vlan sumary                   VLAN 统计总结
```

4.7 以太网数据链路层协议

以太网最初被命名为 Ethernet，之后由 IEEE802.3 委员会将其规范化，但是这两者对以太网数据帧的格式定义还是有所不同的。因此，IEEE802.3 所规范的以太网有时又被称为 802.3 以太网。

当今最常见的以太网协议标准是 ETHERNETII 标准，其数据帧封装格式如图 4-40 所示。

如图 4-41 所示，以太网数据帧的前端有一个叫作前导码的部分，由 7 字节组成，这 7 字节的每个字节均固定为 10101010。在 7 字节的前导码之后的字节称为帧起始

前导码	目的地址	源地址	类型	数据	填充	FCS

图 4-40 ETHERNET II(DIX)标准数据帧

定界符 SFD(Start Frame Delimiter)，这个字节固定为 10101011。这 8 个字节的目的是，通过编码让一个以太网数据帧的开头部分表现为有规律的物理信号，以便提醒接收方设备，让它与自己同步时钟。而帧起始定界符的最后两位被定义为 11，这是为了告知接收方，在这两位之后即为以太网数据帧下一个字段的开始。

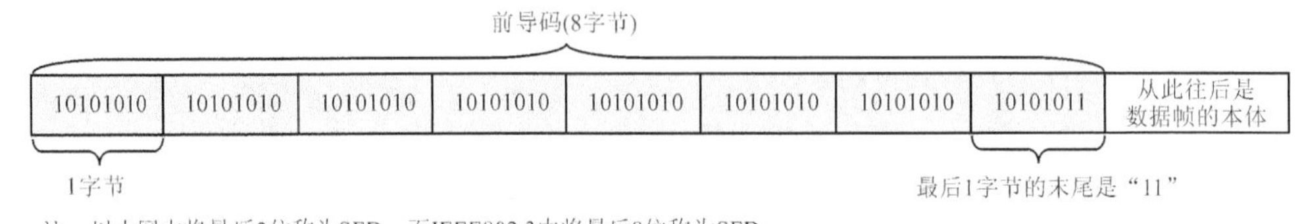

图 4-41 ETHERNET II(DIX)标准数据帧前导码

以太网数据帧本体的前端是数据帧的首部，它总共占 14 字节。分别是 6 字节的目标 MAC 地址、6 字节的源 MAC 地址以及 2 字节的上层协议类型。

目标地址(Destination Address)：目标地址由 6 字节组成，其作用是标识数据帧的目标设备。

源地址(Source Address)：源地址由 6 字节组成，其作用是标识数据帧的始发设备。

类型(Type)：类型字段由 2 字节组成，其作用是告知对端设备，这个数据帧在网络层是使用什么协议进行封装的，以便对端选择同样的协议来对这个数据帧进行解封装。

填充(Pad)：以太网标准规定，一个以太网数据帧的最小长度不得小于 64 字节。即数据部分不得少于 46 字节。如果数据部分不足 46 字节，则用填充位来填充，以让数据帧的长度可以满足最小长度的要求。

FCS(Frame Check Sequence)：FCS 译为帧校验序列，这个字段长度为 4 字节，其中包含前文介绍 CRC 时所述的多项式除法余数。这个字段会被封装在数据帧的尾部，其目的是供对端设备校验其接收到的数据帧是否与发送方发送的一致。

IEEE802.3 以太网与一般以太网在帧的首部上稍有区别，如图 4-42 所示。

IEEE 802.3 标准的数据帧在格式方面与 ETHERNET II 标准的区别主要体现在长度(Length)字段的定义上。根据 IEEE 802.3 标准的定义，长度字段表示在整个数据帧中数据字段所占的长度。虽然图 4-42 所示的 IEEE 802.3 以太网帧体格式中，找不到定义数据帧上层协议的类型字段，但为了让接收方能够顺利对数据进行解封装，IEEE802.3 标准必须指出上层的封装协议。实际上，IEEE 将以太网标准数据字段的前 8 字节定义了 3 字节的 LLC(Logical Link Control)位、3 字节的 OUI(Organizationally Unique Identifier)位和 2 字节的类型位。其中最后 2 字节的类型位在功能和用法上都与 ETHERNET II 标准的类型位相同。

一般以太网帧体格式

目标MAC地址(6字节)	源MAC地址(6字节)	类型(2字节)	数据(46~1 500字节)	FCS(4字节)

IEEE802.3以太网帧体格式

目标MAC地址(6字节)	源MAC地址(6字节)	帧长度(2字节)	LLC(3字节)	SNAP(5字节)	数据(38~1 492字节)	FCS(4字节)

图 4-42　IEEE802.3 以太网帧体格式与一般以太网帧体格式的区别

IEEE 已经于 1997 年发表声明，表示两个标准都可以接受。因此设备在处理数据帧时，由长度/类型字段就可以看出，这是一个根据 ETHERNET II 标准封装的数据帧还是一个根据 IEEE802.3 标准封装的数据帧，并且按照相应的方式进行处理。此外，这两种标准都将数据字段的最小长度定义为 46 字节，而将数据部分的最大长度定义为 1 500 字节。当然，在实际环境中，ETHERNET II 标准的普及程度远远大于 IEEE802.3 标准。

图 4-43 所示为以太网帧体格式中 LLC(Logical Link Control)和 SNAP(Sub-Network Accass Protocol)在不同协议中的位置和具体定义。

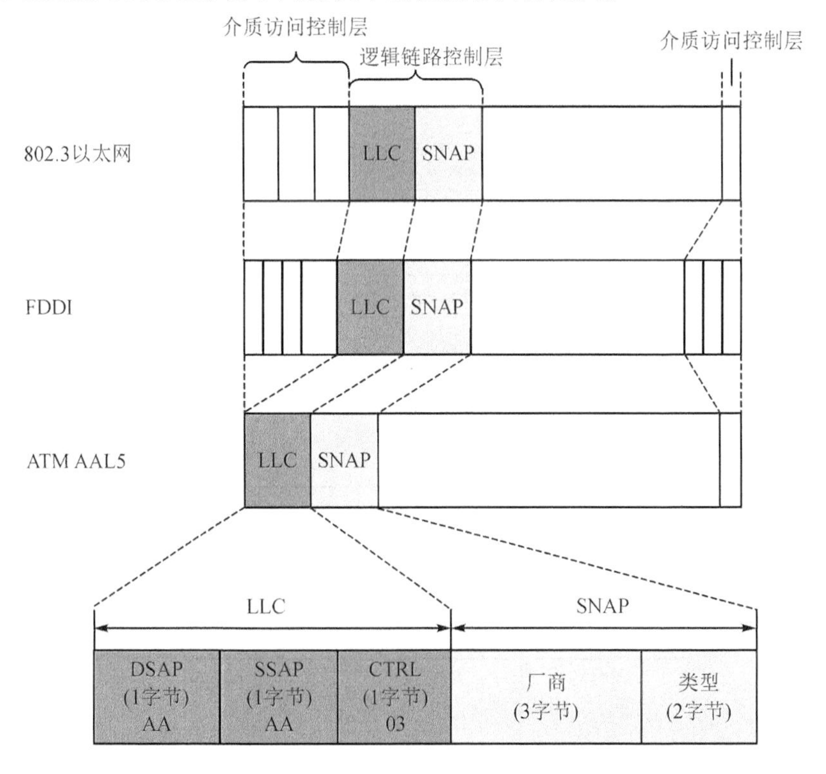

图 4-43　以太网帧体格式中 LLC 和 SNAP 在不同协议中的位置和具体定义

图 4-43 中 SNAP 中的类型即为上层协议的类型。

一个数据帧所能容纳的最大数据范围是 46～1 500 字节，帧尾是一个叫作 FCS (Frame Check Sequence，帧检验序列)的 4 字节。

类型通常跟数据一起传送，它包含用以标识协议类型的编号，即表明以太网的再上一层网络协议的类型。主要协议类型参见表 4-4。

表 4-4　不同上层协议类型及编码

类型编号(十六进制)	协　议
0000～05DC	IEEE802.3 Length Field (01500)
0101～01FF	实验用
0800	Internet IP(IPv4)
0806	Address Resolution Protocol (ARP)
8035	Reverse Address Resolution Protocol (RARP)
8037	IPX (Novell NetWare)
805B	VMTP(Versatile Message Transaction Protocol)
809B	AppleTalk (EtherTalk)
80F3	AppleTalk Address Resolution Protocol (AARP)
8100	IEEE802.1Q Customer VLAN
814C	SNMP over Ethernet
8191	NetBIOS/NetBEUI
817D	XTP
86DD	IP Version 6 (IPv6)
8847～8848	MPLS (Multi-Protocol Label Switching)
8863	PPPoE Discovery Stage
8864	PPPoE Session Stage
9000	Loopback (Configuration Test Protocol)

VLAN 中的帧格式又会有所变化。图 4-44 所示为带有 VLAN 标记的交换机之间流动的以太网帧格式。

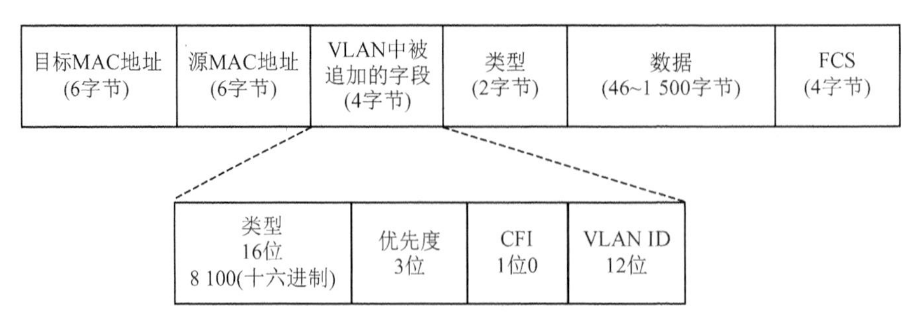

图 4-44　带有 VLAN 标记的交换机之间流动的以太网帧格式

4.8 ATM

ATM(Asynchronous Transfer Mode)是以一个叫作信元(5字节首部加48字节数据)的单位进行传输的数据链路。它具有线路占用时间短和能够高效传输大容量数据等特点，故主要用于广域网的连接。

ATM是面向连接的一种数据链路，允许同时与多个对端建立连接。

4.8.1 同步和异步

以多个通信设备通过一条电缆相连的情况为例。首先，这样连接的设备叫作TDM(Time Division Multiplex，时分复用设备)。TDM通常在两端TDM设备之间同步的同时，按照特定的时间将每个帧分成若干个时隙，按照顺序发送给目标地址。不论是否还有想要发送的数据，时隙会一直被占有，从而可能出现很多空闲的时隙。因此，这种方式的线路利用率比较低。

ATM扩展了TDM，能够有效地提高线路的利用率。ATM在TDM的时隙中存放数据时，并非按照线路的顺序存放，而是按照数据到达的顺序存放。然而，按照这样的顺序存放的数据在接收端并不易被辨认出真正的内容。为此，发送端还需要附加一个5字节的包首部，包含VPI(Virtual Path Identifier)、VCI(Virtual Channel Identifier)等识别码，用来标识具体的通信类型。这种VPI与VCI的值只在直连通信的两个ATM交换机之间设置。

ATM中信元传输所占用的时隙数不固定，一个帧所占用的时隙数也不固定，而且时隙之间并不要求连续。这些特点可以有效减少空闲时隙数，从而提高线路的利用率。只不过这需要额外增加5字节的首部，增加了网络的开销。也就是说，在一个155 Mbps的线路上，由于TDM和ATM的网络开销，实际的网络吞吐量只能到135 Mbps。

图4-45展示了ATM与TDM信息传输的区别。

4.8.2 ATM与上层协议

在以太网中一个帧最多可传输1 500字节，FDDI(Fiber Distributed Data Interface)最多可传输4 352字节。而ATM的一个信元却只能发送固定的48字节数据。这48字节的数据部分中若包含IP首部和TCP首部，则其基本无法存放上层的数据。因此，一般不会单独使用ATM，而是使用上层的AAL(ATM Adapter Layer)。上层若为IP，则被叫作AAL5(如图4-46所示)。每个IP包被附加各层的协议首部以后，最多可以被分为192个信元发送出去。

从图4-46中还可以看出，在整个192个信元中只要有一个丢失，整个IP包就相当于被损坏。此时ALL5的帧检查位报错，这会导致接收端不得不丢弃所有信元。TCP/IP在包发生异常时可以实现重发，因此在ATM网中即使只有一个信元丢失，也

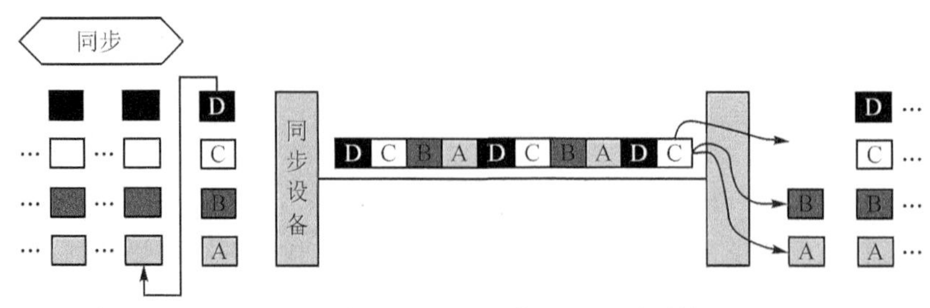

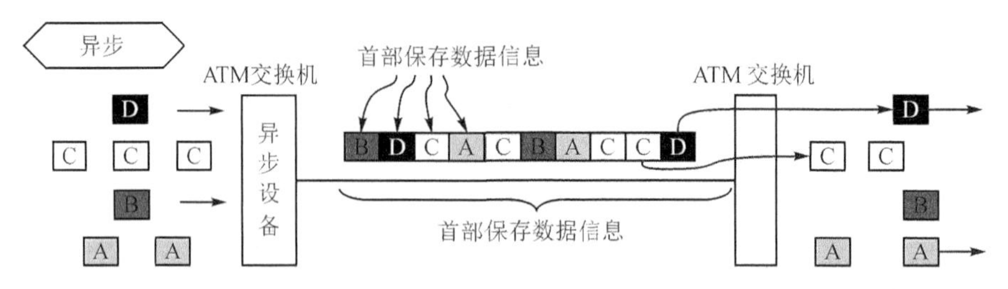

图 4-45　ATM 和 TDM 信息传输的区别

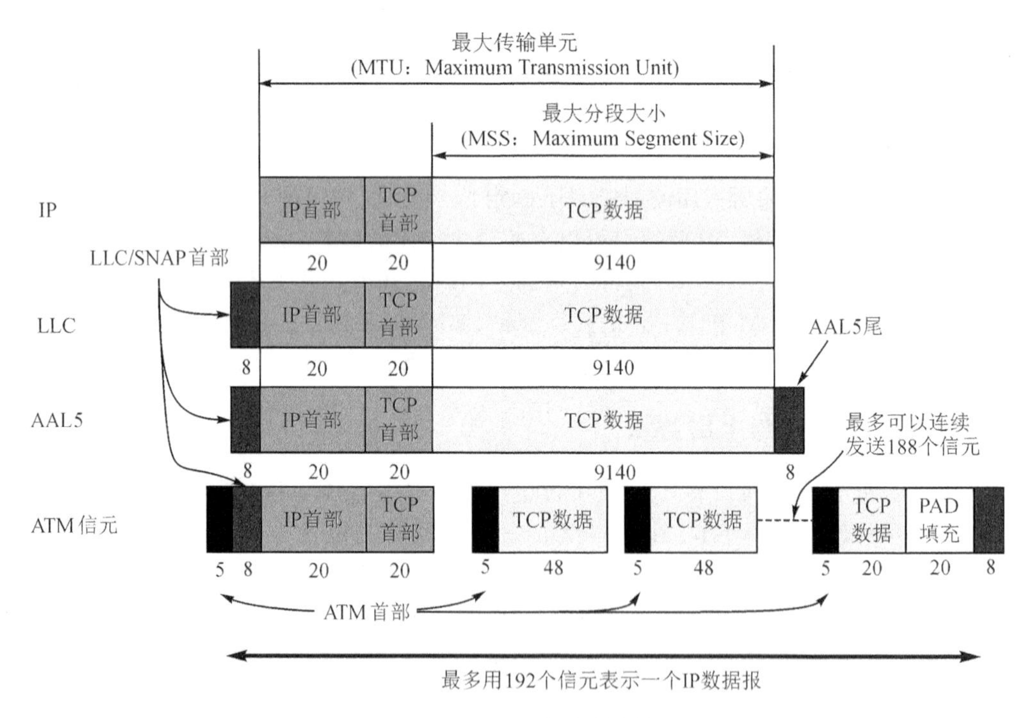

图 4-46　ATM 与上层协议

要重新发送最多 192 个信元。这也是 ATM 到目前为止的最大弊端。一旦网络拥堵，只要丢掉哪怕 1%的信元也会导致整个数据都无法接收。特别是 ATM 没有发送权限上的控制，很容易导致网络收敛。为此，在构建 ATM 网络时，必须保证终端的带宽合计小于主干网的带宽，还要尽量保证信元不易丢失。目前人们已经开始研究在发生网络收敛时，动态调整 ATM 网络带宽的技术。

图 4-47 为 ATM 数据包在直连网络和非直连网络中的发送过程。

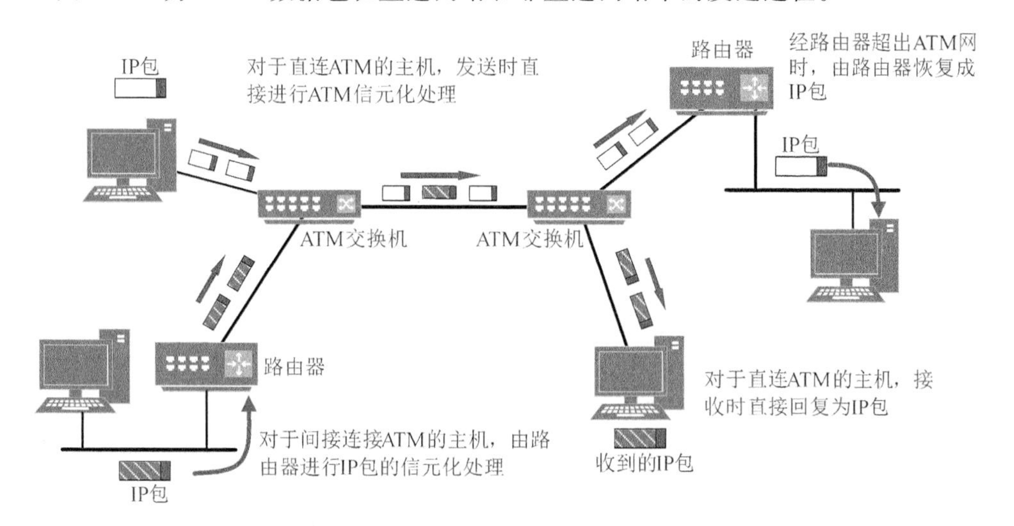

图 4-47 ATM 数据包在直连网络和非直连网络中的发送过程

第 5 章　网络层

TCP/IP 的心脏是互联网层，这一层主要由 IP（Internet Protocol）和 ICMP（Internet Control Message Protocol）两个协议组成。

主机与节点：主机是指配置有 IP 地址，但是不进行路由控制的设备，既配有 IP 地址又具有路由控制能力的设备叫作“路由器”，与主机有所区别。而节点则是主机和路由器的统称。

5.1　网络层协议

原始 TCP 协议已经按照服务分为当今工作在网络层（即 TCP/IP 模型中的互联网层）的 IP 协议，以及工作在传输层的 TCP 协议，与传输可靠性有关的服务都交给了工作在传输层的 TCP 协议来实现。而 IP 协议的宗旨就是提供最简单的服务：实现从源到目标的数据转发。因此，IP 协议既不会在传输数据之前先与接收方建立连接，也不会保证传输的可靠性，它只提供尽力而为的服务。

IP 协议只提供最基本的数据传输服务，其他服务则由更上层的协议来提供，这种做法减轻了路由器的工作负担，精简了 IP 数据包头部封装的长度，从而提高了 IP 协议传输数据的效率。

图 5－1 为 IP 协议定义的数据包封装格式。

<table>
<tr><td>4位</td><td>4位</td><td>8位</td><td colspan="2">16位</td></tr>
<tr><td>版本</td><td>首部长度</td><td>服务类型</td><td colspan="2">数据长度</td></tr>
<tr><td colspan="3">标识</td><td>标记</td><td>分片偏移</td></tr>
<tr><td colspan="2">生存时间</td><td>协议</td><td colspan="2">头部校验和</td></tr>
<tr><td colspan="5">源IP地址</td></tr>
<tr><td colspan="5">目标IP地址</td></tr>
<tr><td colspan="4">可选项</td><td>填充</td></tr>
<tr><td colspan="5">数据</td></tr>
<tr><td colspan="5">32位</td></tr>
</table>

图 5－1　IP 协议定义的数据包封装格式

图5-1中各字段的用途如下：

(1) 版本：由于IP协议不止一个版本，因此根据IP协议的定义，数据包要在头部的开头列明这个数据包是使用哪个版本的IP协议进行封装的。不同版本的IP协议所采用的数据包首部封装格式各不相同。目前网络中使用的IP协议几乎都是IPv4或者IPv6。

(2) 首部长度：IPv4的数据包首部中定义了一个可选项字段。由于可选项字段的长度并不固定，因此IPv4的数据包首部长度也是不固定的。这就是为什么IPv4需要在首部定义一个首部长度字段来界定整个数据包中，哪一部分是数据包的首部，以及数据部分从哪里开始。首部长度字段的长度为4字节。

(3) 服务类型：服务类型字段的定义和名称都发生过很多次变化，但其宗旨都是界定这个数据包要接收什么等级的服务。目前，这个字段已经改称为区分服务字段，用来说明这个数据需要执行加速传输还是精确传输，以及数据在传输过程中是否经历了拥塞。

(4) 数据长度：整个数据包的长度就是首部长度和数据长度之和。

(5) 标识：当数据包的长度大于链路允许传输的数据长度时，这个数据包就需要进行分片，目标设备接收到这些分片后再通过重组进行还原。标识字段的作用就是在分片前，指明哪些分片此前属于同一个数据包，以备未来重组数据包时使用。

(6) 标记：标记字段的作用是标识这个数据包是否允许路由器对其进行分片(标记字段的第2位)，以及这个分片是否为整个数据包的最后一个分片(标记字段的第3位)。具体来说，如果标记字段的第2位被设置为1，那么当路由器发现必须对这个数据包进行分片才能将其转发到目的地时，路由器就会丢弃这个数据包，因此标记字段的第2位叫作DF位，译为“勿分片(Don’t Fragment)”位；如果标记字段的第3位没有被设置为1，则代表这个分片是整个数据包的最后一个分片，整个数据包的分片都已到达，后面不再有这个数据包的任何分片了。标记字段一共有3位，至于第1位的用途，IP协议并没有定义。

(7) 分片偏移：分片偏移字段的作用是告诉重组分片的设备，应该按照什么样的顺序重组数据包。即该字段用来标识这个分片在整个数据包中的位置。

(8) 生存时间：生存时间字段本来的目的是对数据包在网络中传输的时间进行倒计时，一旦生存时间字段标识的时间耗尽，即使这个数据包还没有传输到目标设备，它也会被网络设备丢弃。设置这个字段的目的显然是防止数据包在网络中无限地消耗传输资源。然而，由于数据包在网络中传输的时间远比预计的要快很多，因此这个字段目前的用法是对数据包在网络中传输的跳路进行限制。始发数据包每经过一跳路由设备，设备在转发时就会将其生存时间字段的数值减1，直至该数据包被丢弃。

(9) 协议：协议字段的作用是标识IP协议上层所使用的协议(如TCP或UDP等)，以便让对端设备知道该如何在传输层对数据包进行解封装。

(10) 头部校验和：这个字段的作用是供接收方检测数据包的头部在传输过程中是否出现错误。由于数据包头部在传输中出现错误意味着目标地址等重要参数已经与始发时不同，因此这个数据包已经没有继续传输的价值。在大部分情况下，路由器会丢弃头部校验和字段校验失败的数据包。

(11) 可选项：IP 协议支持设备对数据包封装的头部格式进行扩展，这是 IP 协议的设计者为后来者按照需求改造协议预留的空间。在设计可选项字段时，最初定义了 5 个可选项，其中包括在数据包的源站点制定数据包的全部或部分传输路径、记录数据包传输过程中经过的路由器等服务。但由于很多路由器并不支持可选项服务，因此可选项字段的使用并不广泛。可选项字段虽然很少使用，但它的存在导致 IPv4 数据包头部的长度无法固定，这就是 IP 协议需要定义一个头部长度字段的原因。这就意味着可选项字段的定义降低了 IPv4 协议的传输效率，所以这个字段在 IPv6 协议定义的数据包头部字段中已经取消。

5.2 路　由

路由(Route)一词既可以作为名词使用，也可以作为动词使用。在充当名词时，路由是路由条目的简称，表示转发设备之间为了跨网络转发数据包而相互传播的路径信息。路由器之间需要共同遵循某些相互分享路由的标准，以便相互交换彼此掌握的路由信息，这类标准称为路由协议。

在充当动词时，路由表示路由器或其他依据逻辑地址转发数据包的设备对数据包所执行的转发操作。

每台路由设备都会将过去去往各个网络的路由记录在一个数据表中，当它发送数据包时，就会查询这个数据表，尝试将数据包的目标 IP 地址与这个数据表中的条目进行匹配，以此判断该从哪个接口转发数据包。这个数据表就叫作路由表。管理员可以在系统视图下输入命令 display ip routing-table 来查看设备的路由表，如图 5-2 所示。

```
[Huawei]display ip routing-table
Route Flags: R - relay, D - download to fib
------------------------------------------------------------------------------
Routing Tables: Public
         Destinations : 2        Routes : 2

Destination/Mask    Proto   Pre  Cost      Flags NextHop         Interface

      127.0.0.0/8   Direct  0    0           D   127.0.0.1       InLoopBack0
      127.0.0.1/32  Direct  0    0           D   127.0.0.1       InLoopBack0
```

图 5-2　使用 display ip routing-table 命令来查看设备的路由表

对图 5-2 中相关参数说明如下：

1. Proto

这个参数表明这条路由是如何获得的。路由器有以下 3 种路由(条目)获得方式：

(1) 直连路由(Direct)：路由器默认只掌握直连网络的信息。因此，路由器默认拥有自己直连网络的路由条目。只要为活动接口配置了IP地址，管理员不需要进行其他操作，路由表就会自动生成对应的直连路由。

(2) 静态路由(Static)：所谓静态路由是指管理员通过指定下一跳设备或出站接口，而手动配置在路由设备上的去往某个网络的路由。换言之，静态路由来源于管理员的手动添加，因此，它所指示的网络都是那些设备不会默认获悉的远端网络。

(3) 动态路由(RIP)：一个路由设备因与其他路由设备使用相同的路由协议而从该设备那里学习到的路由即为动态路由。因此，动态路由的来源是其他使用相同路由协议的路由设备。动态路由协议林林总总，在路由条目的 Proto 一列中，动态路由条目会以学习到的路由条目的路由协议进行标识。

2. Pre

当路由设备通过不同方式和动态路由协议获取到去往同一个网络的路由时，路由器需要判断通过哪种路由获取方式获得的路由条目更加可靠。Pre(优先级)这个参数的作用就是标识不同路由协议、静态路由和直连路由的相对可靠性。其数值越小，优先级越高。静态路由条目的 Pre 值为 60；直连路由条目的 Pre 值为 0；动态路由条目的 Pre 值则取决于路由器是通过哪个动态路由协议学习到这条路由的。

各类常见路由获取方式对应的路由优先级值如表 5-1 所列。

表 5-1 各类常见路由获取方式对应的路由优先级值

路由类型	路由表中标识	默认路由优先级值
直连路由	Direct	0
OSPF 路由	OSPF	10
静态路由	Static	60
RIP 路由	RIP	100

3. Cost

Cost 即开销值。当路由设备通过同一种方式获取了多条去往同一个网络的路由时，路由器需要根据某些标准来判断哪条路径更优。不同的协议对于计算 Cost 值会使用不同的参数，并按照不同的标准进行计算；但总的来说，开销值越小，优先级越高。

4. Flags

Flags 即路由标记，可能出现的值有两个：R 和 D。从案例的输出中可以看出，当前所有路由的路由标记都是 D，表示这些路由已经下载到 FIB(Forwarding Information Base，转发信息库)中。这是一个硬件转发数据库。下载到 FIB 中的路由在转发时无需经过软件处理，可直接通过硬件进行转发，这样做可以提高转发效率。R 表示迭代路由，表示设备需要根据路由的下一跳 IP 地址来自行查找具体的出站接口。管理员在配置静态路由时，如果只指定下一跳 IP 地址，那么这条路由的路由标记就会是 R。

5. Next Hop/Interface

每个路由条目都会表示如何转发去往某个网络的数据包，即指明转发数据包的下一跳设备或者将数据包从哪个出站接口转发出去。在默认情况下，路由器不会运行任何动态路由协议，它既不会按照任何动态路由协议的标准自动对外分享自己路由表中的路由信息，也不会学习相邻路由设备的路由信息。因此，想让路由器通过动态路由协议获取路由信息，则需要管理员对路由器进行配置。

5.3 路由器

当一个路由器接收到一个数据包时，它就会执行下面的操作步骤：

步骤1：对数据包执行解封装。当路由器接收到一个数据包时，它会通过对数据链路层进行解封装，来查看数据包的网络层头部封装信息，以便获得数据包的目标IP地址。

步骤2：在路由表中查找匹配项。如图5-3所示，在查看到数据包的目标IP地址之后，路由器会用数据包的目标IP地址和路由表中各个条目的网络地址依次执行二进制AND(与)运算。这两者执行AND运算的结果应该同路由表中所指向网络的目标网络地址相同。

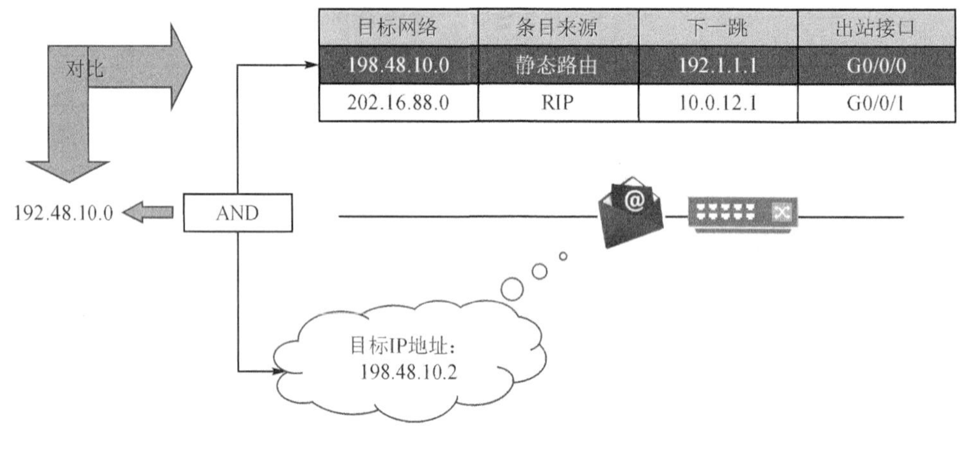

图5-3 匹配路由条目

步骤3：从多个匹配项中选择掩码最长的路由条目。如果路由表中有多条路由都匹配数据包的目标IP地址，则路由器会选择掩码长度最长的路由条目。这种匹配方式称为最长匹配原则。

步骤4：将数据包按照相应路由条目的指示发送出去。路由条目中都包含转发数据包的下一跳地址和转发接口。当路由器找到最终用来转发数据包的那条路由后，它会根据那条路由提供的对应接口和下一跳地址，将数据包从相应的接口转发给下一跳设备。

下面介绍一下路由器的一些基本配置知识，以图5-4所示连接方式为例进行说明。

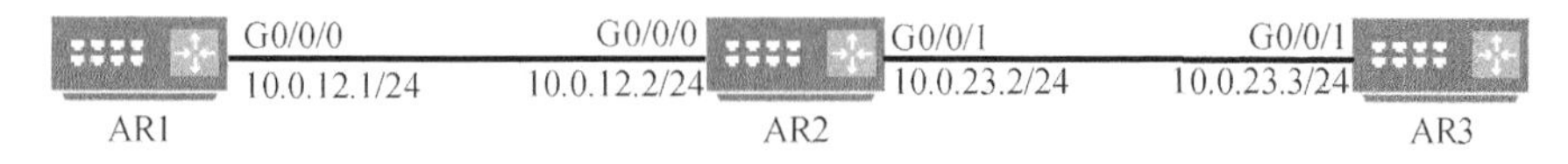

图 5-4 直连路由测试环境

配置静态路由之前，需要先完成路由器的命名和接口 IP 地址的配置，这些配置的具体命令如图 5-5～图 5-7 所示。

```
<Huawei>sys
Enter system view, return user view with Ctrl+Z.
[Huawei]sysname AR1
[AR1]interface g0/0/0
[AR1-GigabitEthernet0/0/0]ip address 10.0.12.1 255.255.255.0
May 26 2023 17:38:05-08:00 AR1 %%01IFNET/4/LINK_STATE(l)[0]:The line protocol IP
 on the interface GigabitEthernet0/0/0 has entered the UP state.
[AR1-GigabitEthernet0/0/0]
```

图 5-5 AR1 路由器命令配置

```
<Huawei>system-view
Enter system view, return user view with Ctrl+Z.
[Huawei]sysname AR2
[AR2]interface g0/0/0
[AR2-GigabitEthernet0/0/0]ip address 10.0.12.2 255.255.255.0
May 26 2023 17:40:20-08:00 AR2 %%01IFNET/4/LINK_STATE(l)[0]:The line protocol IP
 on the interface GigabitEthernet0/0/0 has entered the UP state.
[AR2-GigabitEthernet0/0/0]quit
[AR2]interface g0/0/1
[AR2-GigabitEthernet0/0/1]ip address 10.0.23.2 255.255.255.0
May 26 2023 17:40:51-08:00 AR2 %%01IFNET/4/LINK_STATE(l)[1]:The line protocol IP
 on the interface GigabitEthernet0/0/1 has entered the UP state.
[AR2-GigabitEthernet0/0/1]
```

图 5-6 AR2 路由器命令配置

```
<Huawei>system-view
Enter system view, return user view with Ctrl+Z.
[Huawei]sysname AR3
[AR3]interface g0/0/1
[AR3-GigabitEthernet0/0/1]ip address 10.0.23.3 255.255.255.0
[AR3-GigabitEthernet0/0/1]
May 26 2023 17:42:06-08:00 AR3 %%01IFNET/4/LINK_STATE(l)[0]:The line protocol IP
 on the interface GigabitEthernet0/0/1 has entered the UP state.
[AR3-GigabitEthernet0/0/1]
```

图 5-7 AR3 路由器命令配置

这时可以在 AR1 上尝试对 AR2 的 G0/0/0 接口和 AR3 的 G0/0/1 接口发起 ping Packet Internet Groper，因特网包探索器测试，会发现前者可以 ping 通，后者无法 ping 通。这是因为路由器默认只有直连路由，此时管理员可以在 AR1 上通过命令 display ip routing-table 来查看其路由表。

如图 5-8 所示，由于 AR1 有接口连接在 10.0.12.0/24 网络中，因此 AR1 的路由表中默认就有该网络的直连路由。然而，由于 AR1 和 AR3 并不直连，AR1 上并没有

AR3 接口所属网络的路由，因此 AR1 不知道该如何转发去往 AR3 接口的数据包。此时，就需要管理员通过配置静态路由的方式告诉 AR1，该如何向 AR3 发送数据包。

```
[AR1]display ip routing-table
Route Flags: R - relay, D - download to fib
------------------------------------------------------------------------------
Routing Tables: Public
         Destinations : 7        Routes : 7

Destination/Mask    Proto   Pre  Cost      Flags NextHop         Interface

      10.0.12.0/24  Direct  0    0           D   10.0.12.1       GigabitEthernet
0/0/0
      10.0.12.1/32  Direct  0    0           D   127.0.0.1       GigabitEthernet
0/0/0
    10.0.12.255/32  Direct  0    0           D   127.0.0.1       GigabitEthernet
0/0/0
      127.0.0.0/8   Direct  0    0           D   127.0.0.1       InLoopBack0
      127.0.0.1/32  Direct  0    0           D   127.0.0.1       InLoopBack0
127.255.255.255/32  Direct  0    0           D   127.0.0.1       InLoopBack0
255.255.255.255/32  Direct  0    0           D   127.0.0.1       InLoopBack0
```

图 5-8　AR1 路由器 display ip routing-table 路由表显示

在华为路由器上配置静态路由的方法是在系统视图下输入命令：

ip route-static ip-address {mask | mask-length} interface-type interface-number [nexthop-address]

配置静态路由只有一点需要注意：在上面的命令中，如果管理员指定的出站接口为多路访问接口（如图 5-8 中的 GigabitEthernet 接口），则需要在后面指明去往该网络的下一跳地址。如果出站接口为点到点接口（Serial 接口），则不需要指定下一跳地址。

在 AR1 上配置静态路由：

[AR1] ip route-static 10.0.23.0 255.255.255.0 10.0.12.2

完成上述配置后，如果再次查看 AR1 的路由表，就会看到刚刚配置的静态路由，如图 5-9 所示。

```
[AR1]ip route-static 10.0.23.0 255.255.255.0 10.0.12.2
[AR1]display ip routing-table
Route Flags: R - relay, D - download to fib
------------------------------------------------------------------------------
Routing Tables: Public
         Destinations : 8        Routes : 8

Destination/Mask    Proto   Pre  Cost      Flags NextHop         Interface

      10.0.12.0/24  Direct  0    0           D   10.0.12.1       GigabitEthernet
0/0/0
      10.0.12.1/32  Direct  0    0           D   127.0.0.1       GigabitEthernet
0/0/0
    10.0.12.255/32  Direct  0    0           D   127.0.0.1       GigabitEthernet
0/0/0
      10.0.23.0/24  Static  60   0          RD   10.0.12.2       GigabitEthernet
0/0/0
```

图 5-9　AR1 路由器路由表中静态路由条目的显示

若再次在 AR1 上向 AR3 的 G0/0/1 接口发起 ping 测试，则会发现还是以失败告终。

这是因为尽管 AR1 已经知道如何向 AR3 发送数据包，AR2 作为直连设备也会将 AR1 发送过来的 ping 测试数据包转发给 AR3，但 AR3 的路由表中并没有 AR1 G0/0/0 接口所在网络的路由，因此 AR3 无法将 Ping 测试的响应数据包发回给 AR1，这是 ping 测试再次失败的原因。

因此，在 AR3 上需要配置与 AR1 接口所在网络相对应的路由：

[AR3]:ip route-static 10.0.12.0 24 g0/0/1 10.0.23.2

完成静态路由的配置之后，可以在 AR3 上验证一下路由器是否添加了这条静态路由，如图 5-10 所示。

```
[AR3]ip route-static 10.0.12.0 24 g0/0/1 10.0.23.2
[AR3]dis ip routing-table
Route Flags: R - relay, D - download to fib
------------------------------------------------------------------------------
Routing Tables: Public
         Destinations : 8        Routes : 8

Destination/Mask    Proto   Pre  Cost      Flags NextHop         Interface

     10.0.12.0/24  Static  60   0           D   10.0.23.2       GigabitEthernet
0/0/1
     10.0.23.0/24  Direct  0    0           D   10.0.23.3       GigabitEthernet
0/0/1
     10.0.23.3/32  Direct  0    0           D   127.0.0.1       GigabitEthernet
0/0/1
   10.0.23.255/32  Direct  0    0           D   127.0.0.1       GigabitEthernet
0/0/1
      127.0.0.0/8  Direct  0    0           D   127.0.0.1       InLoopBack0
     127.0.0.1/32  Direct  0    0           D   127.0.0.1       InLoopBack0
127.255.255.255/32  Direct  0    0           D   127.0.0.1       InLoopBack0
255.255.255.255/32  Direct  0    0           D   127.0.0.1       InLoopBack0
```

图 5-10　AR3 路由器路由表中静态路由条目的显示

这时，若再次在 AR1 上向 AR3 的接口发起 ping 测试，即可成功。

5.4　IP 地址的分类

IP 地址分为 A、B、C、D 四个类别。

- A 类 IP 地址：A 类 IP 地址是首位以 0 开头的地址，从第 1 位到第 8 位是它的网络标识。若用十进制表示，0.0.0.0～127.0.0.0 是 A 类 IP 地址。A 类 IP 地址的后 24 位相当于主机标识。一个网段内可容纳的主机地址上限为 16 777 214 个。
- B 类 IP 地址：B 类 IP 地址是前两位以 10 开头的地址。128.0.0.0～191.255.0.0 是 B 类 IP 地址。一个网段内可容纳的主机地址上限为 65 534 个。
- C 类 IP 地址：C 类 IP 地址是前两位以 110 开头的地址。192.0.0.0～223.255.255.0

是C类IP地址。一个网段内可容纳的主机地址上限为254个。

- D类IP地址：D类IP地址是前两位以1110开头的地址。224.0.0.0～239.255.255.255是D类IP地址该类地址没有主机标识，常被用于多播。

注：在分配IP地址时，关于主机标识有一点需要注意，即若要用比特位表示主机地址，则其不可以全部是0或者全部是1。因为，全部为0只有在表示对应的网络地址或IP地址不可获知的情况下才使用。而全部为1的主机地址通常作为广播地址。

5.5 广播和多播

1. 广　播

广播分为本地广播和直接广播。

在本网络内的广播叫作本地广播。例如在网络地址为192.168.0.0/24的情况下，广播地址是192.168.0.255，因为这个广播地址的IP包会被路由器屏蔽，所以不会到达192.168.0.0/24以外的其他链路上。

在不同网络之间的广播叫作直接广播。例如网络地址为192.168.0.0/24的主机向192.168.1.255/24的目标地址发送IP包。收到这个包的路由器将数据转发给192.168.1.0/24，从而使得所有192.168.1.1～192.168.1.254的主机都能收到这个IP包。

2. 多　播

多播用于将包发送给特定组内的所有主机，可以穿透路由器。多播使用D类地址。224.0.0.0～239.255.255.255都是多播地址的可用范围。其中在224.0.0.0～224.0.0.255范围内设置多播地址不需要路由控制，在同一个链路内也能实现多播。而在这个范围之外设置多播地址会给全网所有组内成员发送多播的包。

此外，对于多播，所有主机必须属于224.0.0.1的组，所有路由器必须属于224.0.0.2的组。

5.6 CIDR和VLSM

采用任意长度分割IP地址的网络标识和主机标识，这种方式叫作CIDR(Classless Inter-Domain Routing，无类别域间路由)。由于BGP(Border Gateway Protocol，边界网关协议)对应CIDR，所以它不受IP地址分类的限制而可自由分配。

VLSM(Variable Legth Subnet Mask，可变长子网掩码)是一种可以随机修改子网掩码长度的机制。它可以通过域间路由协议转换为RIP2以及OSPF来实现。

CIDR和VLSM技术相对缓解了全局IP地址不够用的问题。

5.7 全局地址和私有地址

对于那些没有连接互联网的独立网络中的主机，只要保证在这个网络内地址唯一，不用考虑互联网即可配置相应的 IP 地址。于是出现了私有网络的 IP 地址，范围如下：

10.0.0.0～10.255.255.255(10/8) A 类

172.16.0.0～172.31.255.255(172.17/12) B 类

192.168.0.0～192.168.255.255(192.168/16) C 类

包含在上述范围内的 IP 地址都属于私有 IP，而在此范围之外的 IP 地址称为全局 IP。

私有 IP 最早没有计划连接互联网，而只是用于互联网之外的独立网络。然而，当一种能够互换私有 IP 与全局 IP 的 NAT 技术诞生之后，配有私有 IP 地址的主机与配有全局 IP 地址的互联网主机实现了通信。

现在很多学校、家庭、公司内部正在采用在每个终端设置私有 IP，而在路由器（宽带路由器）或在必要的服务器上设置全局 IP 地址的方法。如果配有私有 IP 地址的主机连网，则通过 NAT 进行通信。

由此，私有 IP 地址结合 NAT 技术已成为现在解决 IP 地址分配问题的主流方案，不过与使用全局 IP 地址相比仍有各种限制。

5.8 IP 分割和重组处理

每种数据链路的最大传输单元（Maximum Transmission Unit，MTU）都不尽相同，如表 5－2 所列。

表 5－2 不同数据链路的最大传输单元

数据链路	MTU/字节	总长度/字节 （包含 FCS）
IP 的最大 MTU	65 535	—
Hyperchannel（超级信道）	65 535	—
IP over HIPPI（高性能并行接口）	65 280	65 320
16 Mbps IBM Token Ring（令牌环）	17 914	17 958
IP over ATM	9 180	—
IEEE 802.4 Token Bus（令牌总线）	8 166	8 191
IEEE 802.5 Token Ring（令牌环）	4 464	4 508
FDDI	4 352	4 500

续表 5-2

数据链路	MTU/字节	总长度/字节（包含 FCS)
以太网	1 500	1 518
PPP(Default)	1 500	—
IEEE 802.3 以太网	1 492	1 518
PPPoE	1 492	—
X.25	576	
IP 的最小 MTU	68	

图 5-11 展示了网络传输过程中进行分片处理的一个例子。由于以太网的默认 MTU 是 1 500 字节,因此 4 342 字节的 IP 数据包无法在一个帧当中发送完成。这时,路由器将此 IP 数据报划分成 3 个分片发送。而只要路由器认为有必要,这种分片处理就周而复始地进行。

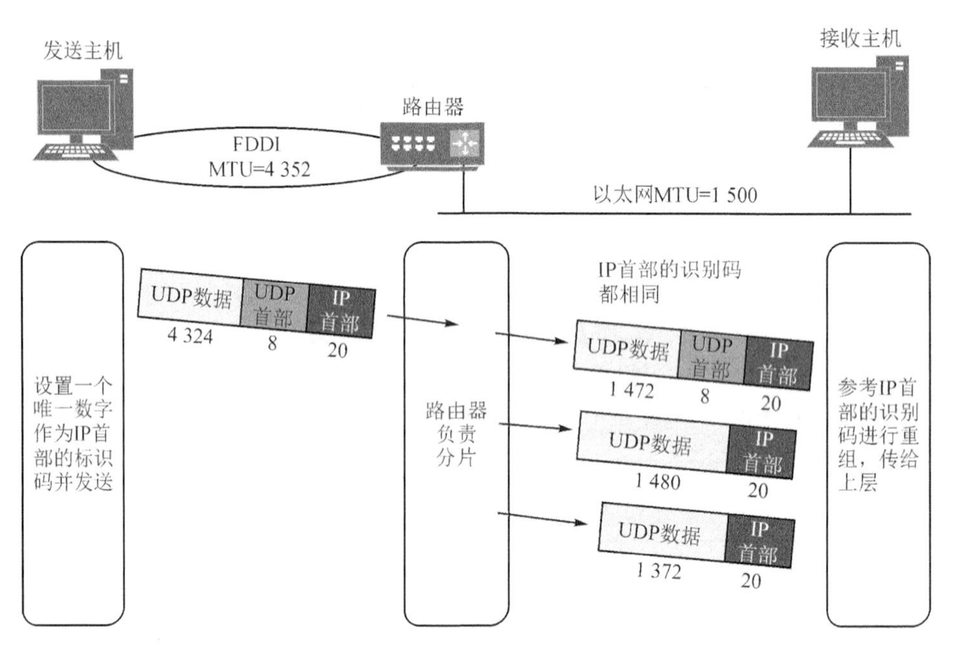

图 5-11 路由器 IP 数据包被分片传输

经过分片之后的 IP 数据报,只能由目标主机进行重组。路由器虽然做分片处理但不会进行重组。

分片机制也有它的不足。首先,路由器的处理负荷加重。其实,在分片处理中,一旦某个分片丢失,整个 IP 数据包就会作废。为了避免此类问题,TCP 的初期设计还曾使用更小的分片进行传输，其结果是网络的利用率明显下降。

为应对以上问题，产生了一种新的技术"路径MTU发现"。所谓路径MTU(Path MTU)是指从发送端主机到接收端主机之间不需要分片时最大的MTU，而采用"路径MTU发现"技术是从发送主机按照路径MTU的大小将数据包分片后发送。采用"路径MTU发现"技术就可以避免在中途的路由器上进行分片处理，并可以在TCP中发送更大的包。现在很多操作系统都已经实现了"路径MTU发现"的功能。

UDP协议和TCP协议对于"路径MTU发现"的处理略有不同，图5-12、图5-13给出了数据包分片处理的区别，UDP中没有重发处理，须由应用程序将消息进行分片，而使用TCP协议时则可以由TCP层进行负责。

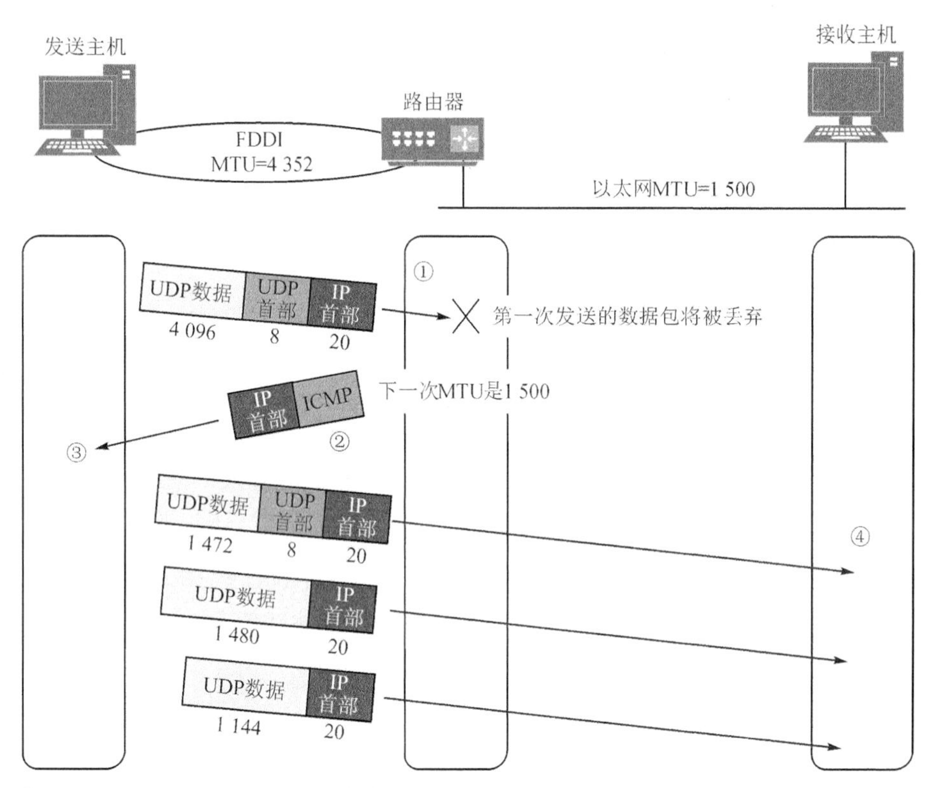

① 发送时IP首部的分片标志位设置位不分片。路由器丢包。
② 由ICMP通知下一次MTU的大小。
③ UDP中没有重发处理。发送的下一个消息会被分片。具体来说，就是指UDP层传过来的"UDP首部+UDP数据"在IP层被分片。对于IP，它并不区分UDP首部和应用的数据。
④ 所有的分片到达目标主机后被重组，再传给UDP层。
(数字标识数据长度，单位为字节)

图5-12 路由器UDP数据包分片传输原理

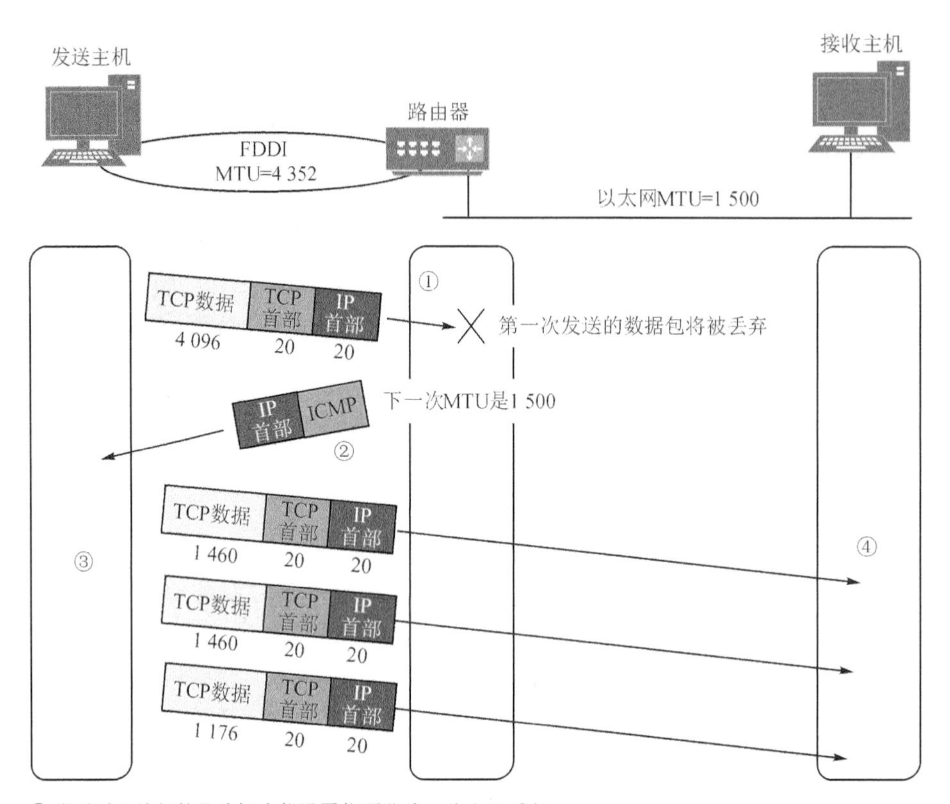

图 5-13　路由器 TCP 数据包分片传输原理

5.9　IPv4 首部数据格式

IPv4 首部的数据格式如图 5-14 所示。

1. 版本(Version)

该字段由 4 位构成，标识 IP 首部的版本号。IPv4 的版本号为 4。

2. 首部长度(Internet Header Length，IHL)

该字段由 4 位构成，表明 IP 首部的大小，单位为 4 字节(32 位)。对于没有可选项的 IP 包，首部长度则设置为“5”。也就是说，当没有可选项时，IP 首部的长度为 20 字节(4 字节×5＝20 字节)。

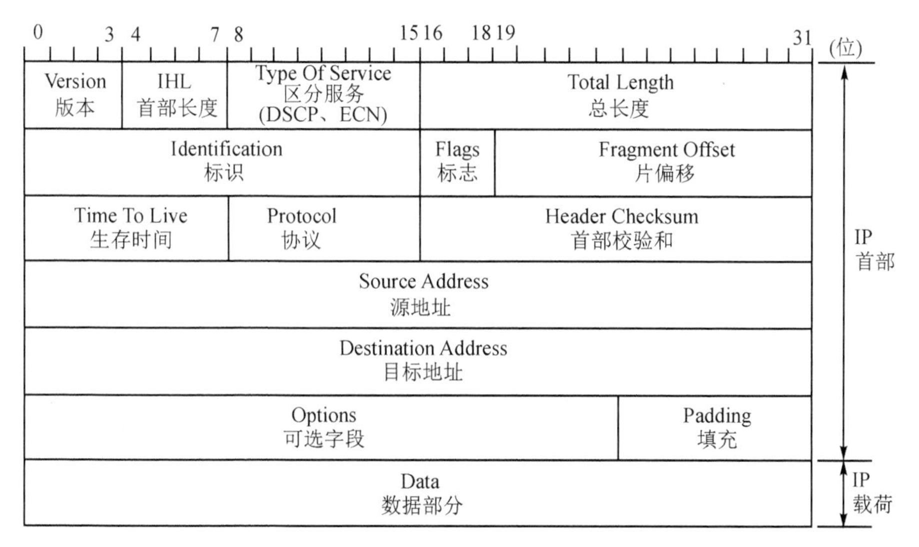

图 5-14 IPv4 首部的数据格式

3. 区分服务(Type Of Service,TOS)

该字段由8位构成,用来表明服务质量。每一位的具体含义如表5-4所列。

表 5-4 IPv4 首部区分服务字段不同位的含义

位	含 义	位	含 义
0,1,2	优先度	6	最小代价
3	最低延迟	(3～6)	最大安全
4	最大吞吐	7	未定义
5	最大可靠性		

这个值通常由应用指定。然而到目前为止,几乎所有的网络都无视该字段。不过有人曾提出将TOS字段本身再划分为DSCP和ECN两个字段的建议。

DSCP(Differential Services Codepoint,差分服务代码点)占TOS前6位,现在统称为DiffServ,用来进行质量控制。

如果第3～5位的值为0,第0～2位则被称为类别选择代码点。这样就可以像TOS的优先度那样提供8种类型的质量控级别。值越大优先度越高。

ECN(Explicit Congestion Notification,显式拥塞通告)用来报告网络拥堵情况,由2位构成如表5-5所列。

表 5-5 ECN 字段不同位的含义

位	简 称	含 义
6	ECT	ECN 传输使能
7	CE	经历拥塞

第6位ECT用以通告上层TCP层协议是否处理ECN,在路由器转发ECN为1

的包的过程中，如果出现网络拥堵的情况，就将 CE 位设置为 1。

4. 总长度(Total Length)

该字段表示 IP 首部与数据部分合起来的总字节数。该字段长为 16 位，因此 IP 包的最大长度为 65 535 字节。

5. 标识(Identification,ID)

该字段由 16 位构成，用于分片重组。同一个分片的标识值相同，不同分片的标识值不同。通常每发送一个 IP 包，它的值就递增。

6. 标志(Flags)

该字段由 3 位构成，表示包被分片的相关信息，含义如表 5-6 所列。

表 5-6 IPv4 首部标志字段不同位含义

位	含 义
0	未使用。现在必须是 0
1	指示是否进行分片： 0：可以分片 1：不能分片
2	在包被分片的情况下，表示是否为最后一个包： 0：最后一个分片的包 1：分片中段的包

7. 片转移(Fragment Offset,FO)

该字段由 13 位构成，用来标识每一个分片相对于原始数据的位置。第一个分片对应的值为 0。FO 字段占 13 位，因此最多可以表示 8 192 个相对位置，单位是 8 字节，即最大可表示相对于原始数据 8 字节×8 192＝65 536 字节的位置。

8. 生存时间(Time To Live,TTL)

该字段由 8 位构成，它最初的意思是以 s 为单位记录当前包在网络上应该生存的期限。然而，在实际中它是指可以中转多少个路由器。每经过一个路由器，TTL 会减少 1，直到变 0 则丢弃该包。

9. 协议(Protocol)

该字段由 8 位构成，表示 IP 包传输层的上层协议编码，常用协议如表 5-7 所列。

表 5-7 IPv4 首部协议字段名称

分配编码	简 称	协 议
0	HOPOPT	IPv6 Hop-by-Hop Option IPv6 逐跳选项
1	ICMP	Internet Control Message Protocol 互联网控制消息协议
2	IGMP	Internet Group Management Protocol 互联网组管理协议

续表 5-7

分配编码	简　称	协　议
4	IP	Internet Protocol 互联网协议
6	TCP	Transmission Control Protocol 传输控制协议
8	EGP	Exterior Gateway Protocol 外部网关协议
9	IGP	any private interior gateway(Cisco IGRP)任何私有内部网关(思科内部网关路由协议)
17	UDP	User Datagram Protocol 用户数据报协议
33	DCCP	Datagram Congestion Control Protocol 数据报拥塞控制协议
41	IPv6	IPversion 6
43	IPv6-Route	Routing Header for IPv6(IPv6 路由扩展头)
44	IPv6-Frag	Fragment Header for IPv6(IPv6 分片扩展头)
46	RSVP	Reservation Protocol 保留协议
50	ESP	Encap Security Payload 封装安全有效负载
51	AH	Authenriation Header 身份验证头
58	IPv6-ICMP	ICMP for IPv6
59	IPv6-NoNxt	No Next Header for IPv6(IPv6 无下一头部)
60	IPv6-Opts	Destination Options for IPv6(IPv6 目的地选项)
88	EIGRP	Enhanced Interior Gateway Routing Protocol 增强型内部网关路由协议
89	OSPFIGP	Open Shortest Path First Interior Gateway Protocol 开放最短路径优先内部网关协议
97	ETHERIP	Ethernet-within-IP Encapsulation 以太网在 IP 中的封装
103	PIM	Protocol Independent Multicast 协议无关多播
108	IPComp	IP Payload Compression Protocol(IP 有效负载压缩协议)
112	VRRP	Virtual Router Redundancy Protocol 虚拟路由冗余协议
115	L2TP	Layer Two Tunneling Protocol 第二层隧道协议
124	ISIS over IPv4	ISIS(Intermediate System to Intermediate System) over IPv4 中间系统到中间系统在 IPv4 上运行
132	SCTP	Stream Control Transmission Protocol 流控制传输协议
133	FC	Fibre Channel 光纤通道
134	RSVP-E2E-IGNORE	Resource Reservation Protocol- End-to-End Ignore 资源预留协议-端到端忽略
135	Mobility Header(IPv6)	Mobility Header(IPv6) 移动性扩展头(IPv6)
136	UDPLite	UDP-Lite 轻量级用户数据报协议
137	MPLS-in-IP	Multi-Protocol Label Switching-in-IP 多协议标签交换在 IP 中的封装

10. 首部校验和(Header Checksum)

该字段由 16 位(2 字节)构成,也叫 IP 首部校验和。该字段只校验数据报的首部,不校验数据部分,主要用来确保 IP 数据报不被破坏。

11. 源地址和目标地址

该字段均为 32 位构成，为 IP 地址。

12. 可选项

该字段长度可变，通常只在进行实验或诊断时使用。该字段包含安全级别、源路径、路径记录和时间戳。

13. 填　充

在有可选项的情况下，首部长度可能不是 32 位的整数倍，为此通过向该字段填充 0，将首部长度调整为 32 位的整数倍。

5.10　IPv6 首部数据格式

IPv6 为了减轻路由器的负担，省略了首部校验和字段。此外，分片处理所用的识别码称为可选项。为了让 64 位 CPU 的计算机处理起来更方便，IPv6 的首部及可选项都由 8 字节构成。IPv6 首部数据格式如图 5－15 所示。

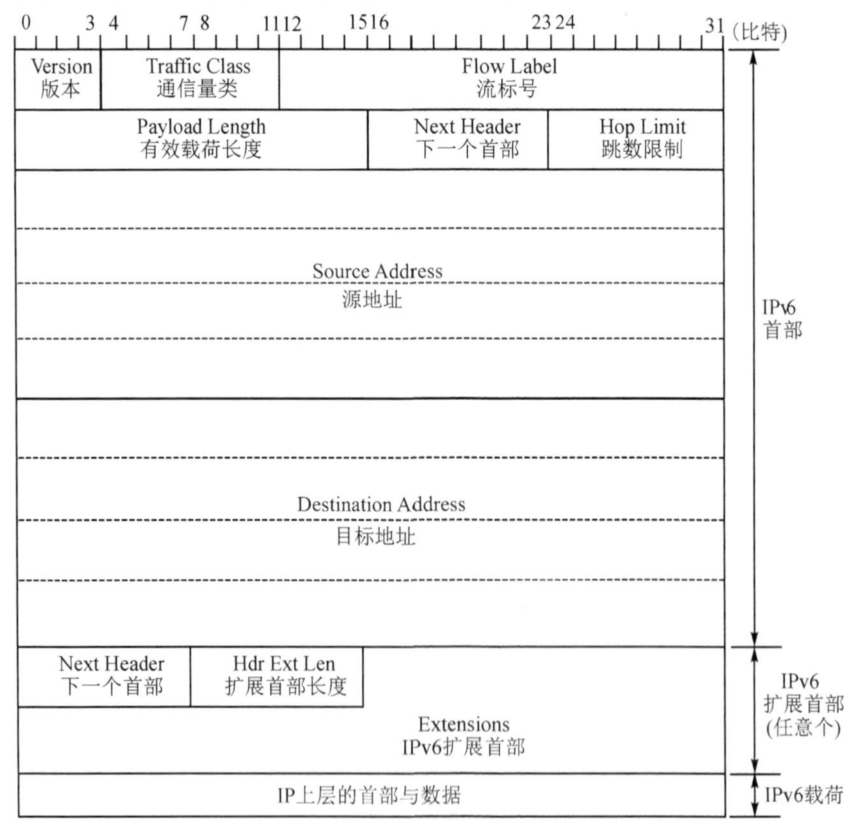

图 5－15　IPv6 首部数据格式

1. 通信量类

该字段相当于 IPv4 的 TOS 字段，也由 8 位构成。

2. 流标号(Flow Label)

该字段由 20 位构成，准备用于服务质量(Quality of Service，QoS)控制。使用这个字段提供怎样的服务已经成为未来研究的课题。不使用 QoS 时该字段的每一位可以全部设置为 0。

3. 有效载荷长度

该字段不包括首部，只表示数据部分的长度。

4. 下一个首部

该字段相当于 IPv4 的协议字段。

5.11 ARP

ARP(Address Resolution Protocol)是一种解决地址问题的协议。它以目标地址为线索，定位下一个应该接收数据包的网络设备对应的 MAC 地址。如果目标主机不在同一个链路上，可以通过 ARP 查找下一跳路由器的 MAC 地址。ARP 只适用于 IPv4。对于 IPv6，可以用 ICMPv6 替代 ARP 发送邻居探索消息。

ARP 是借助 ARP 请求和 ARP 响应两种类型的包确定 MAC 地址的。

主机 A 为了获得主机 B 的 MAC 地址，起初要通过广播发送一个 ARP 请求包。这个包中包含想要了解其 MAC 地址的主机 IP 地址。如果 ARP 请求包中的目标 IP 地址与自己的 IP 地址一致，那么主机 B 节点就将自己的 MAC 地址塞入 ARP 响应包并返回给主机 A。

当一台终端设备(如终端 1)希望向处于同一个以太网中的另一台终端设备发送数据，却苦于不知道对方的 MAC 地址时，它就会以那台设备的 IP 地址作为目标 IP 地址，以广播 MAC 地址(全 1 的 MAC 地址，FF-FF-FF-FF-FF-FF)作为目标 MAC 地址，向整个以太网发送广播消息，这个消息叫作 ARP 请求消息，如图 5－16 所示。二层交换机并不会查看数据包三层的 IP 地址，它们只会根据数据帧首部封装的目标 MAC 地址，将其从除了接收到数据帧的那个接口之外的所有接口转发出去。

接下来，所有接收到 ARP 请求的终端设备都会对数据帧进行解封装，但只有终端 3 发现数据包三层的 IP 地址是自己的 IP 地址，因此终端 3 发现这个 ARP 请求包所请求的 MAC 地址是自己的 MAC 地址。于是，被请求方会以自己的 MAC 地址和 IP 地址作为源 MAC 地址和源 IP 地址，同时以请求方的 MAC 地址和 IP 地址作为目标 MAC 地址和目标 IP 地址，封装一个 ARP 响应数据包，发送给 ARP 请求方。

由于此前交换机已经接收到终端 1 发送的 ARP 请求消息，因此交换机的 CAM 表中已经建立终端 1 的 MAC 地址与自己接口之间的对应关系。因此，当交换机接收到

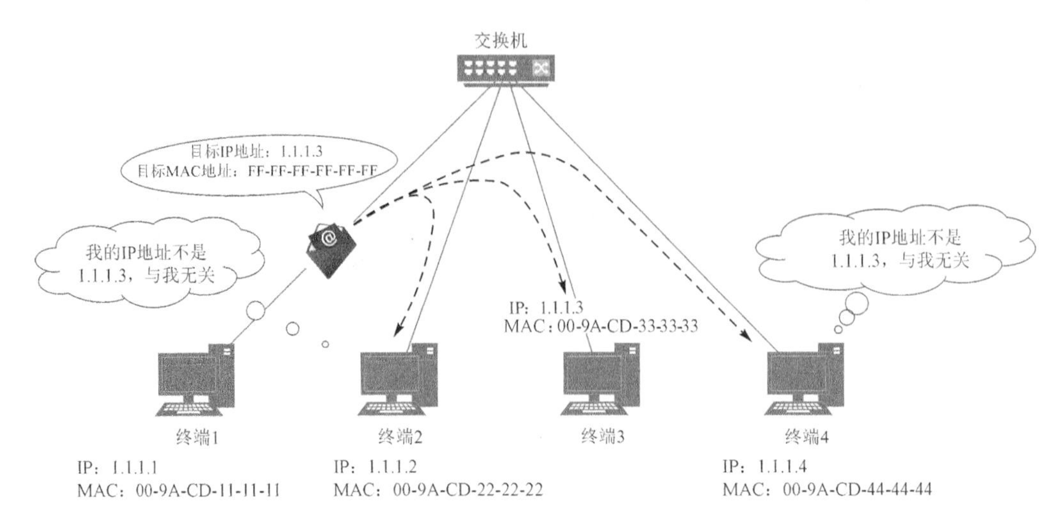

图 5-16 ARP 请求消息

终端 3 发送的单播 ARP 响应消息时，它可以通过查看 CAM 表找出终端 1 连接在自己的哪个接口，它也可以通过数据的源 MAC 地址获取到终端 3 的 MAC 地址。

在通过 ARP 查询到目标设备的硬件地址之后，发送 ARP 请求的设备(终端 1)会把目标设备(终端 3)的 IP 地址与 MAC 地址对应关系保存到一个高速缓存表中，如图 5-17 所示。这样一来，当设备需要再次向同一台目标设备发送数据时，只需要查询自己的本地缓存就可以封装目标 MAC 地址，而无需再次在网络中广播 ARP 请求。所以，ARP 高速缓存既能够减少网络中传输的 ARP 通信流量，提高网络传输数据的效率，又可以节省全体设备处理 ARP 请求的资源。

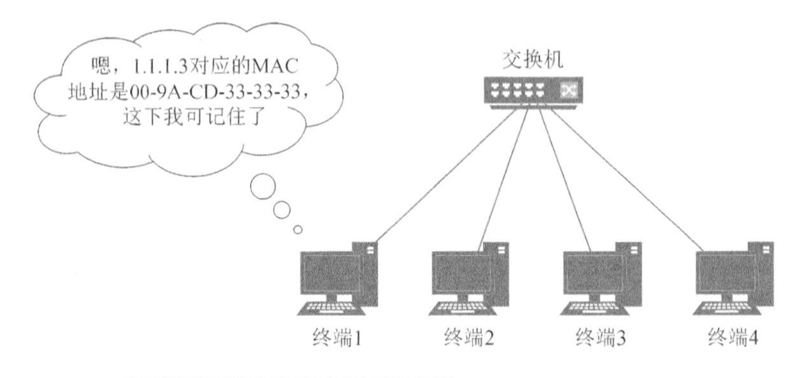

终端1的ARP高速缓存	
IP地址	MAC地址
1.1.1.3	00-9A-CD-33-33-33

图 5-17 ARP 高速缓存

根据 ARP 可以动态地进行地址解析，因此，在 TCP/IP 的网络构造和网络通信中无需事先知道 MAC 地址究竟是什么，只要有 IP 地址即可。

如果每发送一个 IP 数据包都要进行一次 ARP 请求以此确定 MAC 地址，那么这将会造成不必要的网络流量。因此，通常的做法是把获取到的 MAC 地址缓存一段时间（ARP 缓存表）。

MAC 地址的缓存是有一定期限的，超过这个期限，缓存的内容将被清除。这使得 MAC 地址与 IP 地址对应关系即使发生变化，也依然能够将数据包正确地发送给目标地址。

ARP 数据包格式和各字段定义如图 5-18 所示。

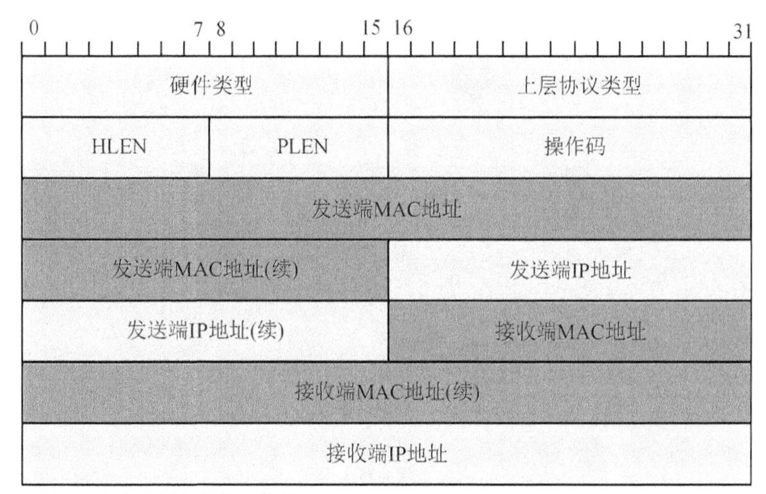

图 5-18　ARP 数据包格式

通常 ARP 包会被路由器隔离，但是采用代理 ARP（Proxy ARP）的路由器可以将 ARP 请求发给临近的网段，由此，两个以上网段的节点之间可以像在同一个网段中一样进行通信。

ARP 协议满足了通过 IP 地址解析 MAC 地址的需求，但它的一项弱点同时给网络中带来了严重的隐患。即设备在将 ARP 响应消息保存到自己的 ARP 高速缓存中时，并不考虑这是否是自己请求的 ARP 响应消息，也不会验证响应方的真实身份。这就让攻击者得以向网络中散布错误的 IP-MAC 对应关系，主动向网络中发送包含错误 IP-MAC 对应关系的 ARP 响应消息，这种做法称为 ARP 欺骗。

ARP 欺骗可以用来达到不同的攻击目的，如图 5-19 所示，终端 1 在未经请求的情况下，主动向局域网中其他设备提供一个错误的 ARP 响应消息。在这个响应消息中，它宣称自己的 MAC 地址 00-9A-CD-11-11-11 是路由器 IP 地址 1.1.1.10 对应的 MAC 地址，它发送这个响应消息的目的显然是为了让其他终端的 ARP 高速缓存记录这条错误的对应关系。

在成功实施了 ARP 欺骗之后，终端 2、终端 3 和终端 4 那些原本应该发送给网关路由器的消息，都会在终端 1 的误导下被发送给终端 1。如果终端 1 此后如图 5-20 所

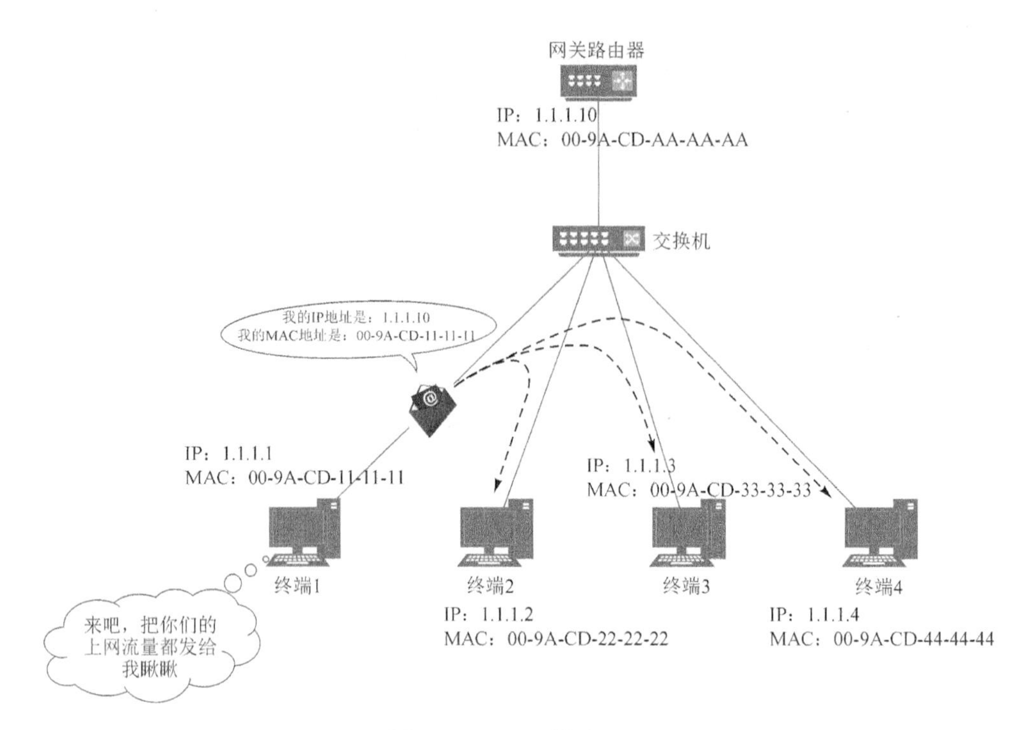

图 5－19　ARP 欺骗(一)

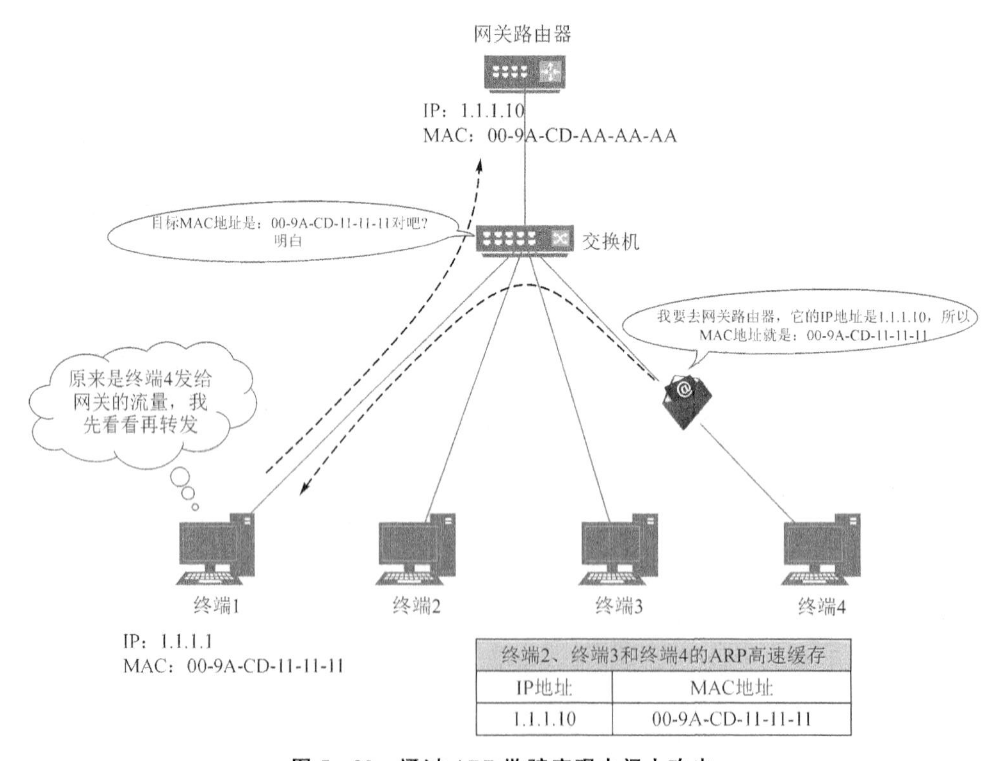

终端2、终端3和终端4的ARP高速缓存	
IP地址	MAC地址
1.1.1.10	00-9A-CD-11-11-11

图 5－20　通过 ARP 欺骗实现中间人攻击

示将这些消息转发给网关路由器，那么网络中其他终端设备很难觉察到自己的 ARP 高速缓存已经遭到误导，终端 1 成功将自己插入其他终端与网关路由器的通信路径当中。这让终端 1 得以窃取其他终端与网关路由器之间的信息。这种攻击者将自己插入受害者的通信路径中盗取通信数据的攻击方式，称为中间人攻击。

除了通过 ARP 欺骗实现中间人攻击之外，ARP 欺骗早年间更多用来实现拒绝服务攻击。在图 5－21 中，终端 1 向局域网中其他设备宣称网关路由器 IP 地址 1.1.1.10 对应的 MAC 地址是终端 2 的 MAC 地址 00-9A-CD-22-22-22。

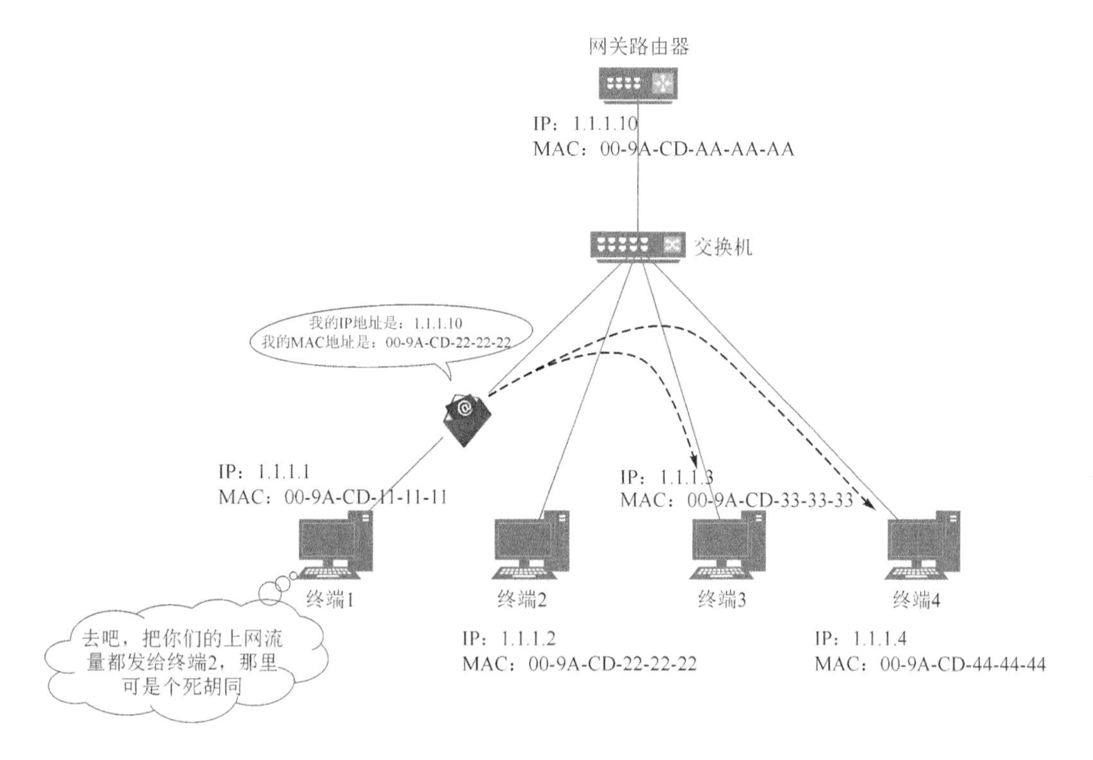

图 5－21　ARP 欺骗(二)

终端 3 和终端 4 遭到 ARP 欺骗之后，它们就会用终端 2 的 MAC 地址来封装所有原本要发送给网关路由器的数据包，而交换机也会忠实地将这些数据包向终端 2 转发，如图 5－22 所示。显然，终端 2 是不可能在接收到这些数据包之后将它们转发给网关路由器的，因此，这些数据包在发送给终端 2 之后势必石沉大海。因此，终端 3 和终端 4 在遭受 ARP 欺骗之后，也就无法再向网关路由器乃至互联网发送数据了。同时，终端 2 也会因为忙于处理大量发送给自己的数据包而耗尽资源。

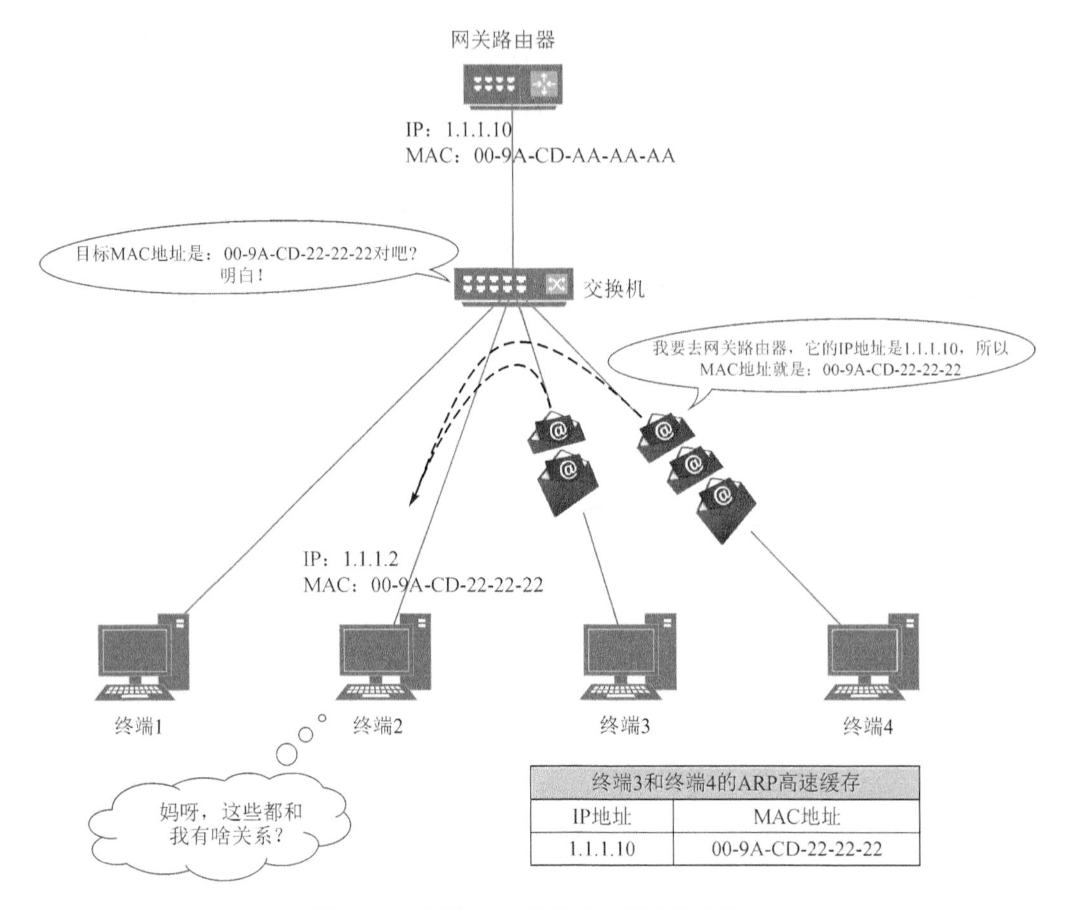

图 5－22　通过 ARP 欺骗实现拒绝服务攻击

5.12　ICMP

互联网控制消息协议(Internet Control Message Protocol,IGMP)拥有网络层通信差错监测和报告机制。其使用相当频繁,比如当一个数据包到达某台路由器时,路由器发现这个数据包 IP 首部的 TTL 字段已经过期,它就会丢弃这个数据包。除了丢弃数据包之外,这台路由器此时还会封装一个 ICMP TTL 过期消息(ICMP 消息类型 11)并发送给数据包的始发设备,以此通知数据包的始发设备,该数据包 TTL 已经过期。

在封装方面,ICMP 协议虽然属于网络层,但 ICMP 消息的外层仍会封装 IP 首部。也就是说,ICMP 消息是 IP 数据包的负载。从这个角度看,ICMP 协议虽然与 IP 协议都工作在 OSI 模型的网络层,但它可以视为 IP 的上层协议,因为设备在封装 ICMP 消息时,会在网络层执行先 ICMP 首部、后 IP 首部的两次封装。

由图 5－23 可知,ICMP 首部封装格式相当简单,其中尤为重要的部分无疑是类型字段和编码字段，因为这两个字段的取值界定了这个 ICMP 消息的类型，详细定义如表 5-8 所列。

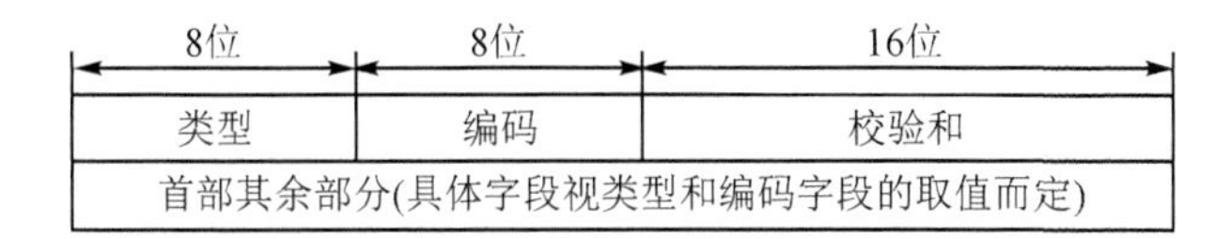

图 5-23 ICMP 首部封装格式

表 5-8 常见 ICMP 消息对应的类型值和编码值

类型值	编码值	描 述
0	0	回送应答（Echo-Rely）
3	0	目标网络不可达
	1	目标主机不可达
	2	目标协议不可达
	3	目标端口不可达
	4	需要分片但 DF 置位（请参考本章 5.1 节 IP 首部字段中标记位的介绍）
	6	目标网络未知
	7	目标主机未知
8	0	回送请求（Echo-Request）
11	0	TTL 过期
12	0	参数问题：IP 首部损坏

表 5-8 中，类型值为 0（Echo-Reply）和 8（Echo-Request）的 ICMP 消息属于查询消息，而类型值为 3（目标不可达）、11（TTL 过期）和 12（参数问题）的 ICMP 消息则属于错误报告消息。

ICMP 主要功能包括：确认 IP 包是否成功送达目标地址，通知在发送过程中 IP 包被丢弃的具体原因，改善网络设置等。ICMP 的消息类型如表 5-9 所列。

表 5-9 ICMP 的消息类型

类型值	描 述
0	回送应答（Echo-Reply）
3	目标不可达（Destination Unreachable）
4	原点抑制（Source Quench）
5	重定向或改变路由（Redirect）
8	回送请求（Echo-Request）
9	路由器公告（Router Advertisement）
10	路由器请求（Router Solictation）
11	超时（Time Exceeded）

续表 5-9

类型值	描　述
17	地址子网请求(Address Mask Request)
18	地址子网应答(Address Mask Reply)

对 ICMP 的部分消息类型介绍如下：

1. ICMP 目标不可达消息(类型 3)

IP 路由器在无法将 IP 数据包发送给目标地址时，会给发送端主机返回一个目标不可达(Destination Unreachable)的 ICMP 消息，并在这个消息中显示不可达的具体原因，ICMP 不可达消息不同错误号的含义如表 5-10 所列。

表 5-10　ICMP 不可达消息不同错误号含义

错误号	ICMP 不可达消息
0	网络不可达(Network Unreachable)
1	主机不可达(Host Unreachable)
2	协议不可达(Protocol Unreachable)
3	端口不可达(Port Unreachable)
4	需要分片但设置了不分片位(Fragmentation Needed and Don't Fragment was Set)
5	源路由失败(Source Route Failed)
6	目的网络未知(Destination Network Unknown)
7	目的主机未知(Destination Host Unknown)
8	源主机被隔离(Source Host Isolated)
9	与目标网络的通信被强制禁止(Communication with Destination Network is Administraticely Prohibited)
10	与目标主机的通信被强制禁止(Communication with Destination Host is Administraticely Prohibited)
11	对于此类服务，目标网络不可达(Destination Network Unreachable for Type of Service)
12	因服务类型导致目标主机不可达(Destination Host Unreachable for Type of Service)

2. ICMP 重定向或改变路由消息(类型 5)

如果路由器发现发送端主机使用了次优的路径发送数据，那么它会返回一个 ICMP 重定向的消息给这个主机。在这个消息包含最合适的路由信息和源数据。但在多数情况下，这种重定向消息成为引发问题的原因，所以往往不进行这种设置。

3. ICMP 超时消息(类型 11)

IP 包中有一个字段叫作 TTL(Time To Live)，IP 包每经过一次路由器 TTL 的值就会减 1，直到为 0 时该 IP 包就会被丢弃。此时，IP 路由器就会向主机发送一个ICMP 超时的消息，并通知主机该包已被丢弃。

设置 IP 包生存周期的主要目的是,在路由控制遇到问题而出现循环状态时,可避免 IP 包无休止地在网络上被转发。此外,有时可以用 TTL 控制 IP 包的到达范围,例如设置一个较小的 TTL。

4. ICMP 回送消息(类型 0、8)

该消息用于在进行通信的主机或路由器之间,判读所发送的数据包是否已成功到达对端。可以向对端主机发送回送请求消息(类型 8),也可以接收对端主机发回来的回送应答消息(类型 0)。网络上最常用的 Ping 命令就是利用该消息实现的。

在 IPv4 中 ICMP 仅作为一个辅助功能支持 IPv4。也就是说,即使没有 ICMP,IPv4 仍然可以实现 IP 通信。然而,在 IPv6 中,ICMP 的作用被扩大了,如果没有 ICMPv6,IPv6 就无法进行正常通信。

尤其在 IPv6 中,从 IP 地址定位 MAC 地址的协议产品能够将 ARP 转为 ICMP 的邻居探索消息。这种邻居探索消息融合 IPv4 的 ARP、ICMP 重定向以及 ICMP 路由器选择消息等功能于一体,甚至还提供自动设置 IP 地址的功能。

如表 5-11 所列,在 ICMPv6 中将 ICMP 消息大致分为两类:一类是错误消息,另一类是信息消息。类型 0~127 属于错误消息,类型 128~255 属于信息消息。

表 5-11 ICMPv6 的错误消息与信息消息列表

类型值(十进制数)	描 述
1	目标不可达(Destination Unreachable)
2	包过大(Packet Too Big)
3	超时(Time Exceeded)
4	参数问题(Parameter Problem)
128	回送请求(Echo Request)
129	回送应答(Echo Reply)
130	多播监听查询(Multicast Listener Query)
131	多播监听报告(Multicast Listener Report)
132	多播监听结束(Multicast Listener Done)
133	路由器请求(Router Solicitation)
134	路由器公告(Router Advertisement)
135	邻居请求(Neighbor Solicitation)
136	邻居宣告(Neighbor Advertisement)
137	重定向(Redirect Message)
138	路由器重编号(Router Renumbering)
139	信息查询(ICMP Node Information Query)
140	信息应答(ICMP Node Information Response)
141	反邻居探索请求(Inverse Neighber Discovery Solicitation)
142	反邻居探索宣告(Inverse Neighber Discovery Advertisement)

ICMPv6 中，类型 133～137 的消息叫作邻居探索消息。这种邻居探索消息在 IPv6 通信中起着举足轻重的作用。邻居请求消息用于查询 IPv6 的地址与 MAC 地址的对应关系，并由邻居宣告消息得知 MAC 地址。

Ping 是 ICMP 协议的一项工具。当一台设备通过 Ping 工具来测试另一台设备的网络层地址是否可达时，这台设备会以对方的 IP 地址作为目标地址，封装一个 ICMP 回送请求消息（ICMP 消息类型 8），并将这个消息发送出去。如果对方能够接收到这个消息，则会封装一个 ICMP 回送应答消息（ICMP 消息类型 0），并将这个消息发回始发设备。因此，如果发送回送请求消息的设备能够接收到对方设备发来的 ICMP 回送应答消息，则代表双方在网络层可以实现双向通信，如图 5-24 所示。

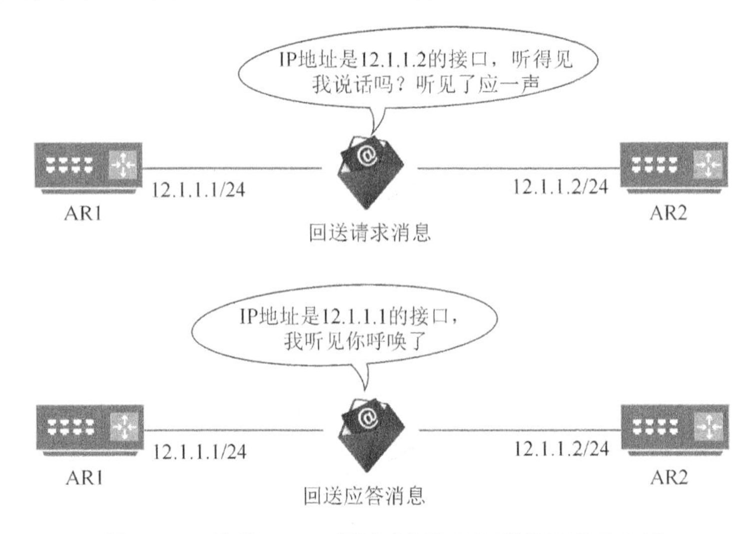

图 5-24 使用 ping 工具测试网络连通性的原理示意图

除了 Ping 工具之外，另一个 0 级网络诊断命令 Tracert 也是通过 ICMP 协议来实现的，其作用是帮助管理员了解和查看从当前设备向目标设备发送数据所经历的整条路径。Tracert 工具所采取的做法很有创意：它会依次让设备封装一系列去往目标设备的数据包，并且将它们发送出去。这些数据包 IP 首部的 TTL 值依次设置为 1、2、3，以此类推。当去往该目标地址的第 1 跳设备接收到第 1 个数据包时，这个设备会发现这个数据包的 TTL 已经过时，因此第 1 跳设备会封装一个 ICMP TTL 过期消息发送给源设备。这样源设备也就了解了去往目标设备的路径中，第 1 跳设备的消息。当第 1 跳设备接收到第 2 个数据包，也就是 TTL 值为 2 的那个数据包时，它会将这个数据包的 TTL 值减去 1，然后转发给去往目标路径中的第 2 跳设备。因此，当第 2 跳设备接收到这个数据包时，它会发现这个数据包的 TTL 也已经过时，因此第 2 跳设备同样会封装一个 ICMP TTL 过期消息发送给源设备。这样源设备也就了解了去往目标设备的路径中，第 2 跳设备的消息。这个过程会不断持续下去，直至最终的目标设备接收到源设备发送的数据包。

5.13 DHCP

为了实现自动设置IP地址、统一管理IP地址分配，就产生了DHCP(Dynamic Host Configuration Protocol)协议。有了DHCP，计算机只要连接到网络，就可以进行TCP/IP通信。也就是说，DHCP让即插即用变得可能。

使用DHCP之前，首先要架设一台DHCP服务器，然后将DHCP所要分配的IP地址设置到服务器上。

家庭网络大多都只有一个以太网(无线LAN)的网段，与其连接的主机台数不会太多，因此只要有一台DHCP服务器就足以应对IP地址分配的需求，而大多数情况下都由宽带路由器充当这个DHCP的角色。对于较大的网络规模，可以使用DHCP中继代理来实现。

5.14 NAT

NAT(Network Address Translator)是一种在本地网络中使用私有地址，在连接互联网时转而使用全局IP地址的技术，其应用原理示意图如图5-25所示。除此之

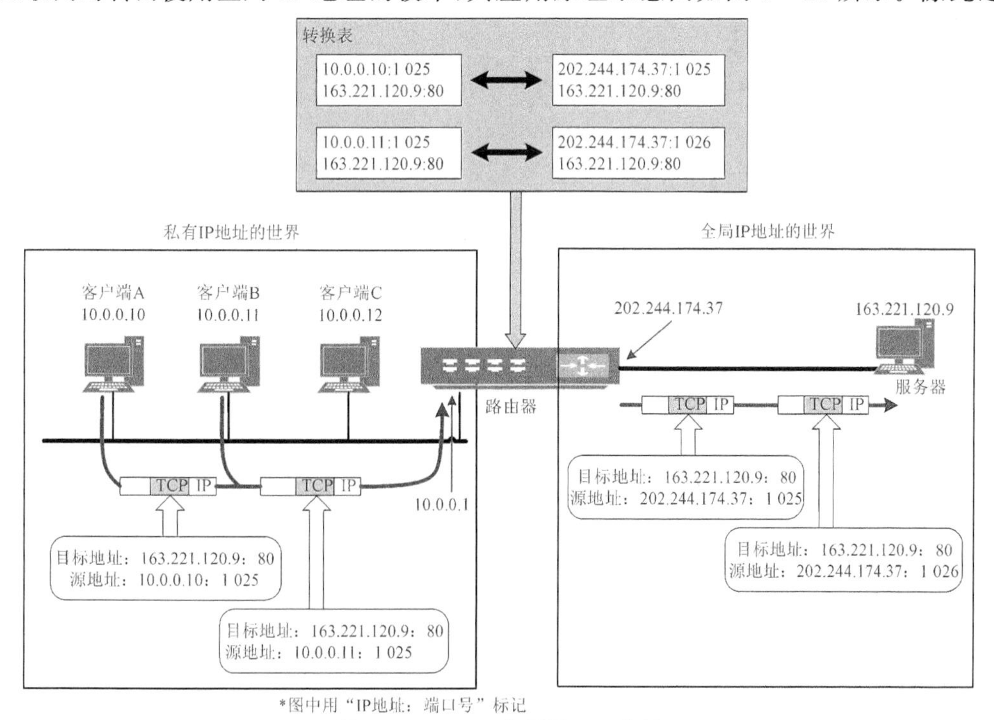

图5-25 NAT应用原理示意图

外,还出现了可以转换 TCP、UDP 端口号的 NAPT(Network Address Ports Translator)技术,由此实现用一个全局 IP 地址与多个主机的通信。

5.15 路由协议

5.15.1 路由控制

路由控制分静态和动态两种类型。两种方式可以组合起来使用。

自治系统(路由选择域)内部动态路由采用的协议是域内路由协议,即 IGP(Interior Gateway Protocol)。而自治系统之间的路由控制采用的是域间路由协议,即 EGP(Exterior Gateway Protocol)。

IGP 中还可以使用 RIP(Routing Information Protocol,路由信息协议)、RIP2、OSPF(Open Shortest Path First,开放式最短路径优先)等众多协议。与之相对,EGP 使用的是 BGP(Border Gateway Protocol,边界网关协议)。

5.15.2 路由算法

路由控制有各种各样的算法,其中最具代表性的有两种:距离向量(Distance-Vetor)算法和链路状态(Link-State)算法。

1. 距离向量算法

距离向量算法是根据距离(代价)和方向决定目标网络或目标主机位置的一种方法。其示意图如图 5-26 所示。

路由器之间可以互换目标网络的方向和距离的相关信息,并以这些信息为基础制作路由控制表。这种方法在处理上比较简单,不过由于只有距离和方向的信息,所以当网络构造变得分外复杂时,在获得稳定的路由信息之前需要消耗一定时间,也极易发生路由循环等问题。

2. 链路状态算法

链路状态算法是路由器在了解网络整体连接状态的基础上生成路由控制表的一种方法。其示意图如图 5-27 所示。若采用该方法,每个路由器必须保持同样的信息才能进行正确的路由选择。

为了实现上述机制,链路状态算法就是如何实现从网络代理处获取路由信息表。这一过程相当复杂,特别是在一个规模巨大而又复杂的网络结构中,管理和处理代理信息需要高速 CPU 处理能力和大量的内存。

路由协议分很多种,表 5-10 是几种常用的。由于 EGP 不支持 CIDR,现在它已经不再用做互联网的对外连接协议。

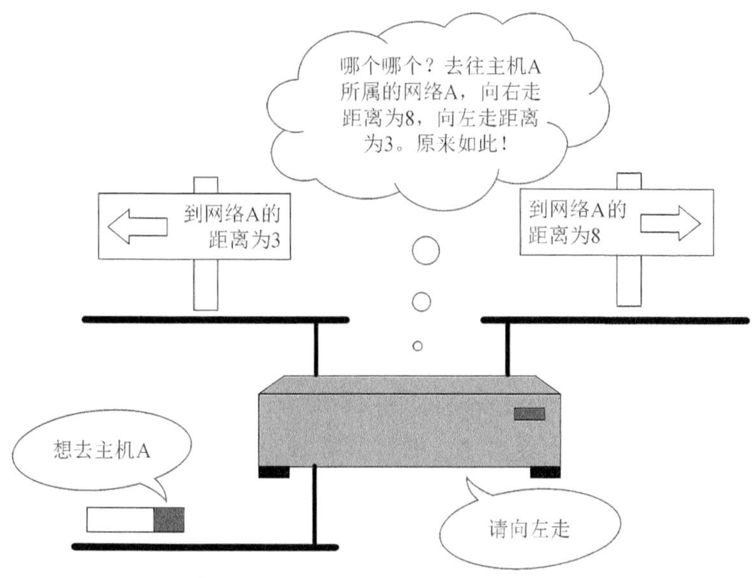

图 5-26　路由距离向量算法示意

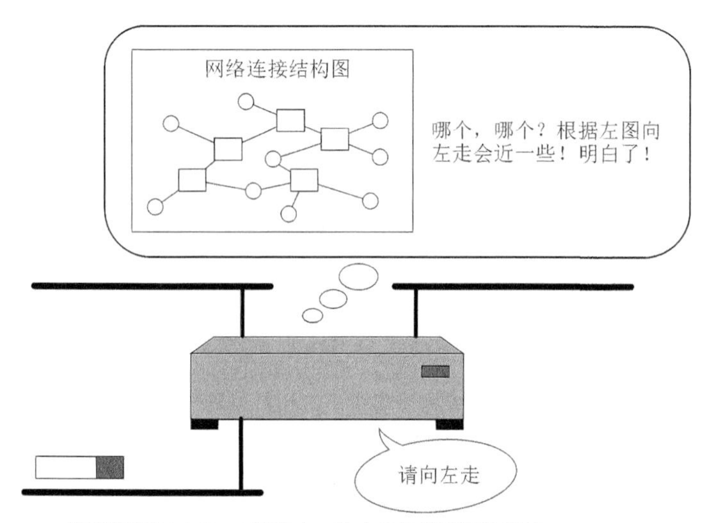

网络连接结构图
哪个，哪个？根据左图向
左走会近一些！明白了！
请向左走
链路状态(Link-State)算法中，路由器知道网络的连接
状态，并根据该图的信息确定通往目标网络的路径。

图 5-27　路由链路状态算法示意

表 5-10　几种常用的路由协议

路由协议名	下一层协议	路由算法	适用范围	循环检测
RIP	UDP	距离向量	域内	不可以
RIP2	UDP	距离向量	域内	不可以

续表 5－10

路由协议名	下一层协议	路由算法	适用范围	循环检测
OSPF	IP	链路状态	域内	可以
EGP	IP	距离向量	对外连接	不可以
BGP	TCP	路径向量	对外连接	可以

5.15.3 RIP

RIP(Routing Information Protocol)是一种基于距离向量算法的路由协议，广泛用于 LAN。

RIP 将路由控制信息定期(每 30 s 一次)向全网广播，如图 5－28 所示。如果没有收到路由控制信息，连接就会被断开。不过这有可能是丢包导致的，因此 RIP 规定等待 5 次。如果等了 6 次(180 s)仍未收到路由信息，才会真正关闭连接。

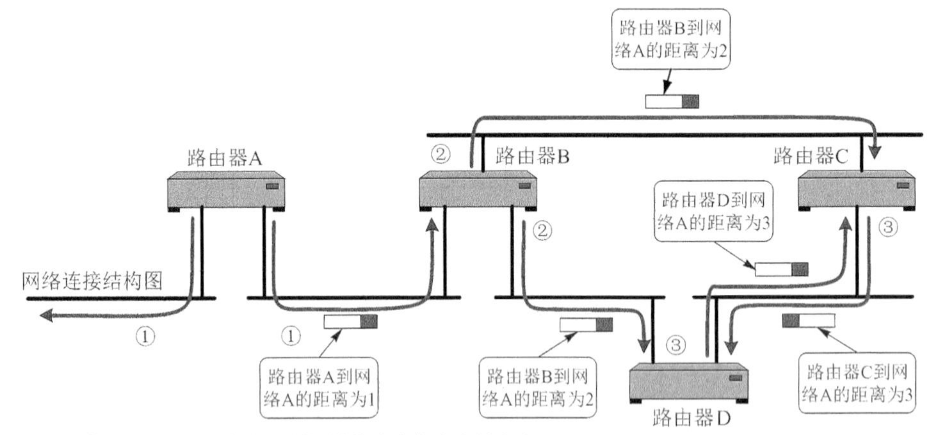
路由器B到网络A的距离为2
路由器A
路由器B
路由器C
路由器D到网络A的距离为3
网络连接结构图
路由器A到网络A的距离为1
路由器B到网络A的距离为2
路由器D
路由器C到网络A的距离为3
① 每30 s一次，将自己所知道的路由信息广播出去。
② 将已知的路由信息经过1跳之后继续广播。
③ 以此类推，逐步传播路由信息。

图 5－28　RIP 路由协议将路由控制信息向全网广播

RIP 基于距离向量算法决定路径。距离(Metrics)的单位为“跳数”。跳数是指所经过的路由器的个数。RIP 希望将数据包转发到目标 IP 地址的过程中尽可能少通过路由器，如图 5－29 所示。根据距离向量生成距离向量表，再抽出较小的路由生成最终的路由控制表。

RIP 的基本行为可归纳为如下两点：

- 将自己所知道的路由信息定期进行广播。
- 一旦认为网络被断开，数据就无法流过此路由器，其他路由器也就可以得知网络已经断开。

不过，这两种行为中不论哪一种都存在一些问题。

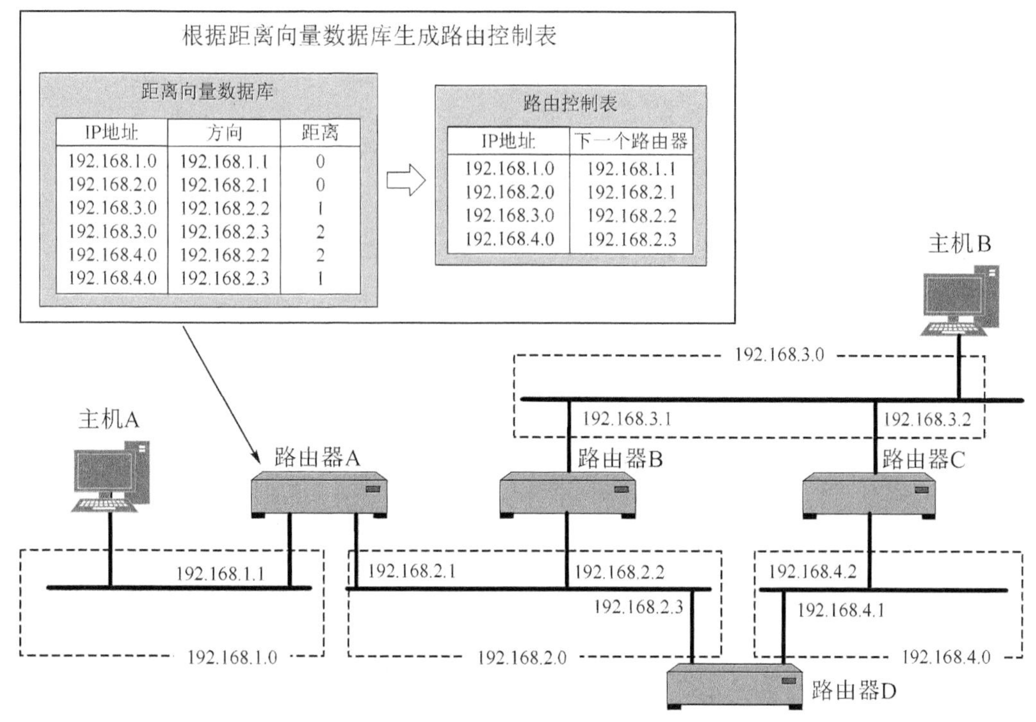

图 5-29 RIP 协议由距离向量数据库生成路由控制表

如图 5-30 所示，路由器 A 将网络 A 的连接信息发送给路由器 B，路由器 B 又将自己掌握的信息在原基础上加 1 跳后发送给路由器 A 和路由器 C。假定这时路由器 A 与网络 A 的连接发生了故障。

路由器 A 虽然觉察到自己与网络 A 的连接已经断开，无法将网络 A 的信息发送给路由器 B，但是它会收到路由器 B 曾经获知的消息。这就使得路由器 A 误认为自己的信息还可以通过路由器 B 到达网络 A。

像这样收到自己发出去的消息这个问题被称为无限计数。为了解决这个问题可以采取以下两种方法：

一是最长距离不超过 16。这样即使发生无限计数的问题，也可以从时间上进行控制。

二是路由器不再把所收到的路由消息原路返回给发送端。这被称为水平分割，如图 5-31 所示。

然而，这种方法对有些网络来说是无法解决问题的，例如网络本身就有环路的情况，如图 5-32 所示。

在网络本身有环路的情况下，反向的回路会成为迂回的通道，路由信息会被循环往复地转发。当环路内部某一处发生通信故障时，通常可以设置一个正确的迂回通道。

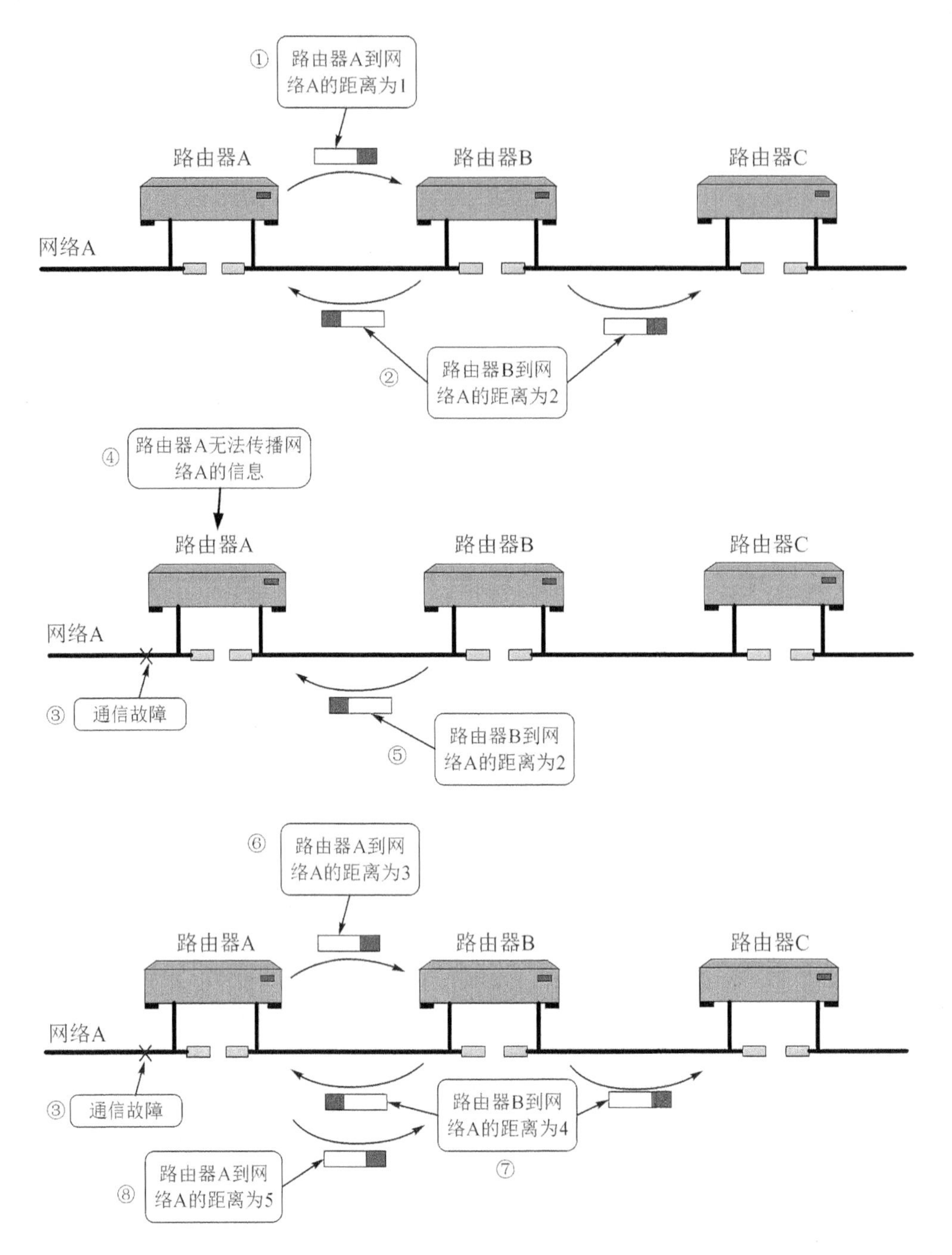

图 5-30　RIP 路由协议无限计数问题示例

但是对于图 5-32 的情况，当网络 A 的通信发生故障时，路由信息将无法被正确传送。尤其是在环路有多余的情况下，需要很长时间才能产生正确的路由信息。

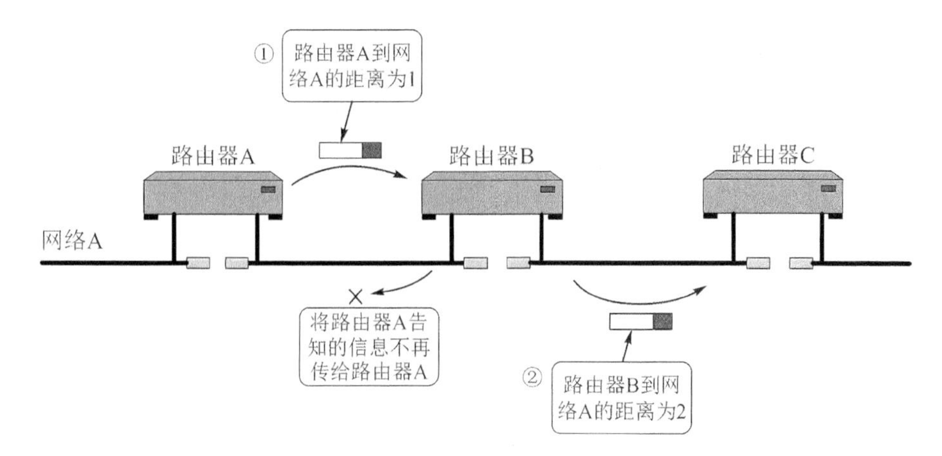

图5-31 RIP路由协议的水平分割原理示意

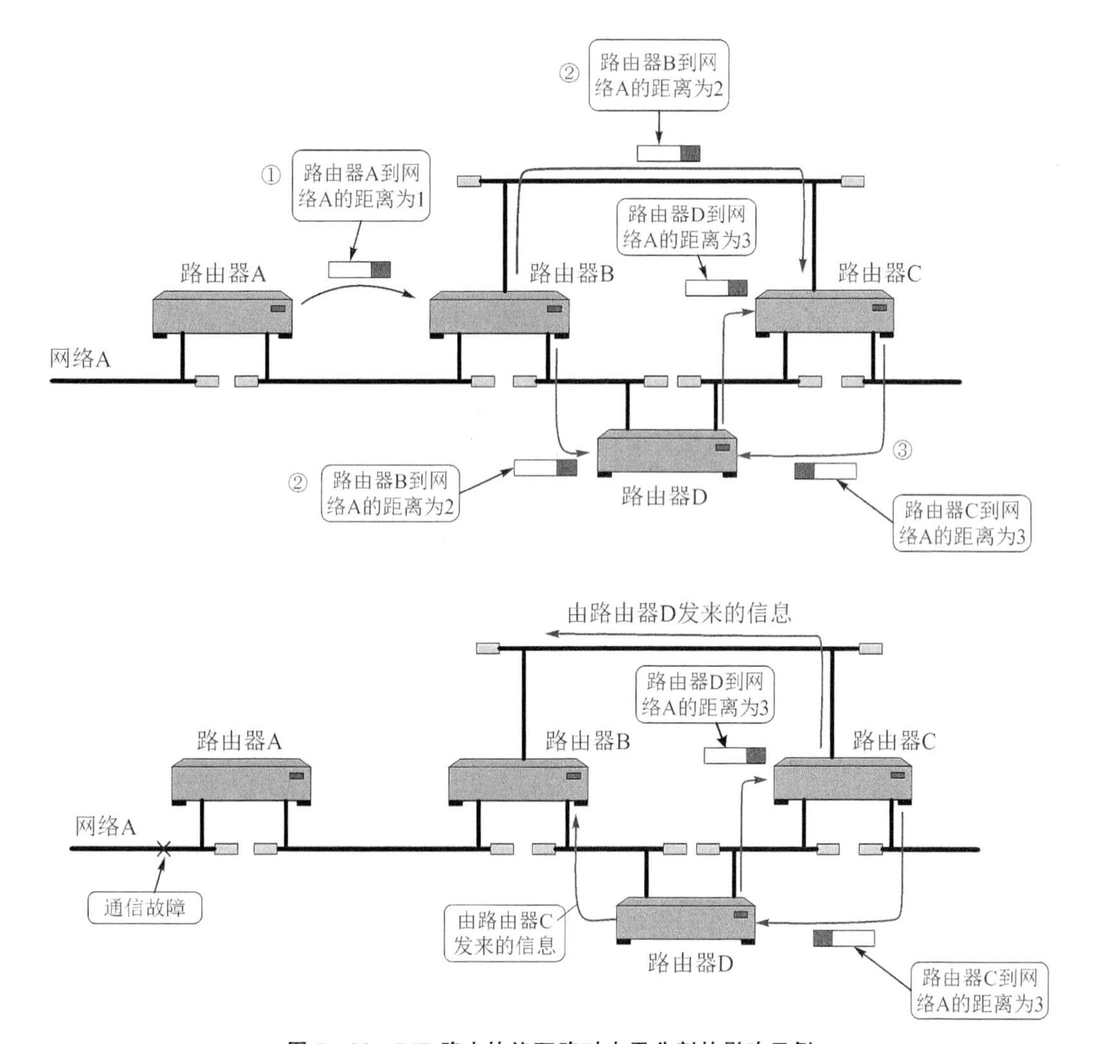

图5-32 RIP路由协议环路对水平分割的影响示例

为了尽可能解决这个问题，人们提出了“毒性逆转”和“触发更新”两种方法。毒性逆转是指当网络中发生链路被断开时，不是不再发送这个消息，而是将这个无法通信的消息传播出去，即发送一个距离为 16 的消息。触发更新是指当路由信息发生变化时，不等待 30 s 而是立刻将这个消息发送出去的一种方法。有了这两种方法，在链路不通时，可以迅速传送消息以使路由信息尽快收敛，如图 5－33 所示。

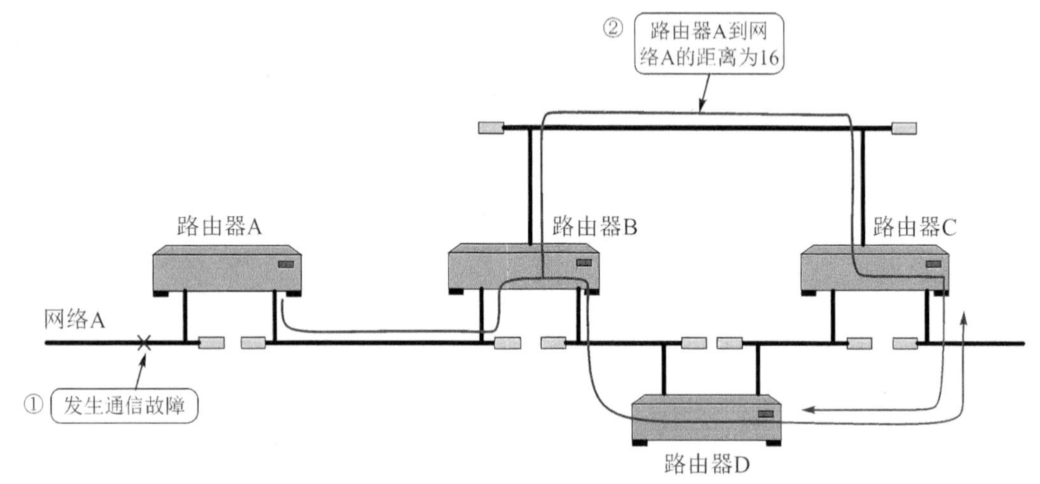
② 路由器A到网络A的距离为16
路由器A
路由器B
路由器C
网络A
① 发生通信故障
路由器D
通过触发更新的行为，可以使路由控制信息的传递比每30 s发送一次的情况快很多，因此可以有效避免错误路由信息被不断发送。

图 5－33 RIP 路由协议触发更新示例

然而，纵然使用了到现在为止所介绍的方法，在一个具有众多环路的复杂网络环境中，路由信息想要达到一个稳定的状态是需要花费一定时间的。为了解决这个问题，必须明确地掌握网络结构，在了解了究竟是哪个链路断开后再进行路由控制，这一点非常重要。为此，可以采用 5.15.2 小节介绍的 OSPF。

RIP2 是 RIP 的第二版，它是在总结了 RIP 使用过程中经验的基础上进行改良后的一种协议。第二版与第一版的工作机制基本相同，不过仍有如下几个新的特点：

- 使用多播：在 RIP 中当路由器之间交换路由信息时采用广播的形式，然而在 RIP2 中改用了多播。这样不仅减少了网络的流量，还降低了对无关主机的影响。
- 支持子网掩码：与 OSPF 的区域类似，在同一个网络中可以使用逻辑上独立的多个 RIP。
- 路由选择域：与 OSPF 的区域类似，在同一个网络中可以使用逻辑上独立的多个 RIP。
- 外部路由标志：通常用于把从 BGP 等获得的路由控制信息通过 RIP 传递给 AS (Autonomous System)。
- 身份验证密钥：与 OSPF 一样，RIP 包中携带密码。只有在自己能够识别这个密码时才接收数据，否则忽略这个 RIP 包。

5.15.4 OSPF

OSPF(Open Shortest Path First)是一种基于链路状态算法的路由协议,路由器之间交换链路状态生成网络拓扑信息,然后再根据这个拓扑信息生成路由控制表。

图 5-34 所示为 OSPF 路由协议工作原理示例。

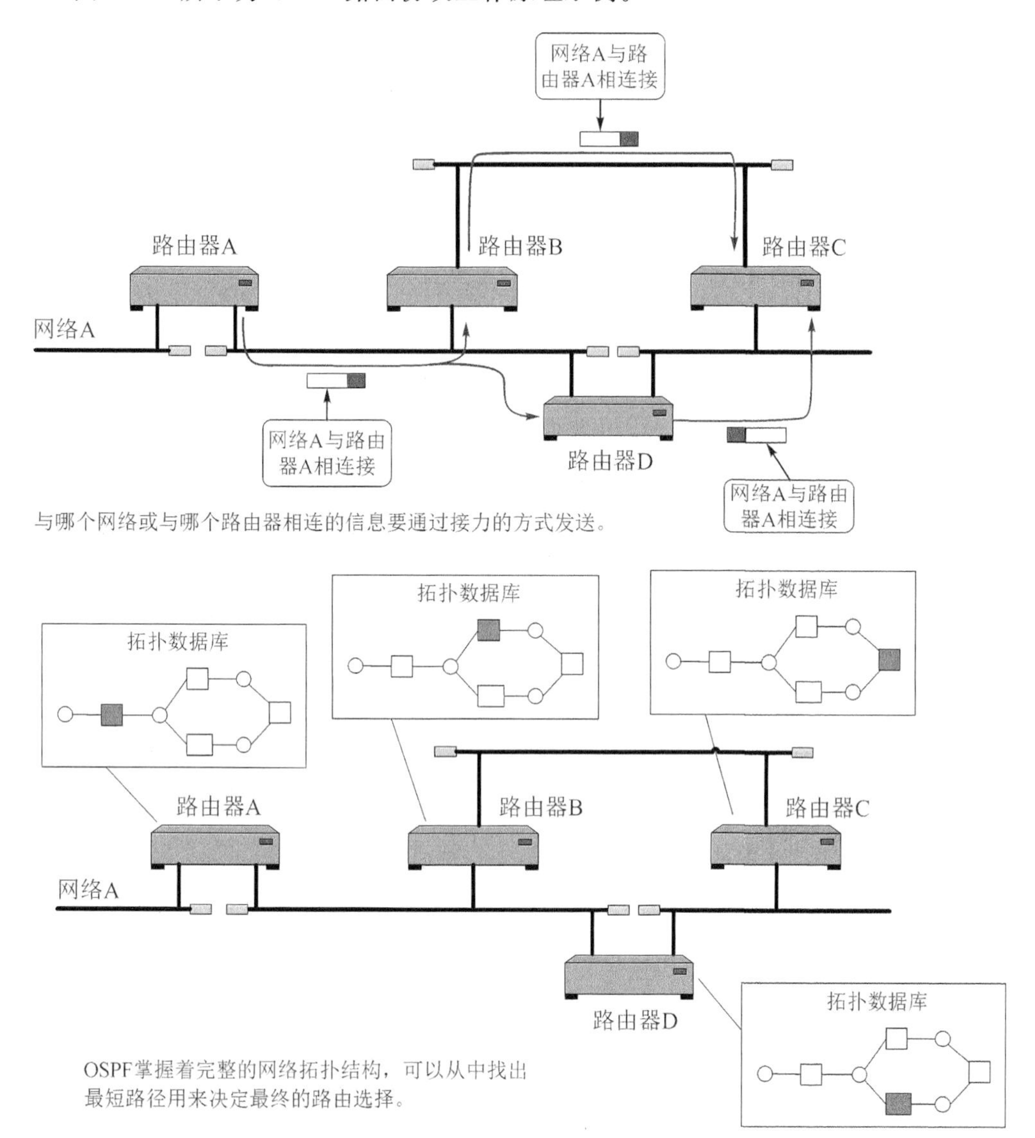

图 5-34 OSPF 路由协议工作原理示例

RIP 的路由选择,要求途中所经过的路由器个数越少越好。与之相比,OSPF 可以给每条链路赋予一个权重(也可以叫作代价),并始终选择一个权重最小的路径作为最终路由。RIP 是选择路由器个数最少的路径,而 OSPF 是选择总的代价较小的路径。

OSPF 路由协议与 RIP 路由协议对比如图 5－35 所示。

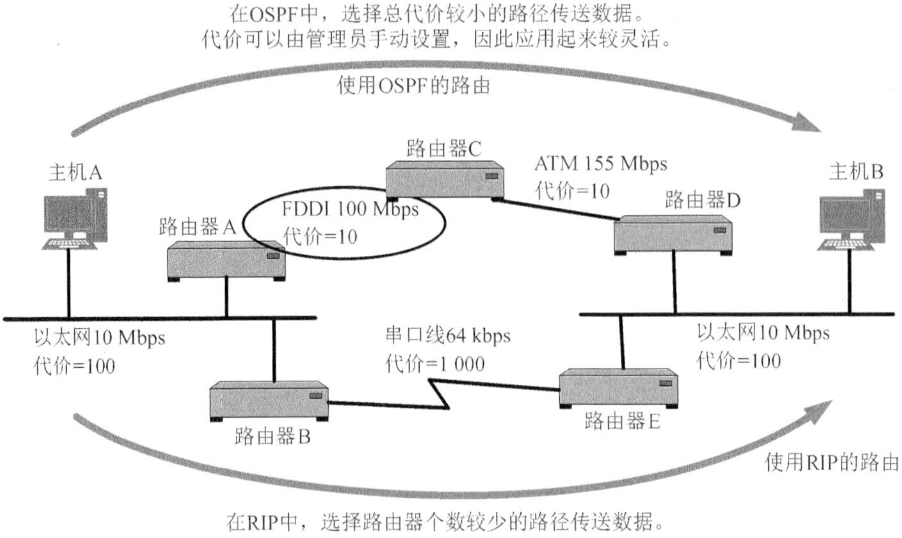

图 5－35 OSPF 路由协议与 RIP 路由协议对比

在 OSPF 中，把连接到同一个链路的路由器称为相邻路由器。在一个结构相对简单的网络中，例如每个路由器仅与一个路由器相互连接，相邻路由器之间可以交换路由信息。但是在一个结构比较复杂的网络中，例如在同一个链路中加入了以太网或者 FDDI 等路由器，就不需要在所有相邻的路由器之间都进行控制信息的交换，而是确定一个指定路由器，并以它为中心交换路由信息即可。

在 RIP 中，包的类型只有一种。它利用路由控制信息，一边确认是否连接了网络，一边传送网络信息。但是这种方式有一个严重的缺点，那就是网络的个数越多，每次所要交换的路由控制信息就越大；而且当网络已经处于比较稳定的状态时，还是要定期交换相同的路由控制信息，这在一定程度上浪费了网络带宽。

而在 OSPF 中，根据作用的不同可以分为 5 种类型的包，如表 5－13 所列。

表 5－13 OSPF 中 5 种类型的数据包

类　型	包的名称	功　能
1	问候(HELLO)	确认相邻路由器、确定指定路由器
2	数据库描述(Database Description)	描述链路状态数据库的摘要信息
3	链路状态请求(Link State Request)	请求从数据库中获取链路状态信息
4	链路状态更新(Link State Update)	更新链路状态数据库中的链路状态信息
5	链路状态确认应答(Link State Acknowledgement)	对链路状态信息更新进行确认应答

通过发送问候(HELLO)包确认是否连接。为了同步路由控制信息，每个路由器都利用数据库描述包相互发送路由摘要信息和版本信息。如果版本比较老，则首先发出一个链路状态请求包来请求路由控制信息，然后由链路状态更新包接收路由状态信

息，最后再通过链路状态确认应答包通知大家本地已经接收到路由控制信息。

有了这样一个机制后，OSPF 不仅可以大大减少网络流量，还可以达到迅速更新路由信息的目的。

OSPF 中进行连接确认的协议叫作 HELLO 协议，该协议中各数据表内容如图 5-36 所示。

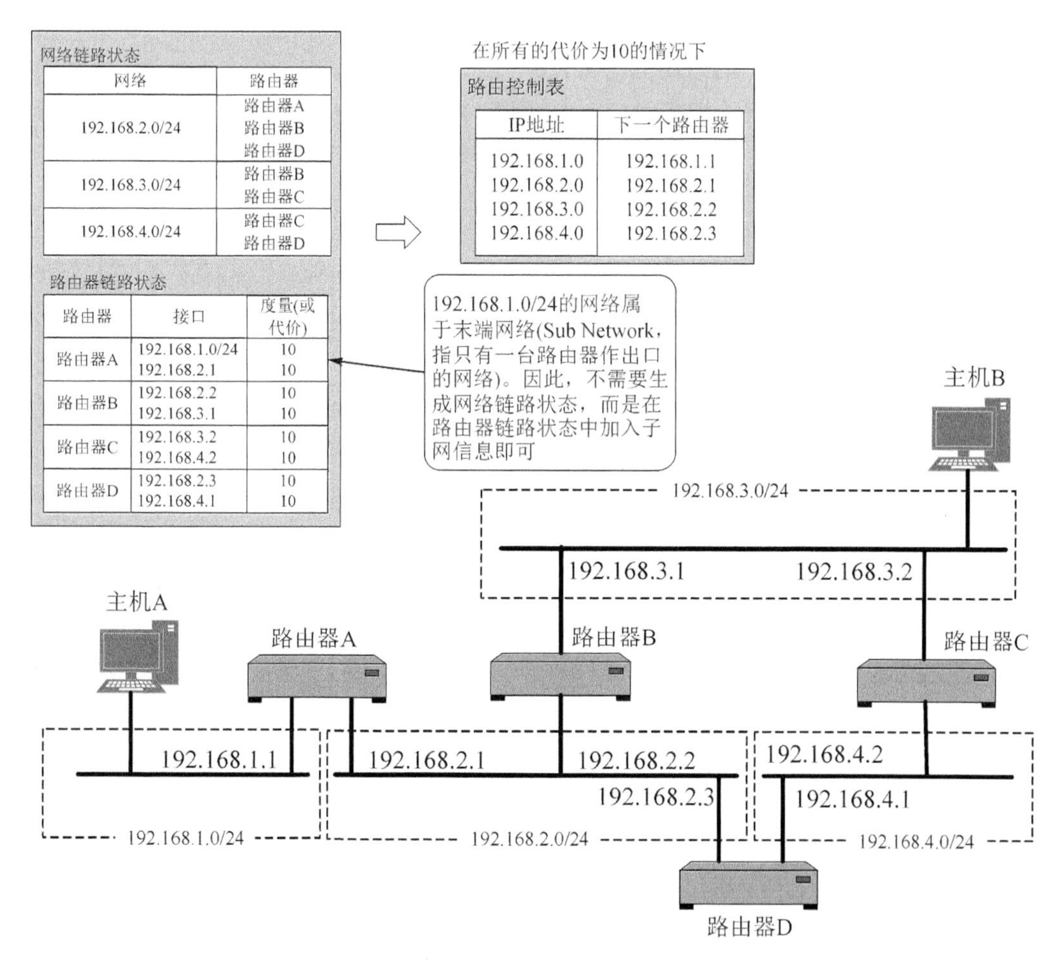

图 5-36　OSPF 路由协议中各数据表内容

LAN(Local Area Network)中每 10 s 发送一个 HELLO 包。如果没有 HELLO 包到达，则进行连接是否断开的判断。具体操作为，允许空等 3 次，直到第 4 次(40 s 后)仍无任何反馈就认为连接已经断开。之后再进行连接断开或恢复连接操作时，由于链路状态发生变化，路由器会发送一个链路状态更新包(Link State Update Packet)来通知其他路由器网络状态的变化。

链路状态更新包所要传达的消息大致分为两类：一是网络 LSA(Link State Advertisement)，另一个是路由器 LSA。

网络 LSA 是以网络为中心生成的信息，表示这个网络都与哪些路由器相连；而路由器 LSA 是以路由器为中心生成的信息，表示这个路由器与哪些网络相连接。

如果这两种信息主要采用 OSPF 发送，每个路由器就都可以生成一个可以表示网络结构的链路状态数据库。可以根据这个数据库、采用 Dijkstra 算法（最短路径优先算法）生成相应的路由控制表。

相比距离向量，由上述过程所生成的路由控制表更加清晰，不容易混淆，还可以有效地降低无线循环问题发生的概率。不过，网络规模越大，最短路径优先算法的处理时间就越长，对 CPU 和内存的消耗也就越大。

链路状态型路由协议的潜在问题在于，网络规模越大，表示链路状态的拓扑数据库就越大，路由控制信息的计算也就越困难。OSPF 为了减少计算负荷，引入了区域的概念。

区域是指将连接在一起的网络和主机划分成小组，使一个自治系统 AS（Auto nomous System）内可以拥有多个区域。不过拥有多个区域的自治系统必须有一个主干区域（Backbone Area），并且所有其他区域必须都与这个主干区域相连接，如图 5 - 37 所示。

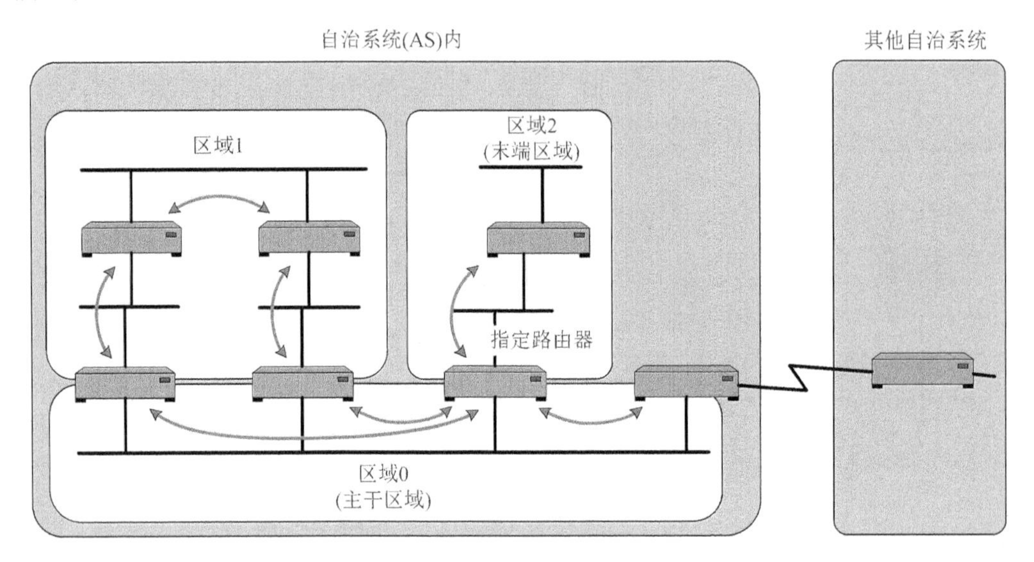

图 5 - 37　OSPF 路由协议自治系统

图 5 - 38 所示为 OSPF 路由协议自治系统内的多种路由器。连接区域与主干区域的路由器称为区域边界路由器；而区域内部连接的路由器叫作内部路由器；主干区域内连接的路由器叫作主干路由器；该自治系统与外部相连接的路由器就是 AS 边界路由器。

每个区域内的路由器都持有本区域网络拓扑的数据库。然而，关于区域之外的路径信息，只能从区域边界路由器那里获知区域之外路由器的距离。区域边界路由器不会将区域内的链路状态信息全部原样发送给其他区域，只会发送自己到达这些路由器的距离信息，这样内部路由器所持有的网络拓扑数据库就会明显变小。

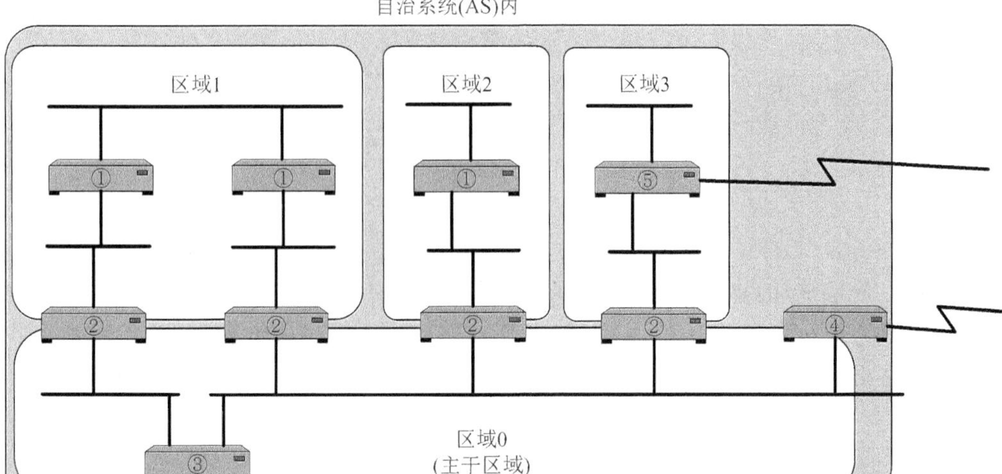

图 5－38　OSPF 路由协议自治系统内的多种路由器

换句话就是，内部路由器只了解区域内部的链路状态信息，并在该信息的基础上计算出路由控制表。这种机制不仅可以有效地减少路由控制信息，还能减轻处理的负担。

此外，作为区域出口的区域边界路由器若只有一个，则该区域叫作末端区域，如图 5－39 所示。末端区域内不需要发送区域外的路由信息。它的区域边界路由器(在

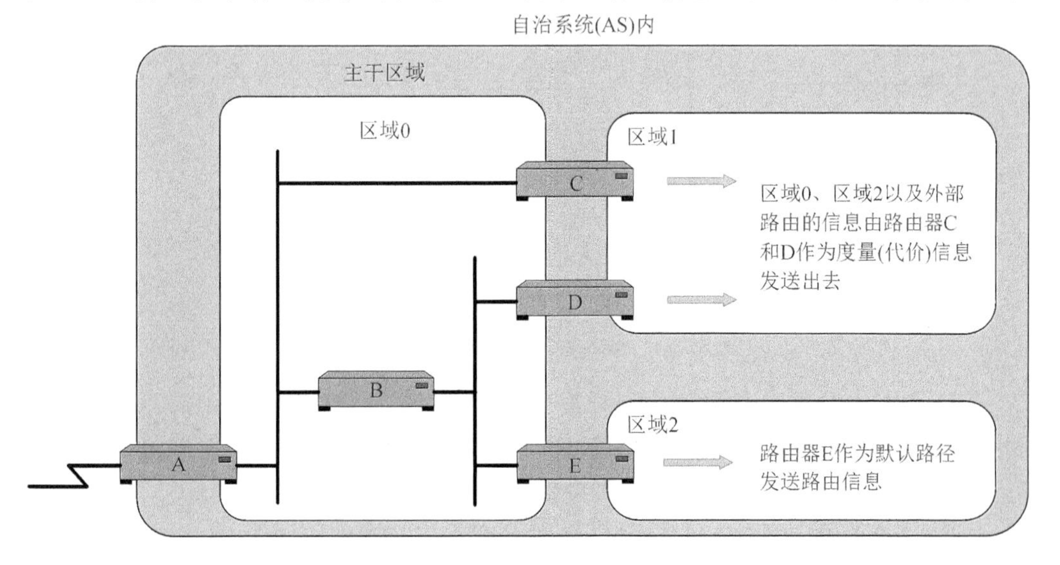

图 5－39　OSPF 路由协议末端区域

图 5－39 中为路由器 E)将成为默认路径传送路由信息。因此，由于不需要了解到达其他各个网络的距离，所以它可以减少一定的路由信息。

要想在 OSPF 中构造一个稳定的网络，物理设计和区域设计同样重要。如果区域设计不合理，就有可能无法充分发挥 OSPF 的优势。

5.15.5 BGP

BGP(Border Gateway Protocol，边界网关协议)是一种连接不同组织机构(或者说连接不同自治系统)的协议。因此，它属于外部网关协议(EGP)。图 5－40 为 BGP 路由协议工作原理示意图。只有 BGP、RIP 和 OSPF 共同进行路由控制，才能对整个互联网进行路由控制。

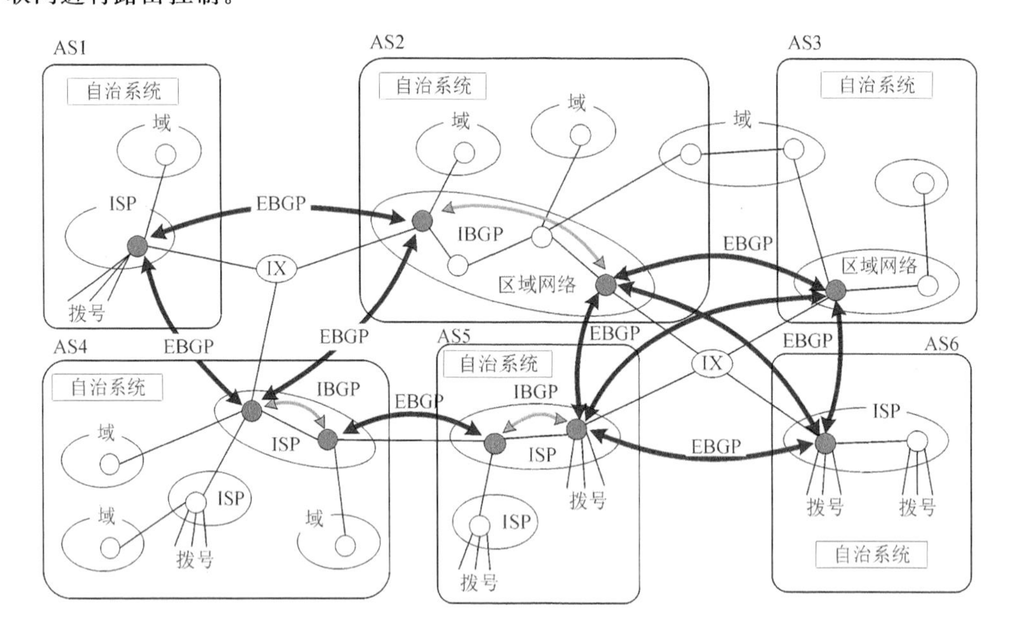

图 5－40　BGP 路由协议工作原理示意图

RIP 和 OSPF 利用 IP 的网络地址部分进行路由控制，然而 BGP 则需要放眼整个互联网进行路由控制。BGP 的最终路由控制表由网络地址和下一站的路由器组来表示，不过它会根据所要经过的 AS 个数进行路由控制。

ISP、区域网络等会将每个网络域编配成一个个自治系统 AS(Autonomous System)进行管理。它们为每个自治系统分配一个 16 位的 AS 编号。BGP 就是根据这个编号进行相应的路由控制。

有了AS编号的域,就相当于有了一个属于自己的独立的“国家”。AS的代表可以决定AS内部的网络运营和相关决策。一个AS与其他AS相连时,它可以像一位“外交官”一样签署合约再进行连接。正是有了这些不同区域的AS通过签约的相互连接,才有了今天全球范围内的互联网。

根据BGP交换路由控制信息的路由器叫作BGP扬声器。为了在AS之间交换BGP信息,BGP扬声器必须与所有AS建立对等的BGP连接。此外,图5-41中的自治系统AS2、AS4、AS5在同一个AS内部有多个BGP扬声器。在这种情况下,为了使AS内部也可以交换BGP信息,就需要建立BGP连接。

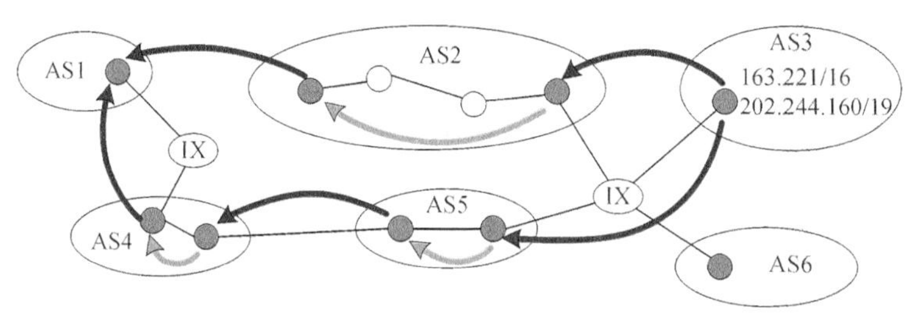

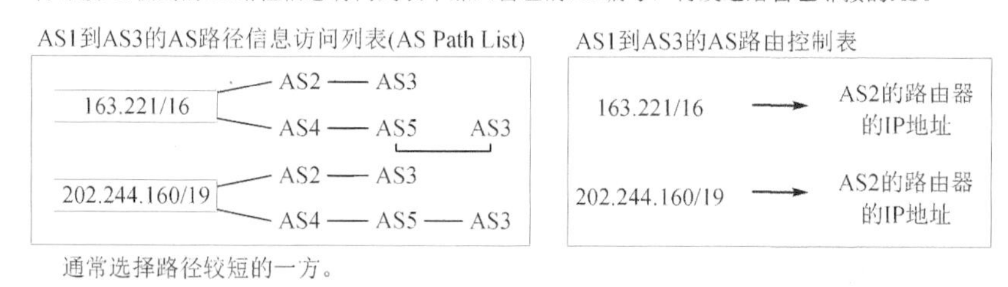

图5-41 BGP路由协议AS路径信息访问列表

当BGP中的数据包送达目标网络时,会生成一个中途经过所有AS的编号列表。这个列表也叫作AS路径信息访问列表(AS Path List)。如果针对同一个目标地址出现多条路径,则BGP会从AS路径信息访问列表中选择一个较短的路径。

在做路由选择时使用的度量,RIP将其表示为路由器个数,OSPF将其表示为每个子网的成本,而BGP则用AS作为度量标准。RIP和OSPF以提高转发效率为目的,考虑了网络的跳数和网络的带宽。BGP则基于AS之间的合约进行数据包的转发。BGP一般选择AS数最少的路径,不过仍然要遵循各个AS之间签约的细节而进行更细粒度的路由选择。

AS路径信息访问列表不仅包含转发方向和距离,还涵盖途经所有AS的编号。因此BGP不是距离向量型协议。此外,对网络构造仅用一元化表示,因此BGP也不属于链路状态型协议。像BGP这种根据所要经过的路径信息访问列表进行路由控制的协议属于路径向量(Path Vector)型协议。作为距离向量型的RIP协议,因为无法检测出环路,所以可能发生无限计数的问题。而路径向量型协议能够检测出环路,可避免无限计数的问题,所以令网络更容易进入一个稳定的状态。同时,BGP还有支持策略路由(在发送数据包时,可以选择或指定所要通过的AS)的优势。

第 6 章　传输层

6.1　传输层概述

网络层实现了不同终端设备之间跨网络的通信，传输层则实现了运行在不同终端设备上的应用程序之间的通信。图 6-1 展示了传输层与网络层和应用层之间的关系。

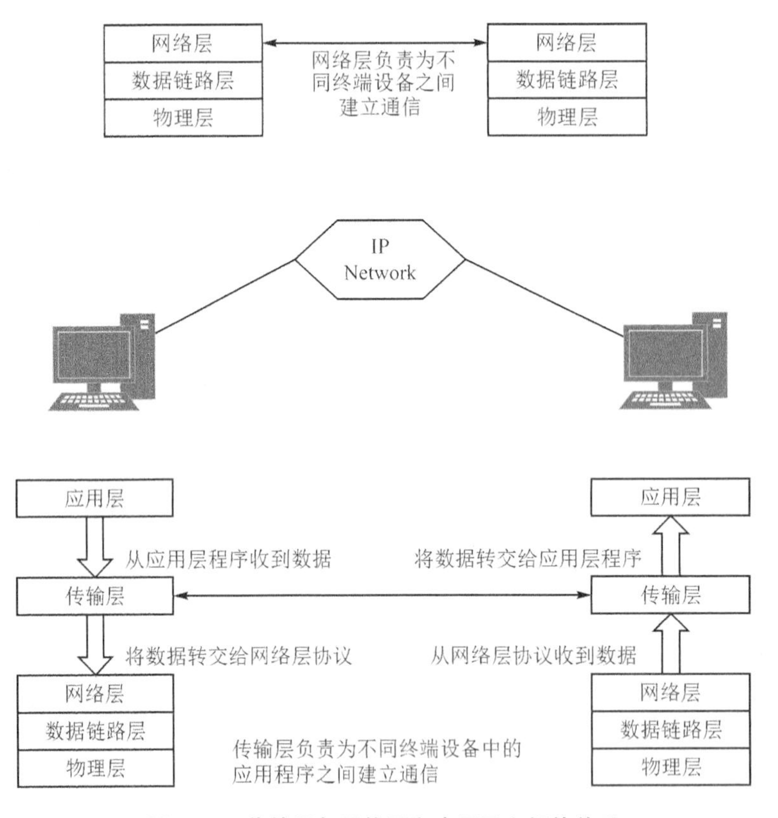

图 6-1　传输层与网络层和应用层之间的关系

传输层协议对如何将数据从本地终端设备传输至目标终端设备的具体操作并不关心，它关心的内容在于如何将数据正确地从应用进程转交给网络层协议。

在为应用层提供服务的同时，传输层既依赖于网络层提供的服务，又受限于网络层所提供的服务。比如网络层提供的带宽和延迟如果达不到应用进程对于带宽和延迟的要求，传输层协议则也无能为力。但是除此之外，传输层能够为应用层提供一些其他服务，来弥补网络层服务在其他方面的不足。比如在使用不可靠的IP协议时，数据会面临收发失序和丢失等问题，传输层可以针对这些问题做出努力，在底层协议并不可靠的环境中，为应用层提供可靠的传输服务。

应用进程对于网络传输的要求各种各样，其中最常见的传输要求如下：

➢ 要求确保数据传输成功；
➢ 要求确保数据按顺序传输；
➢ 要求支持任意大小的数据；
➢ 要求接收方能够根据自己的接收能力对发送方的发送速率进行控制；
➢ 要求一台终端设备上能够运行多个应用程序。

上述传输要求是最常见且最基本的，传输层协议可以针对上述要求提供如下服务：

➢ 提供数据接收确认功能；
➢ 使用序列号确保按顺序传输；
➢ 提供分段功能，以便支持任意大小的数据；
➢ 通过TCP滑动窗口机制，使接收方能够控制发送方的发送速率；
➢ 使用端口号区分并追踪多个应用进程的数据。

应用进程按照传输需求可分为两大类：一类强调数据的可靠传输，对延迟的要求并不严苛；另一类重视数据的传输延迟，宁可丢掉少量数据包，也要及时传输数据。传输层的TCP协议和UDP协议则分别针对这两类应用进程提供服务。

(1) TCP(Transmission Control Protocol)。TCP是面向连接的、可靠的流协议。流就是指不间断的数据结构。应用程序在采用TCP发送消息时，虽然可以保证发送的顺序，但还是将没有任何间隔的数据流发送给接收端。

为提供可靠性传输，TCP实行“顺序控制”或“重发控制”机制，此外还具有“流控制(流量控制)”“拥塞控制”以及提高网络利用率等众多功能。

(2) UDP(User Datagram Protocol)。UDP是不具有可靠性的数据报协议，它会将细微的处理交给上层的应用去完成。UDP虽然可以确保发送消息的大小，却不能保证消息一定会到达。因此，应用有时会根据自己的需要进行重发处理。

套接字(Socket) 应用在使用TCP或UDP时，会用到操作系统提供的类库。这种类库一般被称为API(Application Programming Interface，应用编程接口)。

使用TCP或UDP通信时，又会广泛使用到套接字(Socket)的API，如图6-2所示。套接字原本是由BSD UNIX开发的，但是后被移植到Windows的Winsock以及嵌入式操纵系统中。

应用程序利用套接字可以设置对端的IP地址、端口号，并实现数据的发送与接收。

由于以太网传输电气方面的限制，每个以太网帧的大小最小不能低于64字节，最大不能超过1 518字节，对于小于或者大于这个限制的以太网帧都可以视之为错误的数据帧，一般的以太网转发设备会丢弃这些数据帧。图6-3为以太网数据帧的组成。

由于以太网EthernetII最大的数据帧是1 518字节，这样刨去以太网帧的帧头

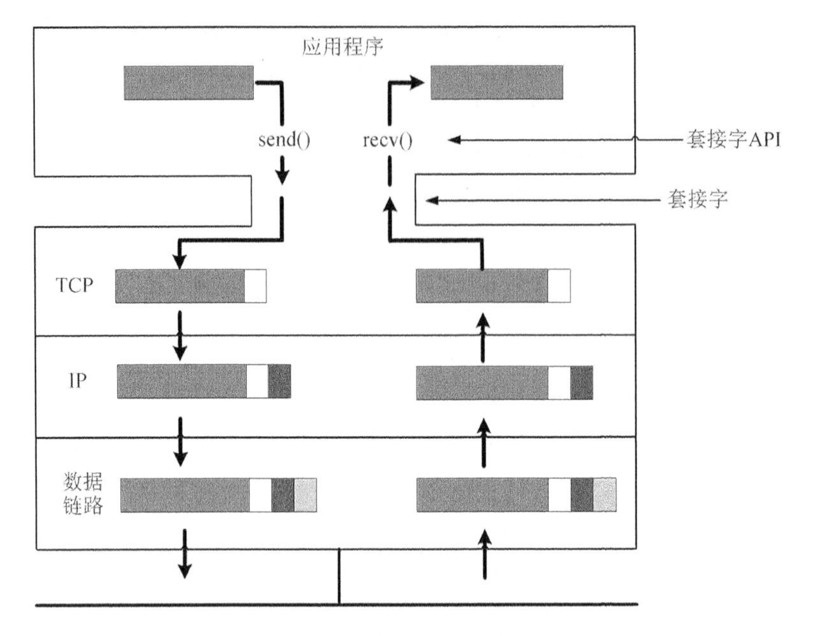

图 6-2 套接字及套接字 API

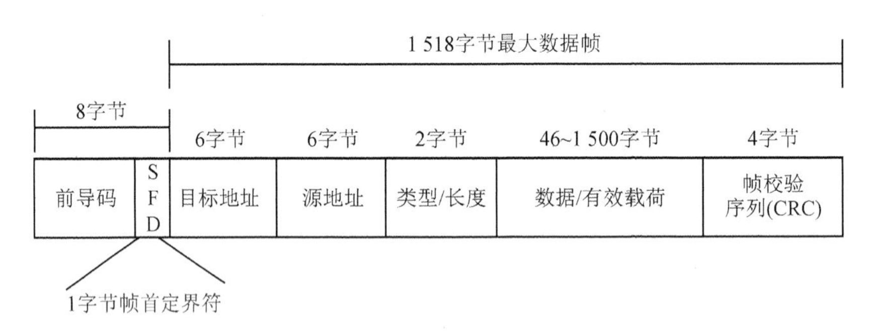

图 6-3 以太网数据帧的组成

(DMAC 目标 MAC 地址 48 位=6 字节,SMAC 源 MAC 地址 48 位=6 字节,Type 域 2 字节)14 字节和帧尾 CRC 校验部分 4 字节,那么剩下承载上层协议的地方也就是 Data 域最大就只有 1 500 字节。这个值就称为 MTU。

UDP 包的大小就应该是 1 500 字节-IP 头(20 字节)-UDP 头(8 字节)=1 472 字节。

TCP 包的大小就应该是 1 500 字节-IP 头(20 字节)-TCP 头(20 字节)=1 460 字节。

如果我们定义的 TCP 包和 UDP 包的大小没有超出范围,那么这些包在 IP 层就不用分片了,这样传输过程中就避免了在 IP 层组包发生的错误;如果包的大小超出范围,即 IP 数据帧大于 1 500 字节,发送方 IP 层就需要将数据帧分成若干片,而接收方 IP 层就需要进行数据帧的重组。更严重的是,如果使用 UDP 协议,那么当 IP 层组包发生错误时,包就会被丢弃。接收方无法重组数据帧,这将导致整个 IP 数据帧被丢弃。UDP

不保证可靠传输;但是TCP发生组包错误时,该包会被重传,从而保证可靠传输。

6.2 端口号

在传输层中有这种类似于地址的概念。图6-4所示为IP首部和TCB首部的组成及传输。

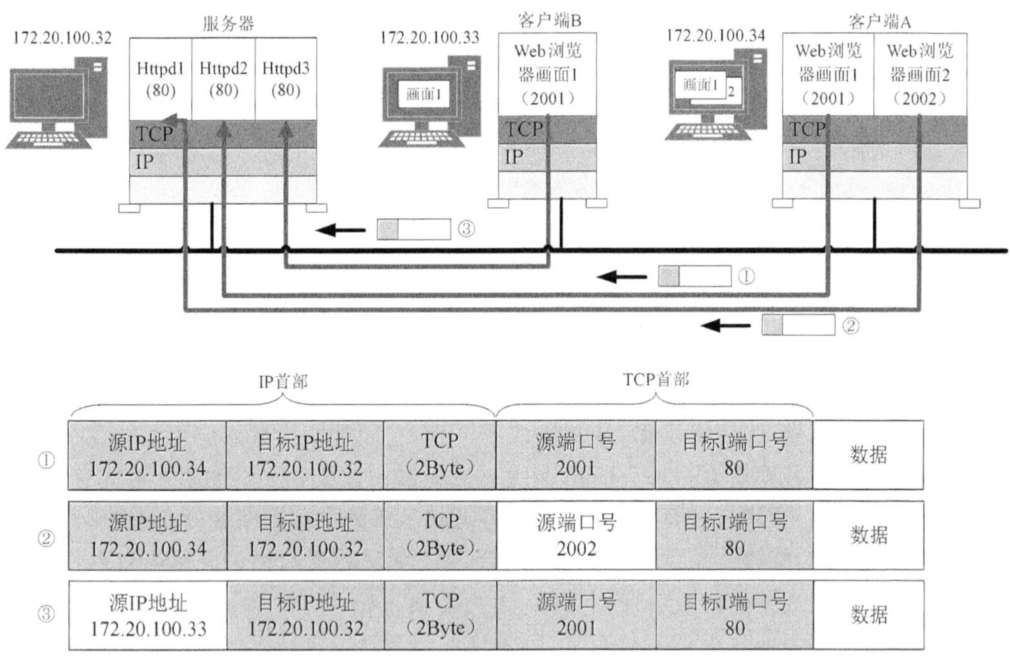

	源IP地址	目标IP地址	TCP	源端口号	目标I端口号	
①	源IP地址 172.20.100.34	目标IP地址 172.20.100.32	TCP (2Byte)	源端口号 2001	目标I端口号 80	数据
②	源IP地址 172.20.100.34	目标IP地址 172.20.100.32	TCP (2Byte)	源端口号 2002	目标I端口号 80	数据
③	源IP地址 172.20.100.33	目标IP地址 172.20.100.32	TCP (2Byte)	源端口号 2001	目标I端口号 80	数据

通过源IP地址、目标IP地址、协议号、源端口号和目标端口号这5个数字识别一个通信。

图6-4 IP首部和TCP首部的组成及传输

1. 标准既定的端口号法

这种方法也叫静态方法,是指每个应用程序都有其指定的端口号,但并不是说可以随意使用任何一个端口号。每个端口号都有其对应的使用目的。

例如,HTTP、TELNET、FTP等广为使用的应用协议中所使用的端口号就是固定的。这些端口号也叫知名端口号。知名端口号一般由0~1 023的数字分配而成。

2. 时序分配法

这种方法也叫时序(或动态地)分配法。此时,服务端有必要确定监听端口号,但是接受服务的客户端没必要确定端口号。

在这种方法下,客户端应用程序可以完全不用自己设置端口号,而全权交给操作系统进行分配。动态分配的端口号取值范围为49 152~65 535。

6.3 UDP

UDP(User Datagram Protcol)是用户数据报协议，它不会对自己提供的连接实施控制，是一种不可靠的传输层协议。UDP协议提供以下基本服务：

- 对数据执行分割和重组。每个网络甚至每条链路对于单个数据包中携带负载数据量的大小都有一定的限制，应用进程只管将它要发送的数据统统交给UDP协议，UDP协议能够把数据分割为适当的大小再进行传输。在发送端，UDP协议能够分割数据；而在接收端，UDP协议则负责重组数据，使数据恢复为应用进程能够使用的数据流。
- 同时为多个应用程序提供传输服务。这通过端口号实现。

与TCP相比，UDP具有以下特点：

- 不确保数据按顺序传输。UDP协议并不在乎接收方是否按照它的发送顺序收到数据包，它只负责把数据包发送出去。
- 不确保接收方收到数据，并且不提供重传机制。
- 不控制传输速率。

实际上，考虑到TCP协议和UDP协议的区别，它们确实容易因应用层协议的数据传输需求不同，而各自受到一部分应用层协议的偏爱。比如，在人们浏览网页时，大家基本都能够接受一定程度的延迟，但却无法容忍显示出的文章断断续续，或者干脆出现乱码导致完全无法阅读。像网页服务(HTTP)这类无法容忍数据丢失或者数据失序的应用层协议，在实现方面一般会使用TCP作为传输层协议。而人们通过IP电话与朋友交谈时，可以接受偶尔丢失一些音节，因为这些音节既可以从上下句的关系中推断出来，也可以请求对方重复；但若语音的传输延迟都像打开网页一样(如2 s)，自己每说出一句话，对方都要在2 s之后才能听到，这种通话体验远比漏掉几个音节更让人无法忍受，所以即时通信类应用更青睐UDP协议也就毫不奇怪了，UDP首部封装格式如图6-5所示。

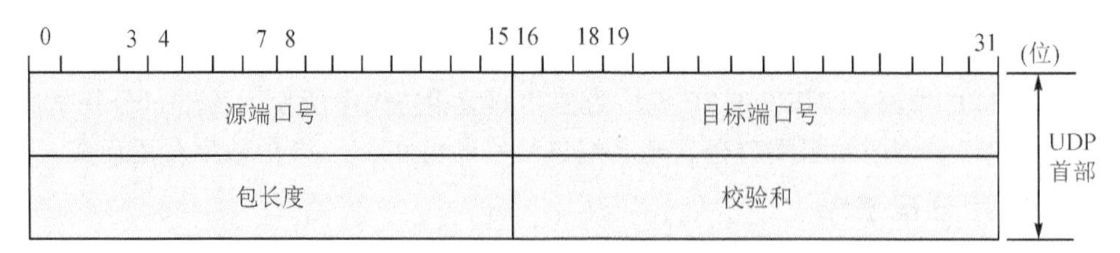

图6-5 UDP首部封装格式定义

- 源端口号：该字段是可选项，在没有源端口号时该字段的值设置为0，可用于不需要返回的通信中。
- 包长度：UDP首部的长度和数据长度之和，单位为字节。

➢ 校验和：校验和是为了提供可靠的 UDP 首部和数据而设计的，附加在 UDP 伪首部与 UDP 数据之前（校验和计算中使用的 UDP 伪首部如图 6－6 所示。

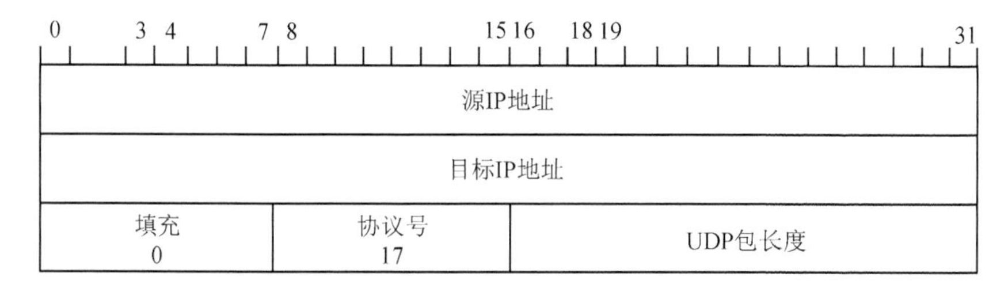

图 6－6　UDP 伪首部格式定义

接收主机在收到 UDP 数据包以后，从 IP 首部获知 IP 地址信息，构造 UDP 伪首部，再进行校验和计算。

说明：在校验和计算中计算 UDP 伪首部的理由：TCP/IP 中识别一个进行通信的应用需要 5 大要素，它们分别为源 IP 地址、目标 IP 地址、源端口号、目标端口号、协议号。然而，在 UDP 的首部中只包含它们当中的两项（源端口号和目标端口号），余下的 3 项都包含在 IP 首部里。

假定其他 3 项信息被破坏，这会导致应该接收包的应用接收不到包，不该接收包的应用却接收到了包。为避免这类问题，有必要验证一个通信中必要的 5 项识别码是否正确。为此，在校验和的计算中就引入伪首部的概念。

端口号定义与 TCP 类似，部分知名端口号定义如表 6－1 所列。

表 6－1　部分知名 UDP 端口号定义

UDP 端口号	对应协议	UDP 端口号	对应协议
53	DNS	123	NTP
67、68	BOOTP	161	SNMP
69	TFTP	520	RIP

6.4　TCP

TCP（Transmission Control Protocol）是传输控制协议，它能够对自己提供的连接实施控制，是一种可靠的传输层协议。TCP 协议包括以下 5 点内容：

➢ 对数据执行分割和重组：每个网络甚至每条链路对于单个数据包中携带负载数据量的大小都存在一定的限制，但应用进程只管将它要发送的数据统统交给 TCP 协议，而 TCP 协议则能够将数据分割为适当大小后再进行传输。在发送端，TCP 协议能够分割数据；而在接收端，TCP 协议会负责将分割的数据进行重组，使数据恢复为应用进程能够使用的数据流。

➢ 确保数据按顺序传输：发送端的 TCP 协议会为自己发出的数据标明序列号；而

接收端的TCP协议在收到数据后，会根据序列号对数据进行重新排序，以确保数据得到按序处理。

- 同时为多个应用程序提供传输服务：TCP协议的基本任务就是将终端系统中多个应用协议的数据转交给网络层发送，因此它必须把应用进程与数据的对应关系搞清楚。这是通过端口号实现的。
- 确保接收方收到数据并按需重传：TCP协议要求接收方在接收到数据后，向发送方进行确认。这一机制的作用是确保接收方能够接收到所有数据，这也是TCP被称为可靠协议的原因之一。此外，如果发送方在一段时间后没有收到接收方的确认，它还会把未被确认过的数据重新发送一遍。
- 控制传输速率：TCP使用滑动窗口机制，使接收方能够调节发送方的发送速率。这不仅有利于接收方系统，使其不会出现拥塞，还有利于整个网络环境。

6.4.1 TCP头部格式

TCP协议为了能够实现可靠的应用层数据传输，不仅要标明应用进程与数据的对应关系，以确保将数据转交给正确的应用进程，还要为每个数据分段标明序列号，以确保按序收发和丢包重传。除了这些最基本的信息外，TCP协议还在封装首部中定义了其他用于控制的字段，如图6-7所示。

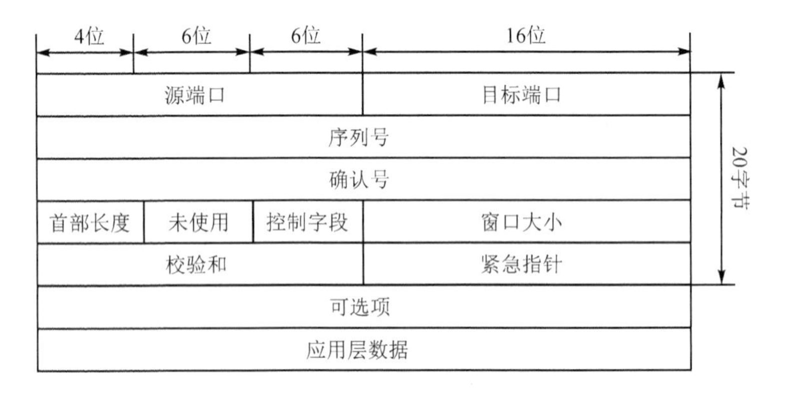

图6-7 TCP首部封装格式

TCP中没有表示包长度和数据长度的字段，可由IP层获知TCP的包长，由TCP的包长可知数据的长度。

TCP首部长度为20字节，这个首部中包含如下字段：

1. 源端口

这个字段用于指明源设备上应用进程所使用的TCP端口号。

2. 目标端口

这个字段用于指明目标设备上应用进程所使用的TCP端口号。每个TCP首部都包含源端口和目标端口，这两个字段加上IP首部中的源IP地址和目标IP地址，通过这4个值可以唯一确定一条TCP连接。

3. 序列号

序列号是指发送数据的位置，每发送一次数据，就累加一次该数据字节数。序列号不会从0或者1开始，而是建立连接时由计算机生成的随机数作为序列号的初始值，通过SYN包传给接收端主机；然后再将每次转发过去的字节数累加到初始值上来表示数据的位置。此外，在建立连接和断开连接时发送的SYN包和FIN包虽然并不携带数据，但是也会作为一个字节增加对应的序列号。长度为32位，序列号和确认号是使TCP协议能够提供可靠传输服务的关键因素。其中序列号字段既能够在接收方没有接收到数据后及时重传，又能够保证接收方按照顺序重组数据。

4. 确认号

该字段长度为32位，作用是确认已收到的数据。在TCP连接建立和断开阶段，被确认数据的序列号加1就构成确认号的数值，如被确认数据段的序列号为1117，那么接收方发送数据段时即将确认号的数值设置为1118，表示自己已经接收到对方之前发送的那个数据段。在发送数据阶段，被确认数据段的序列号加被确认数据长度即构成确认号的数值，如被确认数据段的序列号为1117，该数据长为810字节，那么接收方确认接收到该数据时，发送的数据段确认号即应为1927，这表示自己已经接收到对方之前发送的全部810字节的数据。

5. 首部长度

该字段的作用是标识TCP首部的总长度。该字段长为4位，单位为4字节。这个字段能够表达的最大字节数是60。图6-8中所示TCP的首部为20字节，因此数据偏移字段可以设置为5。反之，如果该字段的值为5，那么说明从TCP包的开始到20字节为止都是TCP首部，余下的部分为TCP数据。

6. 未使用

该字段长为6位，目前未定义具体功能。

7. 控制字段

该字段长为8位，每一位从左至右分别为CWR、ECE、URG、ACK、PSH、RST、SYN、FIN。这些控制标志也叫作控制位。当它们对应位的值为1时，具体含义如图6-8所示。

0–3	4–7	8	9	10	11	12	13	14	15(位)
首部长度	保留	CWR	ECE	URG	ACK	PSH	RST	SYN	FIN

图6-8 TCP首部封装格式中控制字段定义

对图6-9中各字段说明如下：

➢ CWR(Congestion Window Reduced)：CWR标志与后面的ECE标志都用于IP

首部的 ECN 字段，CWR 标志为 1 时，通知对方已将拥塞窗口缩小。

- ECE(ECE-Echo)：该位为 1 时会通知通信对方，从对方到这边的网络有拥塞。当收到数据包的 IP 首部中 ECN 为 1 时将 TCP 首部中的 ECE 设置为 1。
- URG(Urgent)：该位为 1 表示包中有需要紧急处理的数据。对于需要紧急处理的数据，会在后面的紧急指针中再进行解释。
- ACK(Acknowledgement)：该位为 1 时，确认应答的字段变为有效。TCP 规定除了最初建立连接时的 SYN 包之外，该位必须设置为 1。
- PSH(Push)：该位为 1 表示需要将收到的数据立刻传给上层应用协议；该位为 0 时，则不需要立即传而是先进行缓存。
- RST(Reset)：该位为 1 表示 TCP 连接中出现异常，必须强制断开连接。例如，一个没有被使用的端口即使向其发来连接请求，也无法进行通信。此时就可以返回一个 RST 设置为 1 的包。此外，在程序宕掉或者切断电源等原因导致主机重启的情况下，由于所有的连接信息全部被初始化，所以原有的 TCP 通信将不能继续进行。这种情况下，如果通信对方发送一个设置为 1 的 RST 包，则通信就会被强制断开连接。
- SYN(Synchronize)：该位用于建立连接。SYN 为 1 表示希望建立连接，并对其序列号的字段进行序列号初始值的设定。
- FIN(Fin)：该位为 1 表示今后不会再有数据发送，希望断开连接。当通信结束希望断开连接时，通信双方的主机之间就可以相互交换 FIN 位置 1 的 TCP 段，每个主机对对方的 FIN 包进行确认应答后就可以断开连接。不过，主机收到 FIN 设置为 1 的 TCP 段时不必马上回复一个 FIN 包，可以等到缓冲区中的数据都因已成功发送而被自动删除之后再回复。

8. 窗口大小

该字段用于实现流量控制和拥塞控制机制，用于控制发送方在等待确认之前可以发送的数据。标明滑动窗口的大小，表示自己还能接收多少字节的数据，通过滑动窗口这个字段来实现流量控制。用于通知从相同 TCP 首部的确认应答号所指位置开始能够接收的数据大小(8 字节)。TCP 不允许发送超过该字段所指定大小的数据。不过，窗口大小为 0 则表示接收方无法接收任何数据，但这时可以发送窗口探测，以帮助发送方了解接收方的窗口状态是否已恢复，窗口探针通常是一个大小为 1 字节的数据段。不过，某些系统(如，Linux)可能会发送一个大小为 0 字节的数据段。

■ 窗口大小与吞吐量

TCP 通信的最大吞吐量由窗口大小和往返时间决定。假定最大吞吐量为 T_{max}，窗口大小为 W，往返时间是 RTT，那么最大吞吐量如下：

$$T_{max}=\frac{W}{RTT}$$

假设窗口大小为 65 535 字节，RTT 为 0.1 s，那么最大吞吐量 T_{max} 为：

$$T_{\max}=\frac{65\ 535\text{ 字节}}{0.1\text{ s}}=\frac{65\ 535\times 8\text{ 位}}{0.1\text{ s}}=5\ 242\ 800\text{ bps}\approx 5.2\text{ Mbps}$$

以上结果表示一个 TCP 连接所能传输的最大吞吐量为 5.2 Mbps。如果建立两个以上连接同时进行传输，这个公式的计算结果则表示每个连接的最大吞吐量。也就是说，在 TCP 中，与其使用一个连接传输数据，使用多个连接传输数据会达到更高的网络吞吐量。在网络浏览器中一般会通过同时建立 4 个左右的连接来提高吞吐量。

9. 校验和

校验和用于校验整个 TCP 字段，包括 TCP 首部和 TCP 数据部分，若不一致则直接丢弃。TCP 的校验和与 UDP 的类似，区别在于 TCP 的校验和无法关闭，如图 6－9 所示。

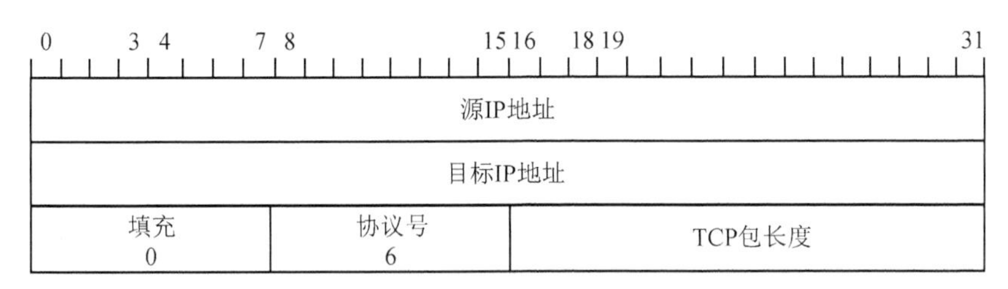

图 6－9 TCP 伪首部定义

TCP 与 UDP 一样，在计算校验和时使用 TCP 伪首部，如图 6－9 所示。为了让其全长为 16 位的整数倍，需要在数据部分的最后填充 0。首先将 TCP 校验和字段设置为 0，然后以 16 位为单位进行 1 的补码和计算，再将它们总和的 1 的补码和放入校验和字段。

接收端在收到 TCP 数据段以后，从 IP 首部获取 IP 地址信息来构造 TCP 伪首部，再进行校验和计算。由于校验和字段里保存着除本字段以外其他部分的和的补码值，因此如果计算校验和字段在内的所有数据的 16 位和以后，若得出的结果是“16 位全部为 1”，则说明所收到的数据是正确的。

10. 紧急指针

该字段为 16 位的正偏移量，指明紧急数据的长度。当 URG 位为 1 时这个字段有效，此时，从序列号开始到序列号加紧急指针之间的这段数据为紧急数据，需要立即处理。而从序列号加紧急指针后的数据开始则为正常数据。

11. 选项

选项字段用于提高 TCP 的传输性能。因为根据数据偏移（首部长度）进行控制，所以其长度最大为 40 字节。

另外，尽量将选项字段调整为 32 位的整数倍。具有代表性的选项如表 6－2 所列，我们从中挑一些重点进行讲解。

表 6-2 TCP 首部选项字段分类

类　型	长　度	意　义	RFC
0	—	选项列表结束(End of Option List)	RFC793
1	—	空操作(No-Operation)	RFC793
2	4	最大报文段长度(Maxinum Segment Size)	RFC793
3	3	窗口缩放选项(WSOPT-Window Scale)	RFC1323
4	2	允许选择性确认(SACK Permitted)	RFC2018
5	N	选择性确认(SACK)	RFC2018
8	10	TCP 时间戳选项(TSOPT-Time Stamp Option)	RFC1323
27	8	快速启动响应(Quick-Start Response)	RFC4782
28	4	用户超时选项(User Timeout Option)	RFC5482
29	—	TCP 身份验证选项(TCP Authentication Option(TCP-AO))	RFC5925
253	N	RFC3692 风格的实验 1(RFC3692-style Experiment 1)	RFC4727
254	N	RFC3692 风格的实验 1(RFC3692-style Experiment 2)	RFC4727

说明:RFC(Request for Comments)是互联网工程任务组(Internet Engineering Task Force,IETF)发布的正式文档,用于定义互联网协议、标准和技术规范。RFC 文档是互联网技术的基础,涵盖了从协议规范到最佳实践的各个方面。

类型 2(MSS)用于在建立连接时决定最大段长度的情况。该选项用于大部分操作系统。

类型 3(窗口扩大)是一个用来改善 TCP 吞吐量的选项。TCP 首部中窗口字段只有 16 位。因此在 TCP 包的往返时间(RTT)内,只能发送最大 64 KB 的数据。如果采用该选项,窗口的最大值可以扩展到 1 GB。因此,即使在一个 RTT 较长的网络环境中,也能达到较高的吞吐量。

类型 8(时间戳)用于高速通信中对序列号的管理。若要将几个 G 的数据高速转发到网络,32 位序列号的值可能会迅速使用完。在传输不稳定的网络环境下,就有可能在较晚的时间点收到散布在网络中的一个较早序列号的包。而如果接收端对新、老序列号产生混淆,就无法实现可靠传输。为了避免这个问题的发生,引入时间戳这个选项,它可以区分新老序列号。

类型 4 和 5 用于选择确认应答 SACK(Selective ACKnowledgement)。TCP 的确认应答一般只有 1 个数字,如果数据段总以“豁牙子状态”到达,则网络性能会受到严重影响。有了这个选项,就可以允许最大 4 次的“豁牙子状态”确认应答,因此,在避免无用重发的同时,还能提高重发的速度,从而提高网络的吞吐量。

从“原端口”到“紧急指针”的总长度一共为 20 字节,也就是 TCP 首部长度最短为 20 字节,后面还有一个长度可变的“选项”字段,该字段最长为 40 字节。因此,TCP 首部中用于标明“首部长度”的字段可标记的最大长度为60字节。

6.4.2 TCP数据报传输

TCP协议通过一系列的控制手段来实现高可靠的数据传输,下文进行详细说明。

TCP中,当发送端的数据到达接收端主机时,接收端主机会返回一个已收到消息的通知,这个消息叫作确认应答(ACK)。接收端如果认为数据有问题,可以返回一个否定确定应答(NACK)。图6-10展示了TCP确认应答ACK的应用。

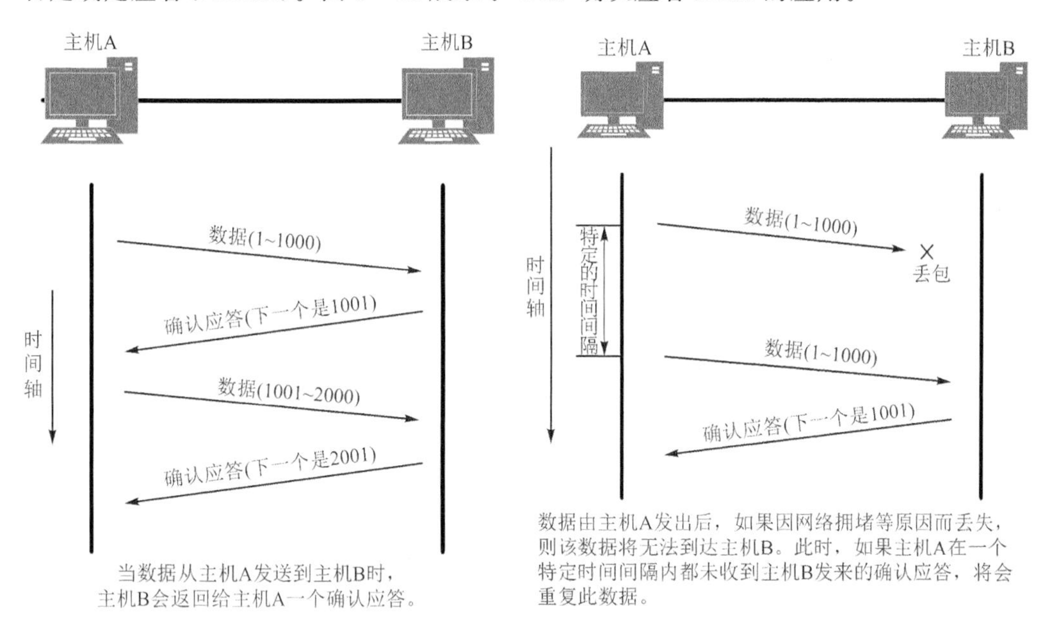

图6-10 TCP确认应答ACK的应用

为避免接收端对收到的重复数据进行处理,引入序列号。序列号是按顺序给发送数据的每个字节(8位)都标上号码的编号(序列号的初始值并非为0,而是随机数)。接收端查询接收数据TCP首部中的序列号和数据的长度,将自己下一步应该接收的序号作为确认应答返送回去。图6-11展示了TCP序列号的应用。

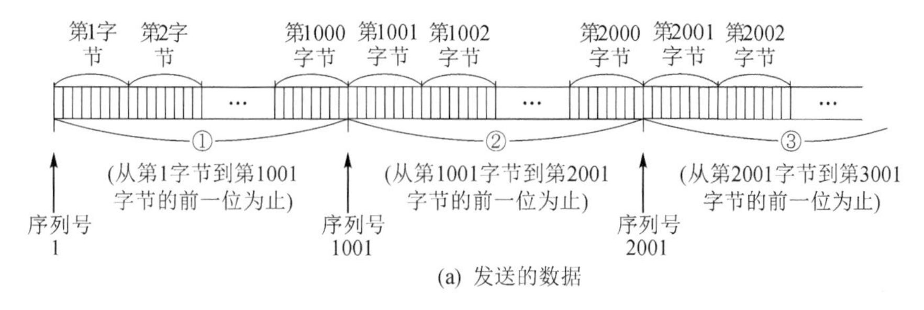

图6-11 TCP序列号的应用

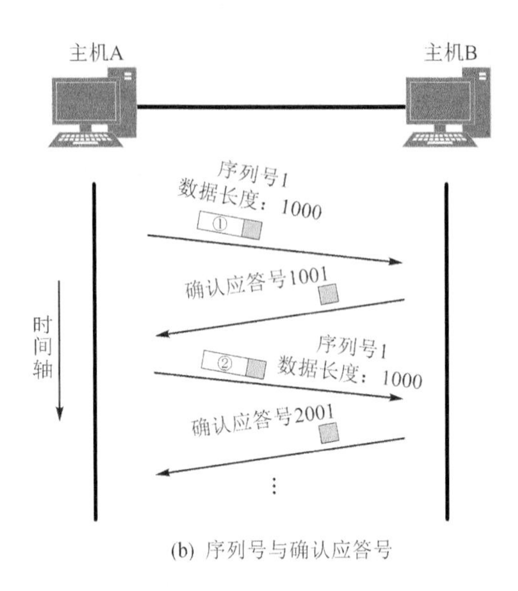

(b) 序列号与确认应答号

图 6－11　TCP 序列号的应用(续)

■ 重发超时如何确定

TCP 在每次发包时都会计算往返时间及其偏差。将这个往返时间和偏差相加，重发超时的时间就是比这个总和稍大一点的值。图 6－12 为 TCP 重复超时示意图。

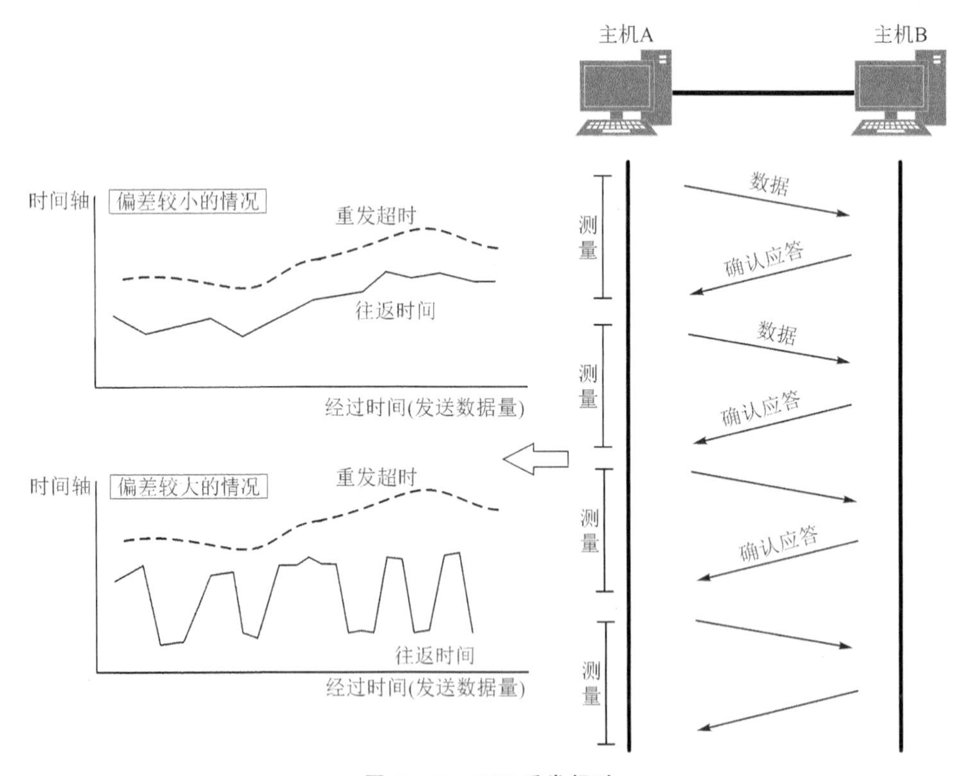

图 6－12　TCP 重发超时

在BSD的UNIX以及Windows系统中，超时都以0.5 s为单位进行控制，因此重发超时都是0.5 s的整数倍。由于最初的数据包还不知道往返时间，所以其重发超时一般设置为6 s左右。

重发数据之后若还是收不到确认应答，则再次发送。此时，等待确认应答的时间将会以2倍、4倍的指数函数延长。

此外，数据不会被无限地重发。达到一定重发次数之后，如果仍没有任何确认应答返回，就会判断为网络或对端主机发生异常，强制关闭连接，并且通知应用通信异常强行终止。

■ 连接管理

TCP会在进行数据通信之前，通过TCP首部发送一个SYN包作为建立连接的请求并等待确认应答。如果对端发来确认应答，则认为可以进行数据通信；如果对端的确认应答未能到达，就不会进行数据通信。此外，在通信结束时会进行断开连接的处理(FIN包)。

可以使用TCP首部用于控制的字段来管理TCP连接。建立和断开一个连接的正常过程至少需要来回发送7个包才能完成，如图6-13所示。

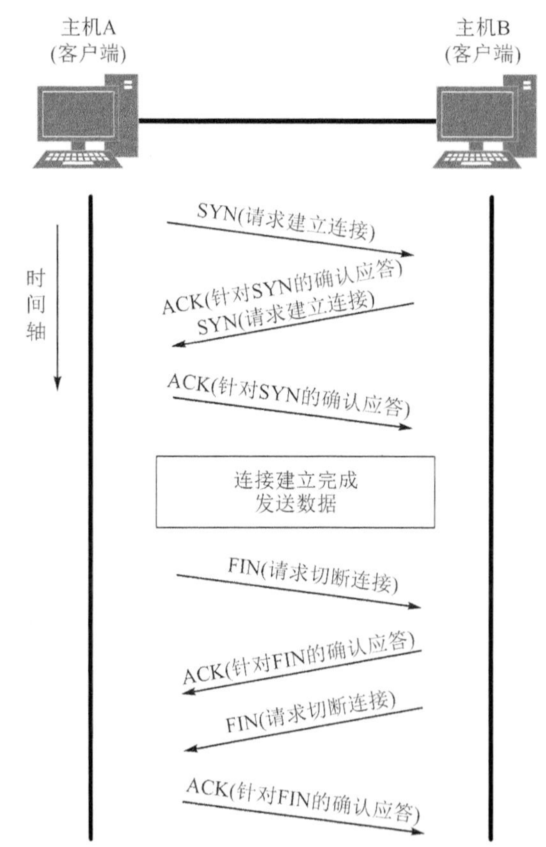

图6-13 TCP连接管理

■ TCP以段为单位发送数据

在建立TCP连接的同时，可以确定发送数据包的单位，称其为最大消息长度MSS(Maximum Segment Size)。TCP在传送大量数据时，以MSS为单位将数据进行分割发送。进行重发时也是以MSS为单位。

MSS是在3次握手时，在两端主机之间被计算得出的。两端的主机在发出建立连接请求时，会在TCP首部写入MSS选项，告诉对方自己的接口能够适应的MSS的大小；然后会在两者之间选择一个较小的作为MSS的值，如图6-14所示。

■ 利用窗口控制提高速度

TCP以1个段为单位，每发送一个段进行一次确认应答的处理，如图6-15所示。这样的传输方式有一个缺点：包的往返时间越长，网络的吞吐量越低，通信性能就越差。

为解决这个问题，TCP引入窗口这个概念，即使在往返时间较长的情况下，它也能

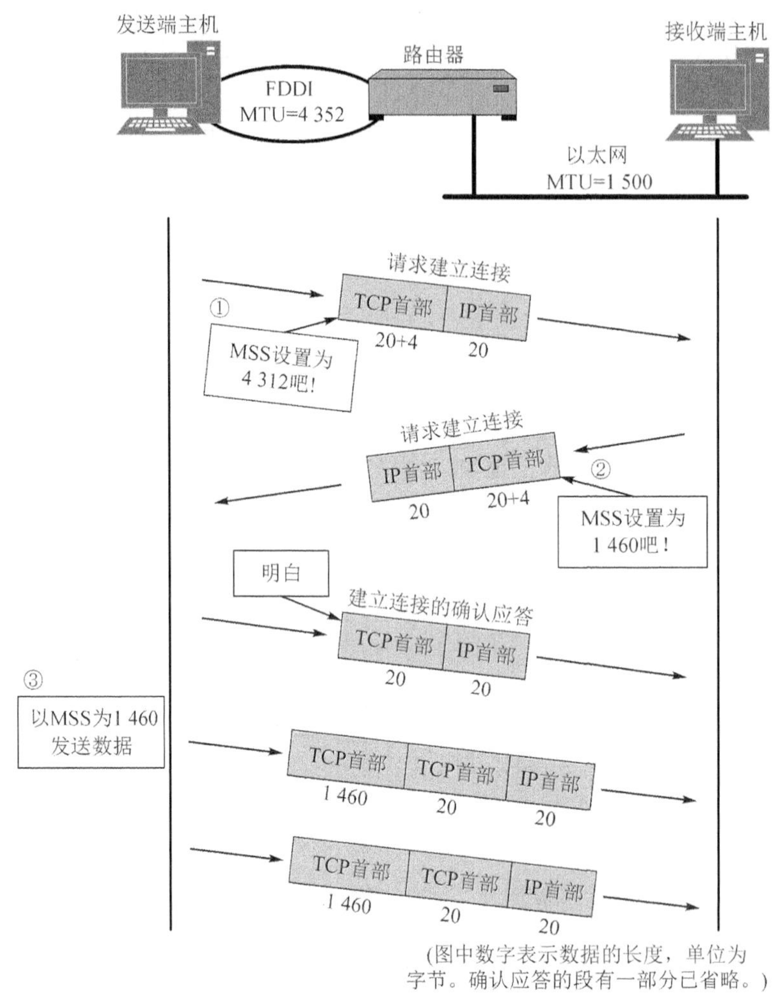

图 6-14　TCP 数据包发送时进行 MSS 设置

控制网络性能的下降。如图 6-16 所示，确认应答不再以每个分段为单位，而是以更大的单位进行确认，转发时间将被大幅度地缩短。

窗口的大小就是无需等待确认应答而可以继续发送数据的最大值。图 6-16 中窗口大小为 4 个段。

这个机制的实现使用了大量的缓冲区，通过对多个段同时进行确认应答来实现。

■ 窗口控制与重发控制

如图 6-17 所示，当某一报文段丢失后，发送端会一直收到序号为 1001 的确认应答，这个确认应答好像在提醒发送端“我想接收的是从 1001 开始的数据”。因此，在窗口比较大，又出现报文段丢失的情况下，同一个序号的确认应答会被重复不断地返回。

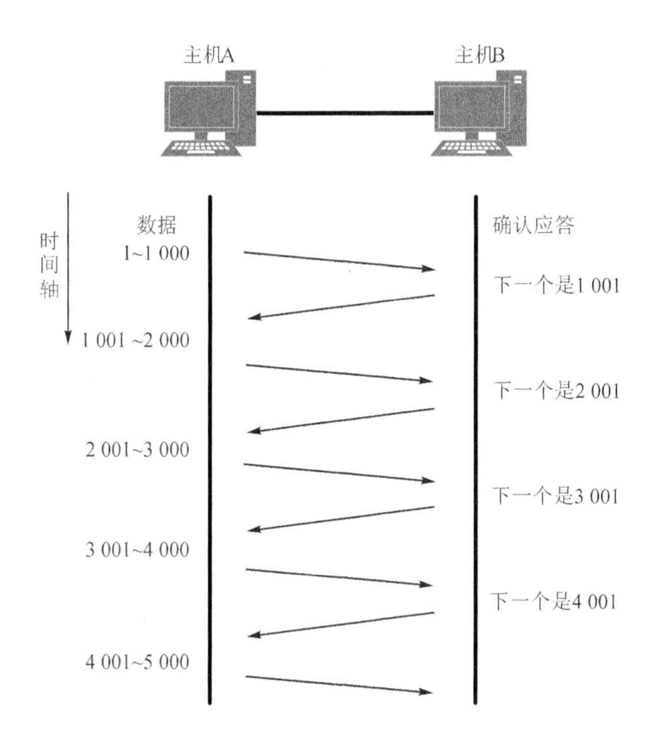

图 6-15　TCP 数据包发送确认应答

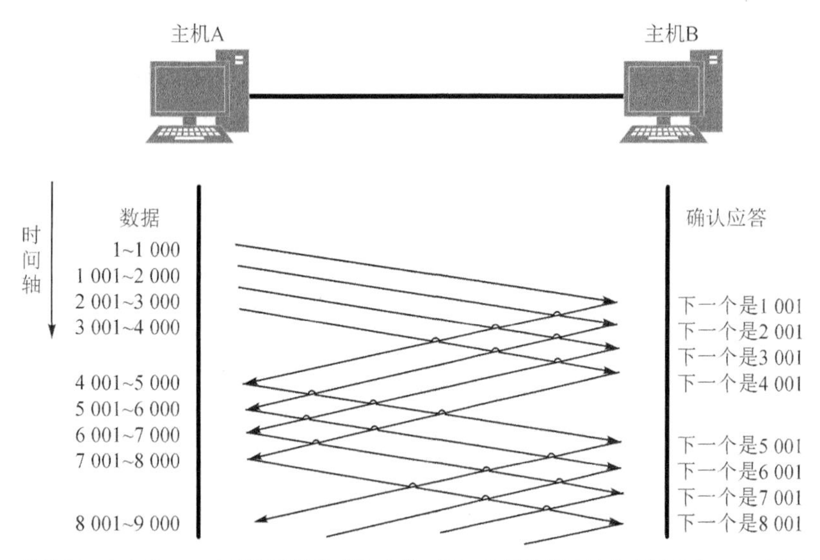

根据窗口大小为4 000字节时返回的确认应答，下一步就发送比这个值还要大4 000个序列号为止的数据。这与每个段接收确认应答以后再发送另一个新段的情况相比，即使往返时间变长也不会影响网络的吞吐量。

图 6-16　TCP 数据包发送窗口的应用

而发送端主机如果连续3次收到同一个确认应答，就会将其对应的数据进行重发。这种机制比之前提到的超时管理更加高效，因此也被称为高速重发控制。

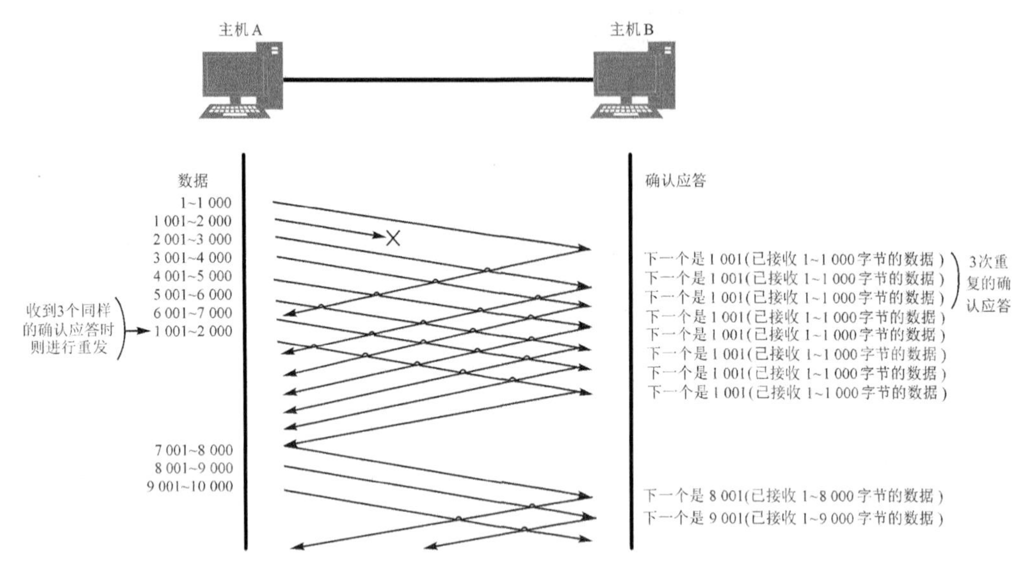

图6-17　TCP高速重发控制示例

■ 流控制

TCP提供一种机制可以让发送端根据接收端的实际接收能力控制发送的数据量。这就是所谓的流控制。具体操作是，接收端主机通知发送端主机自己可以接收数据的大小，于是发送端会发送不超过这个限度的数据。该大小限度就被称为窗口大小。

TCP首部中，专门有一个字段用来通知窗口大小，接收端主机将自己可以接收的缓冲区大小放入这个字段中通知给发送端。这个字段的值越大，说明网络的吞吐量越高。

不过，接收端的这个缓冲区一旦面临数据溢出，窗口大小的值就会随之被设置为一个更小的值通知给发送端，从而控制数据发送量。也就是说，发送端主机会根据接收端主机的提示，对发送数据的量进行控制。

图6-18所示为TCP协议流量控制应用示例。

图6-18中，当接收端收到从3 001号开始的数据段后其缓冲区即满，不得不暂时停止接收数据。在收到发送窗口更新通知后通信才得以继续进行。如果这个窗口的更新通知在传送途中丢失，可能导致无法继续通信。为避免此类问题发生，发送端主机会时不时地发送一个叫作窗口探测的数据段，此数据段仅含1字节以获取最新的窗口大小信息。

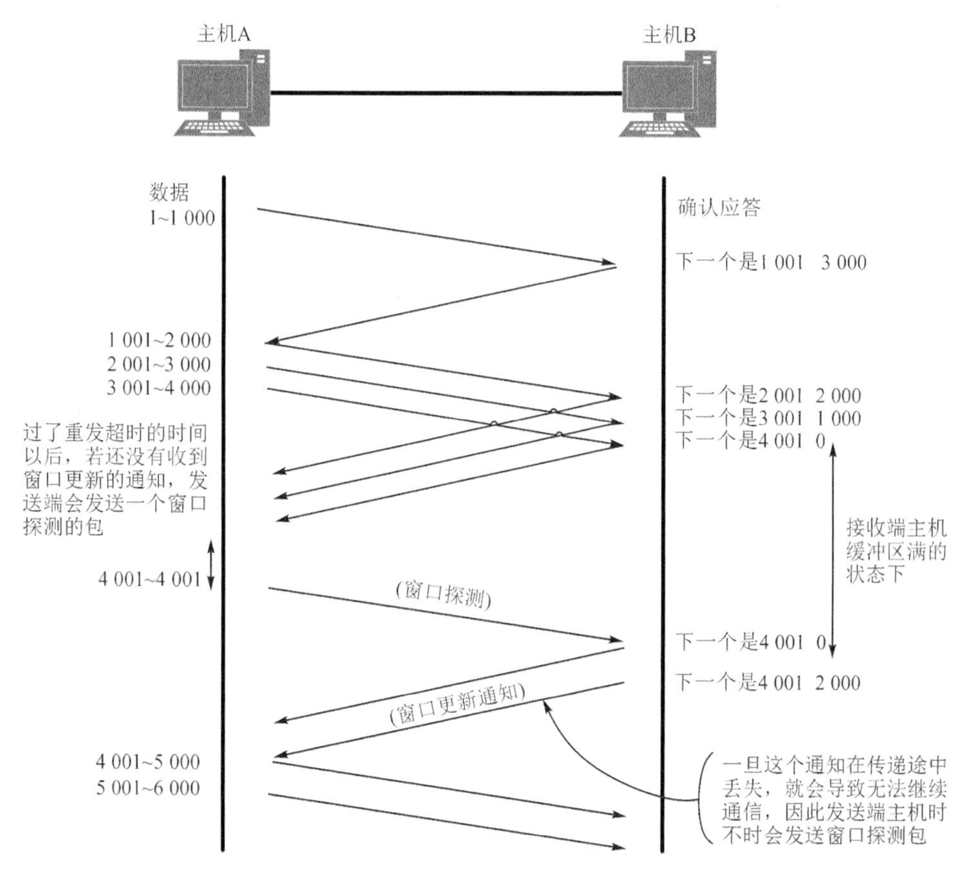

图 6-18 TCP 协议流量控制应用示例

■ 拥塞控制

在网络拥堵时，如果突然发送一个较大量的数据，极有可能导致整个网络瘫痪。为了防止该问题出现，TCP 在通信一开始就会通过一个叫作慢启动的算法得出的数值，对发送数据量进行控制。图 6-19 为 TCP 拥塞控制的应用示例。

首先，为了在发送端调节所要发送数据的量，定义一个"拥塞窗口"。于是在慢启动时，将这个拥塞窗口的大小设置为 1 个数据段(1 MSS)来发送数据。之后每收到一次确认应答(ACK)，拥塞窗口的值就加 1。在发送数据包时，将拥塞窗口的大小与接收端主机通知的窗口大小做比较，然后按照它们当中较小那个值，发送比其还要小的数据量。

如果重发采用超时机制，那么拥塞窗口的初始值可以设置为 1 个数据段，以后再进行慢启动修正。有了上述这种机制，就可以有效地减少通信开始时连续发包导致的网络拥堵，还可以避免网络拥塞情况的发生。

不过，随着包的往返次数的增加，拥塞窗口的大小也会以 1、2、4 等指数函数增长，

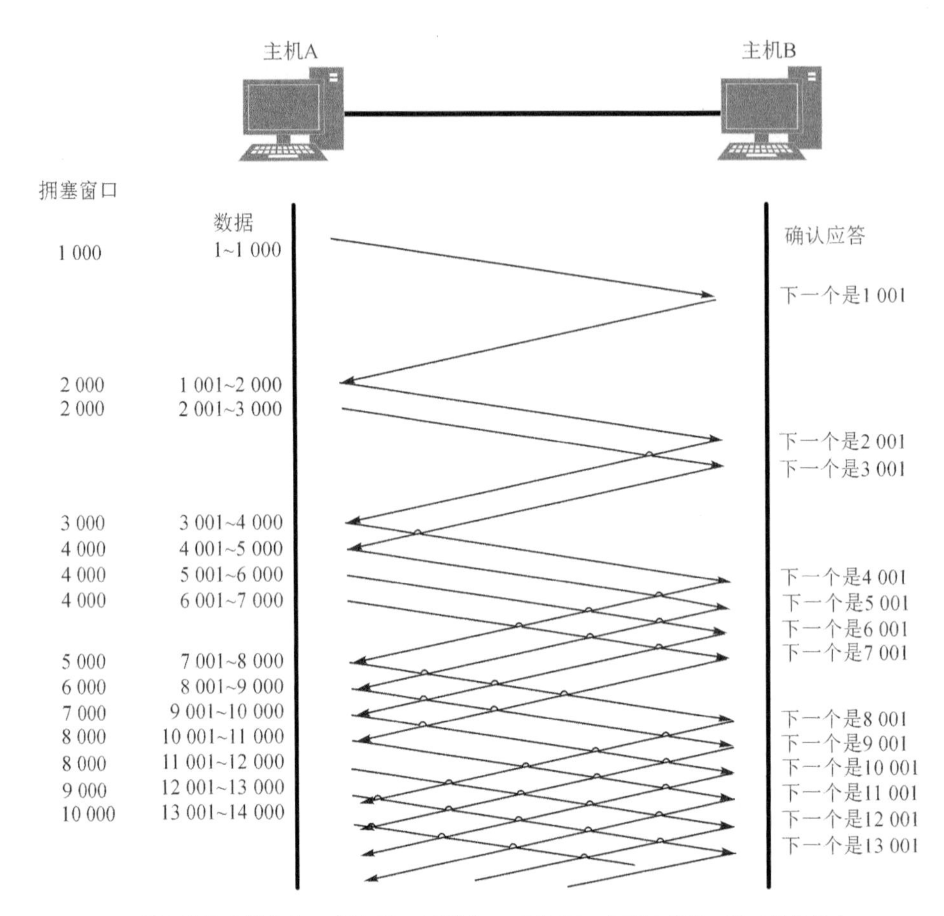

最初将发送端的窗口(拥塞窗口)设置为1。每收到一个确认应答，窗口的值就会增加1个段(图中所示为没有延迟确认应答的情况，因此与实际情况有所不同。)

图 6－19　TCP 拥塞控制的应用示例

拥堵状况激增甚至导致网络拥塞发生。为了防止这些情况发生，引入慢启动阈值的概念。如果拥塞窗口的大小超出这个阈值，那么每收到一次确认应答，就只允许以下面这种比例放大拥塞窗口：

$$\frac{1\text{个数据段的字节数}}{\text{拥塞窗口(字节)}}+1\text{个数据段字节数}$$

拥塞窗口越大，确认应答的数目也会越多。不过每收到一个确认应答，其涨幅就会减少，甚至小过比一个数据段还要小的字节数。因此，拥塞窗口的大小会呈直线上升趋势。

TCP 在通信开始时，并没有设置相应的慢启动阈值。而是在超时重发时，才将其设置为当前拥塞窗口大小的一半，如图 6－20 所示。

由重复确认应答而触发的高速重发与超时重发的处理多少有些不同。前者要求至少 3 次确认应答数据段到达对方主机后才会触发，相比后者网络的拥堵要轻一些。

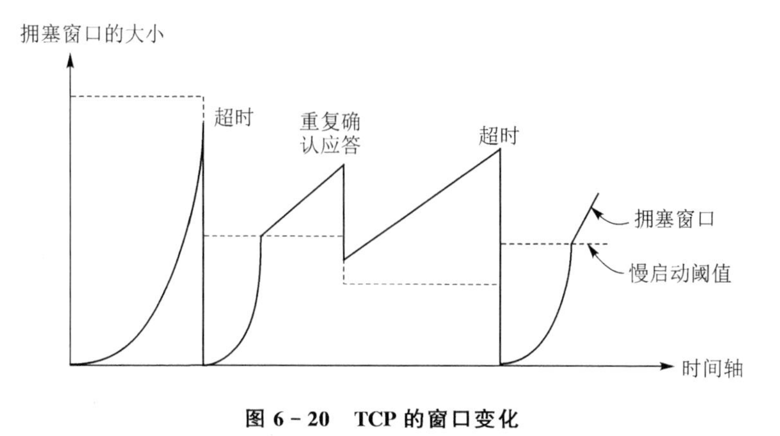

图 6-20 TCP 的窗口变化

6.5 UDP-Lite

UDP-Lite(Lightweight User Datagram Protocol,轻量级用户数据报协议)是扩展UDP机能的一种传输层协议。在基于UDP的通信当中,如果校验和出现错误,所收到的包将被全部丢弃。然而,现实操作中,有些应用(比如图像和音频数据格式的应用)在这种情况下并不希望把已经收到的所有包丢弃。

如果将UDP中校验和设置为无效,那么即使数据的一部分发生错误也不会将整个包废弃。但这不是一个很好的方法,因为发生的错误有可能是UDP首部中的端口号被破坏或是IP首部中的IP地址被破坏,这样就会产生严重后果,因此不建议将校验和关闭。

UDP-Lite提供与UDP几乎相同的功能,但计算校验和的范围可以由应用自行决定。这个范围可以是包加上伪首部的校验和计算,可以是首部与伪首部的校验和计算,也可以是首部、伪首部与数据从起始到中间某个位置的校验和计算。有了这样的机制,就可以只针对不允许发生错误的部分进行校验和的检查。

6.6 SCTP

SCTP(Stream Control Transmission Protocol,流控制传输协议)与TCP一样,都是一种提供数据到达与否相关可靠性检查的传输层协议,其主要特点是:

- 以消息为单位收发:在TCP中接收端并不知道发送端应用所决定的消息大小,在SCTP中却可以。
- 支持多重宿主:在有多个NIC的主机中,即使其中能够使用的NIC发生变化,也仍然可以继续通信。

- 支持多数据流通信：在 TCP 中建立多个连接以后才能进行通信，在 SCTP 中建立一个连接就可以。
- 可以定义消息的生存期限：超过生存期限的消息不会被重发。

SCTP 主要用于进行通信的应用之间发送众多较小消息的情况。这些较小的应用消息被称为数据块(Chunk)，多个数据块组成一个数据包。

此外，SCTP 具有支持多重宿主以及设定多个 IP 地址的特点。多重宿主是指同一台主机具备多种网络的接口。例如：笔记本电脑既可以连接以太网又可以连接无线 LAN。

同时使用以太网和无线 LAN 时，各自的 NIC 会获取到不同的 IP 地址。在进行 TCP 通信时，如果开始时使用的是以太网，而后又切换为无线 LAN，那么连接将会被断开，因为从 SYN 到 FIN 包必须使用同一个 IP 地址。

然而在 SCTP 的情况下，由于可以管理多个 IP 地址使其同时进行通信，所以即使出现通信过程中以太网与无线 LAN 之间的切换，通信也能保持不中断。因此 SCTP 可以为具备多个 NIC 的主机提供更可靠的传输。

6.7 DCCP

DCCP(Datagram Congestion Control Protocol，数据报拥塞控制协议)是一个辅助 UDP 的崭新的传输层协议。UDP 没有拥塞控制机制。为此，当应用使用 UDP 发送大量数据包时极容易出现问题。互联网中的通信即使使用 UDP 也应该控制拥塞。而这个机制开发人员很难将其融合至协议中，于是便出现了 DCCP。

DCCP 具有如下几个特点：

- 与 UDP 一样，不能提供发送数据的可靠性传输。
- 面向连接，具备建立连接与断开连接的处理机制，在建立和断开连接上具有可靠性。
- 能够根据网络拥堵情况进行拥塞控制。使用 DCCP 的应用可以根据自身特点选择两种方法进行拥塞控制，分别是“类似 TCP(TCP-Like)拥塞控制”和“TCP 友好升级控制(TCP-Friendly Rate Control)”。
- 为了进行拥塞控制，接收端收到包以后返回确认应答(ACK)，该确认应答将被用于重发与否的判断。

第 7 章　组　播

7.1　IP 组播的基本概念

7.1.1　组播的优缺点

传统的网络通信有两种方式，第一种是源主机和目标主机两台主机之间进行的“一对一”的通信方式，即单播（Unicast）；第二种是一台源主机与网络中所有其他主机之间进行的通信，即广播（Broadcast）。要将信息从源主机发送到网络中的多个目标主机，要么采用广播方式，这样网络中所有主机都会收到信息；要么采用单播方式，由源主机分别向各个不同目标主机发送信息。在广播方式下，信息会发送到不需要该信息的主机从而浪费带宽资源，甚至引起广播风暴；而在单播方式下，数据包被多次重复发送而浪费带宽资源，同时源主机的负荷会因为多次数据复制而加大。因此，单播方式与广播方式对于多点发送都有缺陷。

在此情况下，组播技术就应运而生了。

组播又称多目标广播、多播，是网络中使用的一种传输方式。它允许把所发送消息传送给所有可能目的地中的一个经过选择的子集，即向明确指出的多种地址传送信息。组播是一种在一个发送者和多个接收者之间进行通信的方法。

1985 年 9 月，Steve Deering 与其导师提出了支持 IP 组播的扩展模型，明确了 Internet 组管理协议 IGMP（Internet Group Management Protocol）的概念。同年 12 月，Steve 将此概念提交给了 IETF（Internet Engineering Task Force，国际互联网工程任务组），而后经过两次更新该组播模型。1989 年 8 月，RFC1112 作为 IGMPv1 的规范被广泛接受，这是组播发展历程中的一个重要里程碑。

图 7－1 所示为“一对多”单播传输示意图。在单播通信中，每一个数据包都有确定的目标 IP 地址。对于同一份数据，如果存在多个接收者，服务器需要发送与接收者数目相同的单播数据包。当接收者增加到成百上千时，服务器创建相同数据和发送多份相同数据拷贝后所产生的消耗将大大加重，网络中的设备性能及链路带宽都会面临一定程度的浪费。

图 7－2 所示为“一对多”组播传输示意图。组播（Multicast）非常适合“一对多”的模型。只有加入到特定组播组的成员，才会收到组播数据。当存在多个组播组成员时，源无需发送多个数据拷贝，仅需发送一份即可，组播网络设备（运行组播路由协议的网

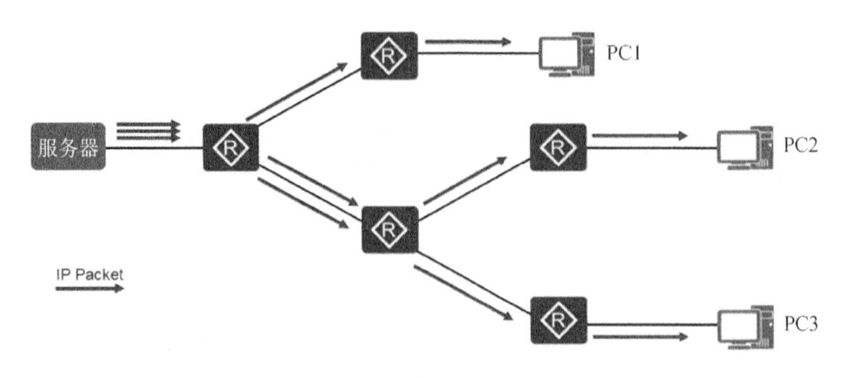

图 7－1 “一对多”单播传输示意图

络设备)会根据实际需要转发或拷贝组播数据。数据流只发送给加入该组播组的接收者(组成员),而不需要该数据的设备不会收到该组播流量。相同的组播报文在一段链路上仅有一份数据,这大大提高了网络资源的利用率。

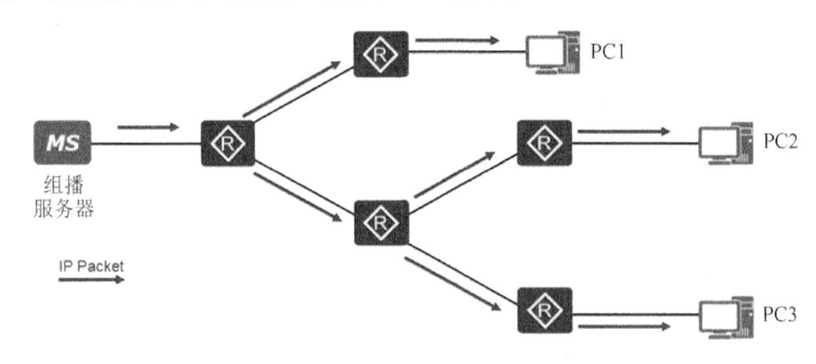

图 7－2 “一对多”组播传输示意图

组播的优势:

➢ 提高效率:减少网络流量,减轻硬件负荷;
➢ 优化性能:减少冗余流量,节约网络带宽,降低网络负荷;
➢ 分布式应用:使多点应用成为可能。

组播的劣势:

➢ 组播是基于 UDP 的,采用尽力而为的传输方式;
➢ 没有拥塞避免机制(TCP 有);
➢ 可能出现报文重复的现象;
➢ 可能出现报文失序的现象。

7.1.2 组播 IP 地址

在 IPv4 地址空间中,D 类地址(224.0.0.0/4)用于组播。组播 IP 地址代表一个接收者的集合,如图 7－3 所示。

224.0.0.0~224.0.0.255	永久组地址。该类组播地址只能在本地链路工作，IANA组织将这些地址保留以用于特殊用途。几个典型的例子： 224.0.0.1：所有节点(包括主机和路由器) 224.0.0.2：所有路由器 224.0.0.3：没有分配 224.0.0.4：DVMRP路由器 224.0.0.5：OSPF路由器 224.0.0.6：OSPF 指定路由器(DR) 224.0.0.7：ST路由器 224.0.0.8：ST主机 224.0.0.9：RIP2路由器 224.0.0.10：IGRP路由器 224.0.0.12：DHCP服务器/中继代理 224.0.0.13：所有PIM路由器 224.0.0.15：所有CBT路由器 224.0.0.18：VRRP ⋮
224.0.1.0~238.255.255.255	用户组地址。这种类型的组播地址全局有效。在该地址范围内，IANA还做了进一步的范围细化，其中两类值得关注的地址范围为SSM组地址及GLOP组地址
232.0.0.0~232.255.255.255	SSM(Source Specific Multicast，特性源组播)组地址
239.0.0.0~239.255.255.255	本地管理组地址，该范围的地址类似于私有地址

图 7-3　组播 IP 地址

7.1.3　组播 MAC 地址

单播报文发送时，如果收发者和发送者位于同一个网段，则目标 MAC 地址即为目标 IP 单机的 MAC 地址；如果收发者和发送者中间经过路由器，那么目标 MAC 地址就是路由器网管 IP 所对应的 MAC 地址。

MAC 地址分为 3 种：单播 MAC、组播 MAC 和广播 MAC（目标地址全为 F）。组播 MAC 地址及其与组播 IP 地址的映射关系如图 7-4 和图 7-5 所示。

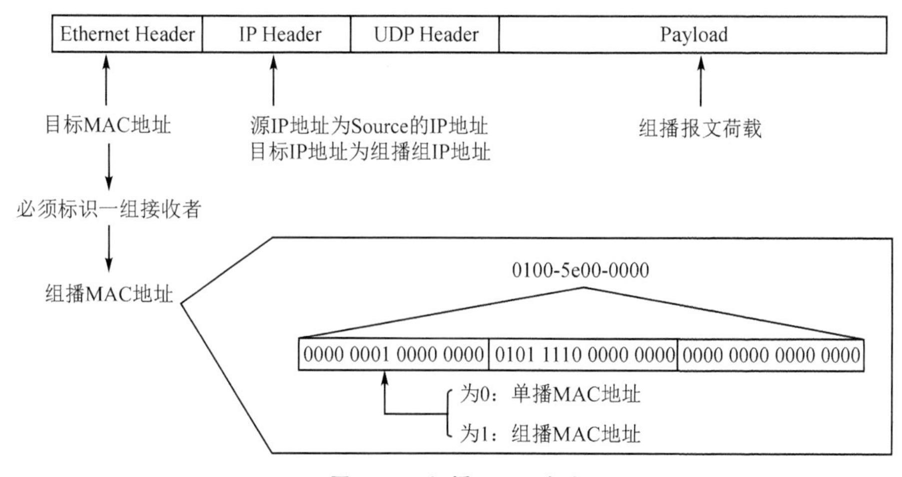

图 7-4　组播 MAC 地址

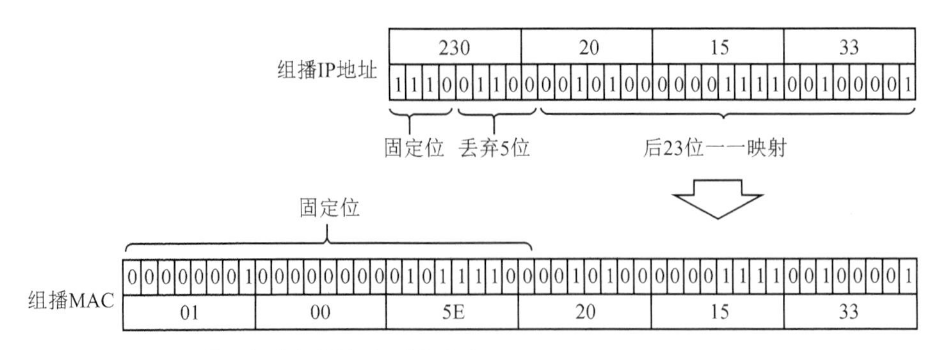

- 组播MAC，第一个8位组的最后一位恒定为1
- 单播MAC，第一个8位组的最后一位恒定为0
- 组播IP地址有5位被丢弃，因此组播IP与MAC的对应关系是32∶1

图 7-5 组播 MAC 地址与 IP 地址的映射

每 32 个组播 IP 可共用一个组播 MAC 地址。至于为什么会这样，这是有历史缘由的。IETF（国际互联网工程任务组）认为同一个局域网中两个或多个组地址生成相同的 MAC 地址的几率非常低，不会造成太大的影响。

7.2 组播路由协议

7.2.1 概 述

组播流量与单播流量不同，组播流量发往一组接收者，如果网络中有环路存在，那么问题比单播环路要严重得多。因此所有组播路由器必须知道组播的源，也必须把组播数据包从源（来的方向）向目标转发。

为了保证数据从上游转发到下游，每一个组播路由器都要维护一个组播路由表。

单播路由协议确认去往某个目标的最短（最优）路径，它不会关心数据的源；而组播路由协议必须判断上游接口（离源更近的接口），如图 7-6 所示。

组播路由协议的主要功能如下：

- 在接收组播报文时，判断该报文是否到达正确的接口，从而确保组播数据转发的无环化；
- 在网络中建立一棵组播分发树（组播流量转发的路径树 SPT）；
- 组播分发树体现在每一台组播路由器上便是（S，G）或（ * ，G）的组播转发表项。

PIM（Protocol Independent Multicast）称为协议无关组播。这里的协议无关指的是与单播路由协议无关，即 PIM 不需要维护专门的单播路由信息。作为组播路由解决方案，它直接利用单播路由表的路由信息，对组播报文执行 RPF（Reverse Path Forwarding，逆向路径转发）检查，检查通过后创建组播路由表项，从而转发组播报文。

PIM 路由表项是通过 PIM 协议建立的组播路由表项。PIM 网络中存在两种路由

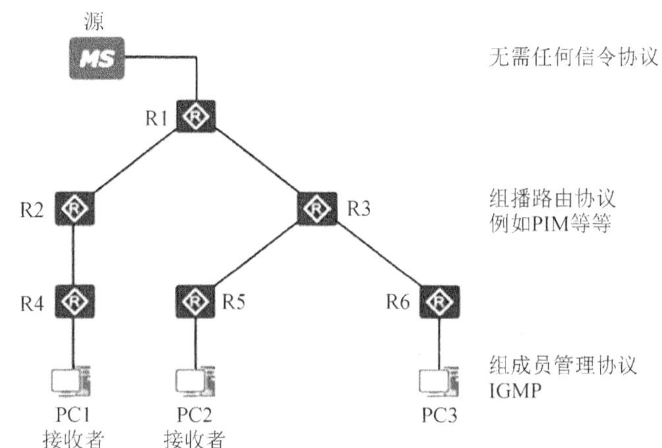
源
MS
无需任何信令协议
R1
R2
R3
组播路由协议
例如PIM等等
• 组播路由器把数据拷贝并转发给需要该数据或存在组播接收者的网络分支。
• 组播流量的转发路径如何确定?
• 如何确保流量只被转发到正确的分支?
• 如何防止组播流量转发不会出现环路?
R4
R5
R6
组成员管理协议
IGMP
PC1
接收者
PC2
接收者
PC3

图 7-6 组播路由协议

表项:(S,G)路由表项或(*,G)路由表项。S 表示组播源,G 表示组播组,* 表示任意。

- (S,G)路由表项知道组播源 S 的位置,主要用于在 PIM 路由器上建立 SPT。该路由表项对于 PIM-DM 网络和 PIM-SM 网络适用。
- (*,G)路由表项只知道组播组 G 的存在,主要用于在 PIM 路由器上建立 RPT。该路由表项对于 PIM-SM 网络和双向 PIM 网络适用。

PIM 路由器中可能同时存在两种路由表项。当收到源地址为 S、组地址为 G 的组播报文,且通过 RPF 检查时,按照如下规则转发:

- 如果存在(S,G)路由表项,则由(S,G)路由表项指导报文转发。
- 如果不存在(S,G)路由表项,只存在(*,G)路由表项,则先依照(*,G)路由表项创建(S,G)路由表项,再由(S,G)路由表项指导报文转发。

7.2.2 组播分发树

在一个组播网络中,组播路由协议最重要的工作之一就是为组播网络生成一棵无环的树,这棵树也是组播流量在网络中的传输路径,我们称之为组播分发树(Multicast Distribution Tree),简称为组播树。常用的组播分发树有 SPT 和 RPT 两种。

SPT(Shortest-Path,最短路径树)也称为源树,是以组播源为树根的组播分发树,源树的分支形成通过网络到达接收者所在分支的分支树,如图 7-7 所示。因为源树适用最短的、从源起始贯穿网络到达组播接收者的路径,所以又叫最短路径树。

SPT 同时适用于 PIM-DM 网络和 PIM-SM 网络。

RPT(Rendezvous Point Tree,共享树)与源树适用组播源作为根不同,共享树使用 RP(Rendezvous Point)作为汇聚点,如图 7-8 所示。RP 可理解为一个汇聚点的概念,在一个典型的组播网络中,RP 通常是一台性能较好的网络设备。

多个组播组可以共用一个 RP,期望接收组播流量的路由器通过组播协议在自己与 RP 之间建立一条 RPT 的分支。组播流量首先需要从源发送到 RP,然后再由 RP

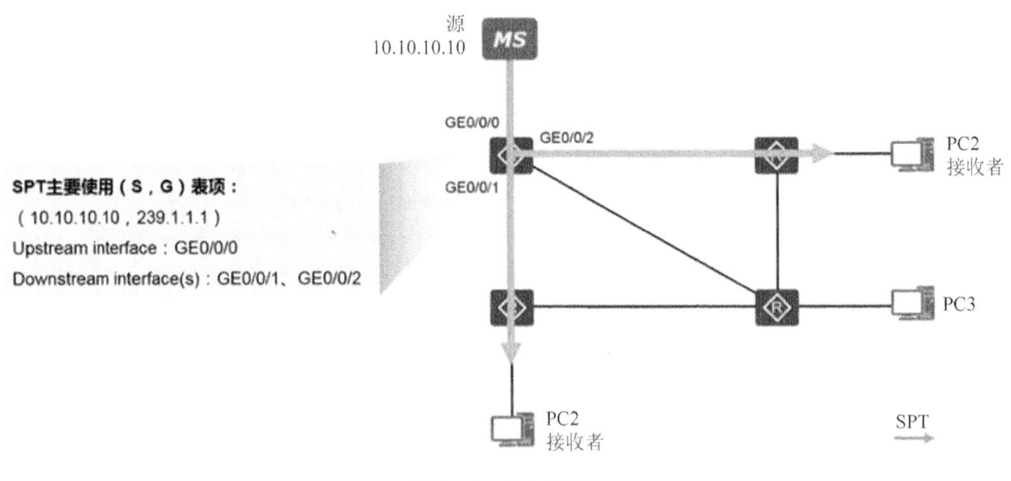

图 7－7　源树 SPT

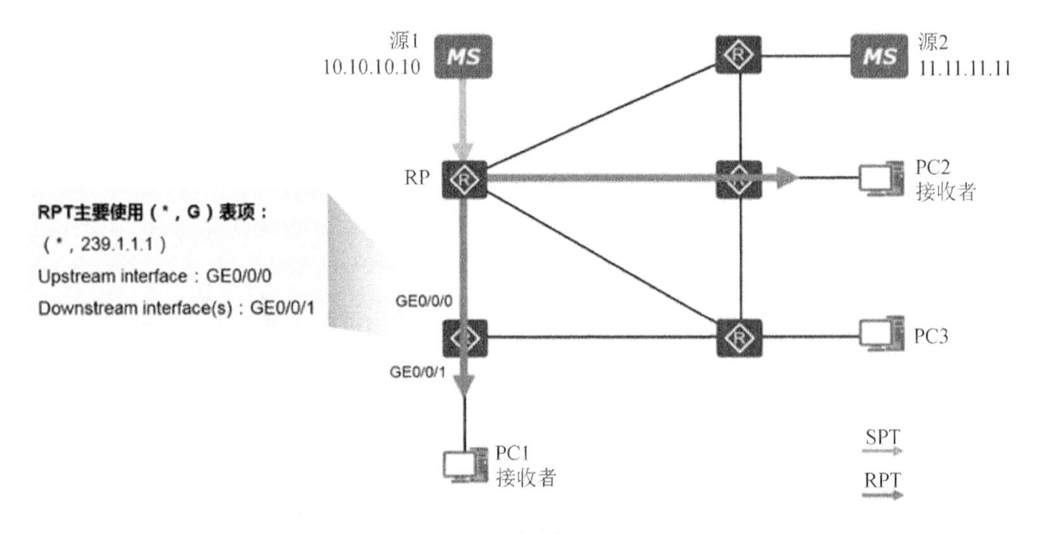

图 7－8　共享树 RPT

将组播流量转发下来，组播流量顺着 RPT 最终到达各个接收者所在的终端网络。

RPT 适用于 PIM-SM 网络和双向 PIM 网络。

在组播网络中，如果组播报文出现转发环路，其比单播报文的转发环路的危害要大得多。路由器在转发一个组播报文时，除了会关注报文得目标地址，还会特别关心该报文的源地址。组播路由器通过 RPF(Reverse Path Forwarding，反向路径转发)机制来实现组播数据转发的无环化。

RPF 机制确保组播数据从正确的接口被收到，只有通过 RPF 检查的组播数据才会被路由器沿着组播树进行转发。如果组播数据从错误的接口被收到，路由器将丢弃这些报文。这里所谓正确的接口，其实就是 RPF 接口(通过 RPF 检查的接口)，也就是我们经常说的上游接口。一种常见的情况是，设备借助其单播路由表来实现 RPF

检查。

RPF 工作原理如图 7-9 所示，R1 在其 GE0/0/0 及 GE0/0/1 两个接口上都收到源发送过来的组播流量。R1 在其单播路由表中查询到达源(11.6.3.2)的路由，根据该路由的出接口判断组播报文的合法性。由于 R1 到达源的本地出接口为 GE0/0/0，因此在这个接口上到达的组播流量通过 RPF 检查；反之在 GE0/0/1 接口上到达的组播流量则不能通过 RPF 检查，从而被 R1 丢弃。

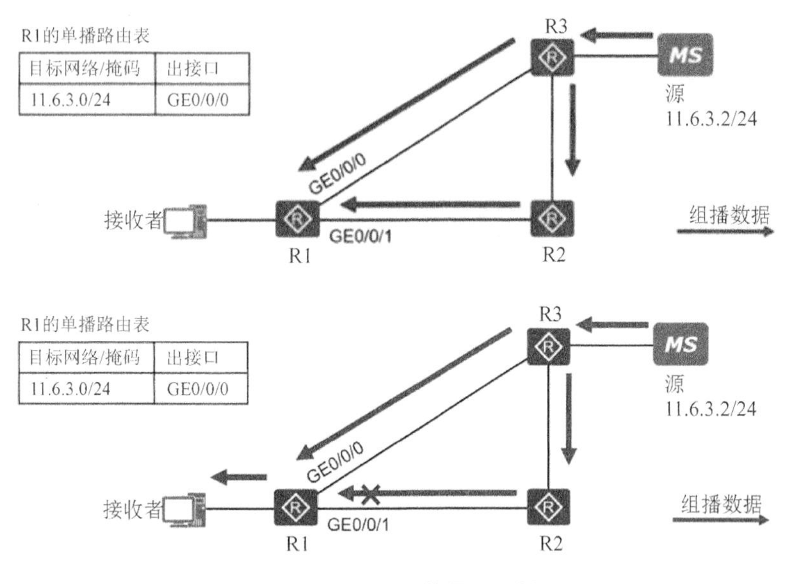

图 7-9 RPF 工作原理示例

7.2.3 组播路由协议分类

组播路由协议主要分为密集模式协议 PIM-DM(Protocol Independent Multicast-Dense Mode)和稀疏模式协议 PIM-SM(Protocol Independent Multicast-Sparse Mode)。

密集模式协议(PIM-DM)使用"推(Push)"模式转发组播报文，一般应用于组播组成员规模相对较小、相对密集的网络。Push 方式假设网络中每个子网至少有一个(S,G)组播组的接收者，因此组播数据被推送到网络的各个角落，然后再进行剪枝操作，不需要组播流量的路由器将自己从组播分发树上修剪掉。

PIM-DM 协议的初始组播流量会被扩散到全网各个角落。即使不存在组播组成员的分支也会收到组播流量。如图 7-10 所示，每一台组播路由器都会在其组播路由器表中创建(S,G)表项，假设组播源 10.1.1.1 向 239.1.1.1 组播组发送流量，则表项为(10.1.1.1,239.1.1.1)。

如图 7-11 所示，不需要(10.1.1.1,239.1.1.1)组播流量的分支，使用 PIM Prune 报文将自己从组播分支树上剪除。上游的路由器收到下游设备发送过来的 Prune 报文，则将接收该报文的接口从(10.1.1.1,239.1.1.1)表项的出接口列表中移除。

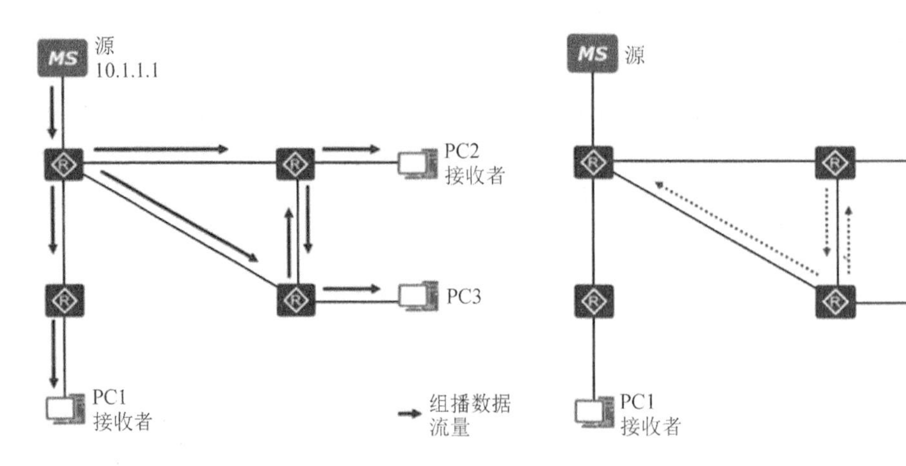

图 7-10　PIM-DM 协议扩散与剪枝的初始组播流量扩散到全网各个角落

图 7-11　PIM-DM 协议剪枝操作

网络收敛完成后，SPT 稳定下来，如图 7-12 所示，组播流量将沿着 SPT 源源不断地从组播源转发到接收者，不需要该组播流量的路由器周期性地向上游发送 Prune 报文。

当原先不在 SPT 上的网络分支出现接收者，则最后一跳路由器向其上游邻居发送 PIM Graft（嫁报）报文，试图将自己嫁接到 SPT，如图 7-13 所示。

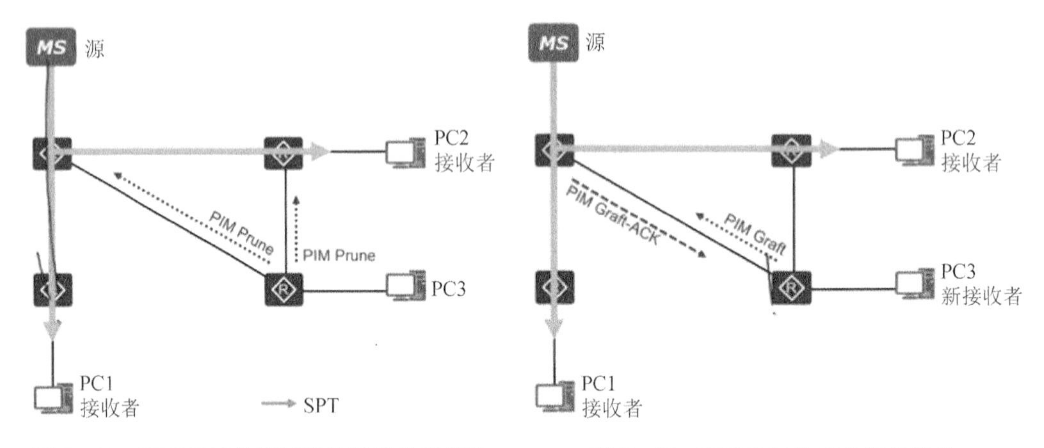

图 7-12　PIM-DM 协议网络收敛后的数据流

图 7-13　PIM-DM 协议的嫁接操作

稀疏模式协议使用“拉（Pull）”模式转发组播报文，而不是像密集模式协议那样强推。这种模式假定网络中没有设备需要组播数据，除非用显示的加入（Join）机制来申请。稀疏模式协议如图 7-14 所示。

网络中有一台重要的 PIM 路由器——汇聚点 RP（Rendezvous Point），可以为随时出现的组成员或组播源服务。当网络中出现组成员时，最后一跳路由器向 RP 发送 Join 报文，逐跳创建（*，G）表项，生成一棵以 RP 为根的 RPT。

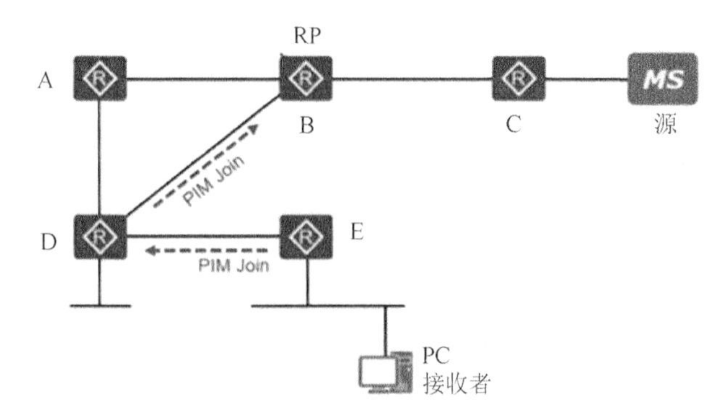

图 7-14 稀疏模式协议(PIM-SM)

7.3 IGMP

7.3.1 IGMP 简介及数据包类型

IGMP(Internet Group Manage Protocol,Internet 组管理协议)是负责 IPv4 组播成员注册管理的协议,用来在接收者和与其直接相连的组播路由器之间建立、维护组播成员关系,如图 7-15 所示。

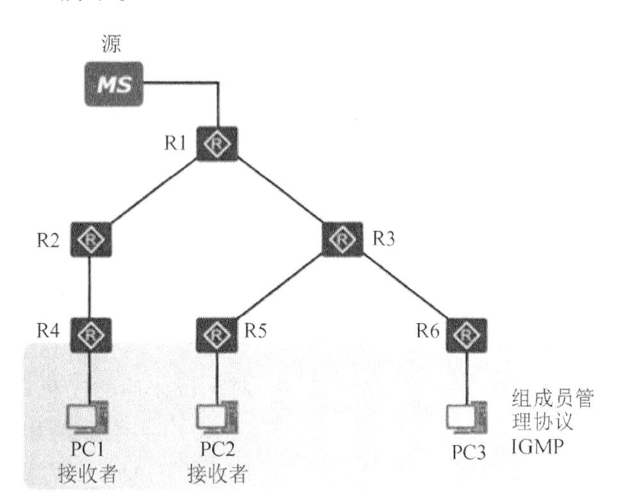

图 7-15 IGMP 协议

IGMP 用于主机(组播成员)和最后一跳路由器之间。主机使用 IGMP 报文向路由器申请加入和退出组播组。默认时路由器是不会向接口转发组播数据流的,除非该接口存在组成员。路由器通过 IGMP 查询网段上是否有组播组的成员。

IGMP 报文采用 IP 封装,协议号为 2,而且 TTL 字段值通常为 1。IGMP 有 3 个版本,目前用的比较多的是 IGMPv3(由 RFC 3376 定义)。下面先来讲解 V2。

IGMPv2 主要包括如下数据包:

- 普遍组查询(General Query):IGMP 查询器周期性地发送常规查询报文,对网络中的所有组播组进行查询。
- 特定组查询(Group-Specific Query):该查询报文面向特定的组播组,用于查询该组播组内是否存在成员。
- 成员关系报告(Membershio Report):主机向 IGMP 路由器发送的报告报文,用于申请加入某个组播组或者对查询报文进行应答。
- 成员离组报文(Leave):成员离开组播组时主动向 IGMP 路由器发送的报文,用于宣告自己离开了某个组播组。
- 版本 1 成员关系报告(Version1 Membership Report):用于兼容 IGMPv1。

IGMPv2 数据包格式如图 7-16 所示。

<table>
<tr><td>版本
(4位)</td><td>类型
(4位)</td><td>最大响应时间
(8位)</td><td>校验和
(16位)</td></tr>
<tr><td colspan="4">组播组地址(32位)</td></tr>
</table>

图 7-16　IGMPv2 数据包格式

对图 7-15 中相关字段说明如下:

- 类型:指示该报文的类型。
- 最大响应时间:只在查询报文中设置,在其他报文中为 0x00。该字段是主机用“成员关系报告报文”来响应该查询包的最长等待时间(单位是 s),默认为 10 s,可用 igmp max-response-time 修改。
- 组播组地址:
  - 在普遍组查询报文中,该字段为全 0;
  - 在特定组查询报文中,该字段设置为该组的组播地址;
  - 在成员关系报告或成员离组报文中,该字段设置为目标组播组地址。

1. 普遍组查询(General Query)

IGMP 查询器周期性地发送常规查询报文,对网段中所有主机进行查询,报文目标地址为 224.0.0.1。该查询面向所有组播组,报文中的“组播组地址”字段设置为 0.0.0.0。网段中的组成员收到查询报文后,需要回应 IGMP 成员关系报告。

如果一台组播路由器在 Multicast Listener Interval 超时(默认 2×60 s+10 s=130 s)前仍没有收到一个特定子网的成员关系报告消息,那么这个路由器将宣布这个子网中没有组员,不再向这个子网发送组播数据。

常规查询默认每隔 60 s 发送一次,可使用 igmp timer query 命令修改。

查询报文中包含“最大响应时间”,这个值告诉主机用 IGMP 成员关系报告回应这个查询的最长等待时间,默认为 10 s,可使用 igmp max-response-time 命令修改。

2. 特定组查询(Group-Specific Query)

当 IGMP 查询器收到某组播组的成员发出的 IGMP 离组报文时,路由器便会发送 IGMP 特定组查询报文,以确认该组播组内是否有其他成员存在。

特定组查询报文的目标地址为该发出 IGMP 离组报文的主机所在组播组的地址。

为了避免特定组查询报文被意外丢弃或被损坏而导致路由器误以为组播组内没有成员,查询路由器将缺省间隔 1 s 连续发送 2 个特定组查询报文。如果依然没有成员响应,则查询路由器认为该组播组内没有其他成员,它将会删除相关 IGMP 组表项。

3. 成员关系报告(Membershio Report)

主机通过 IGMP 成员关系报告报文宣布自己成为组播组的成员。该报文的目标 IP 地址为主机期望加入的组播组的地址。

IGMP 路由器通过该报文发现直连网段内的组成员。IGMP 成员关系报告也用于确认 IGMP 查询器所发送的查询报文。

4. 成员离组报文(Leave)

IGMPv1 并没有定义组成员的离组方式,组成员“默默地”离开组播组。IGMPv2 增加了组成员离组机制。当组成员离开组播组时,需向网络中泛洪 IGMP 离组报文,该报文的目标 IP 地址为 224.0.0.2。

IGMP 查询器收到一个离组报文时,会向这个组播组发送 IGMP 特定组查询报文,用于确认该组播组内是否存在其他组成员。如果组播组内还有其他组成员,则这些主机需要使用 IGMP 成员关系报告进行回应。如果一段时间后依然没有任何成员回应,则 IGMP 查询器认为该网段内不存在这个组播组的任何成员,于是将相关 IGMP 组表项删除。

7.3.2 IGMP 查询器

如果一个网段中有多台 IGMP 路由器,那么这些路由器都发送 IGMP 查询就显得非常多余且低效。因此,IGMP 会在这些路由器(的接口)中选举出一个 IGMP 查询器。

IGMPv2 定义了查询器的选举办法:IP 地址最小的路由器充当该网段的 IGMP 查询器,由它发送查询报文。在图 7-17 中,R1 的 GE0/0/0 接口地址比 R2 的 GE0/0/0 接口地址更小,因此它(的接口)成为该网段的 IGMP 查询器。

若非查询器(例如图 7-17 中 R2 的 GE0/0/0 接口)在“其他查询器存在定时器(Other Querier Present Timer)”计时器超时(默认 125 s)后依然没有收到查询器发送的 IGMP 查询报文,那么它会认为查询器已经发生故障,新一轮的查询器选举将会被触发。

R1 路由器的接口作为该网段的 IGMPv2 查询器,周期性地向网段中发送 IGMP 常规查询报文,以便了解该网段中组成员的在线情况。常规查询的发送周期由查询间隔 Query Interval 计时器所定义,缺省为 60 s,如图 7-18 所示。

如图 7-19 所示,PC1 和 PC3 会收到 IGMP 常规查询,随后会各自启动报告延迟

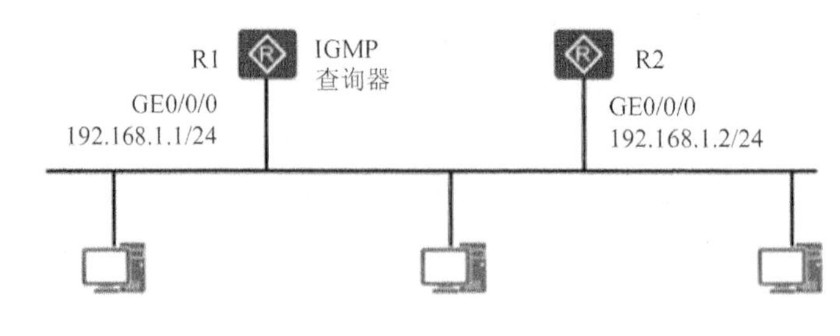

图 7-17　IGMP 查询器

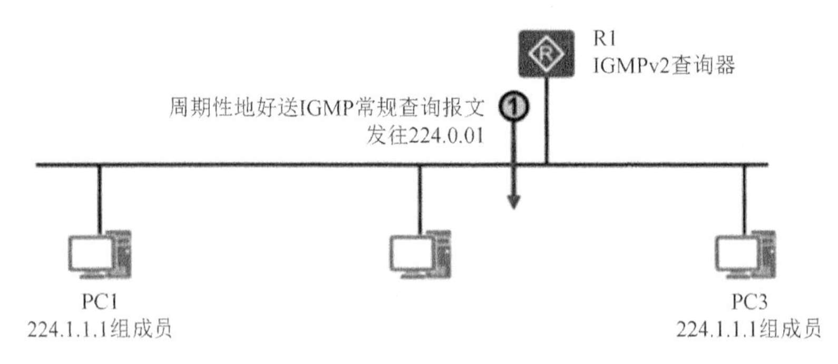

图 7-18　IGMPv2 常规查询

计时器。这个计时器由 PC 随机产生，时间是 0～10 s(10 s 是查询报文中最大响应时间所通告的值)之间的一个随机值，计时器超时后 PC 就会发送 IGMP 成员关系报告。

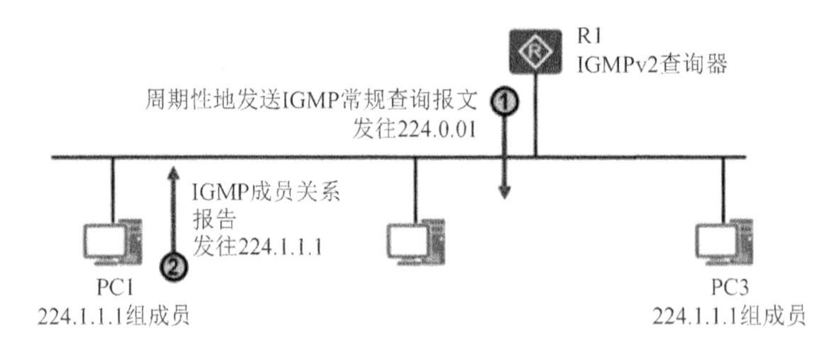

图 7-19　IGMPv2 常规查询的响应

如果在计时器超时期间，某台 PC 收到同一个组内其他 PC(如 PC1)发送的 IGMP 成员关系报告，则自己不再发送。这个 IGMP 成员关系报告的抑制机制可以减少网络的多余的 IGMP 报文数量。

假设在图 7-20 中，PC1 的报告延迟计时器率先超时，它会响应一个成员关系报告，以便通知 R1 组播组 224.1.1.1 内有自己这个成员存在。在 PC1 率先发送成员关系报告后，与 PC1 同在一个组播组的 PC3 也会收到该报告，它将抑制自己的成员关系报告(因为没有必要重复发送)。这样一来，若网段中一个组播组存在大量的接收者，则可以避免出现大量冗余的成员关系报告。

在图 7-21 中 PC1 要离开 224.1.1.1 组，并发送 IGMPv2 离组报文，报文的目标

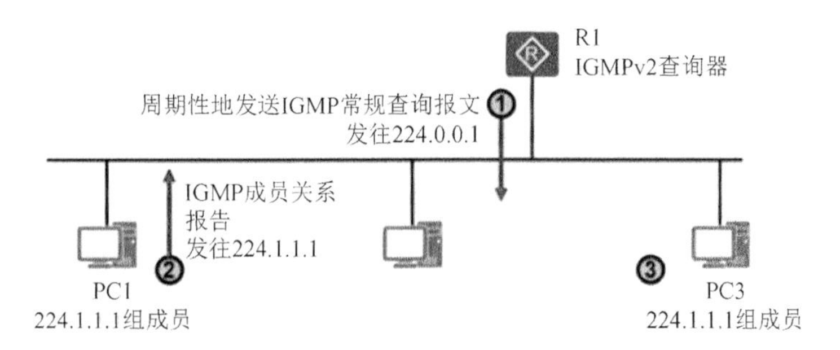

图 7-20　IGMPv2 常规查询的响应、成员关系报告的抑制

地址是 224.0.0.2(表示网段内的所有路由器)。R1 收到该报文后,以 1 s 为时间间隔连续发送 IGMP 特定组查询报文(共发送 2 个),以便确认该网段中是否还有 224.1.1.1 组的其他成员。

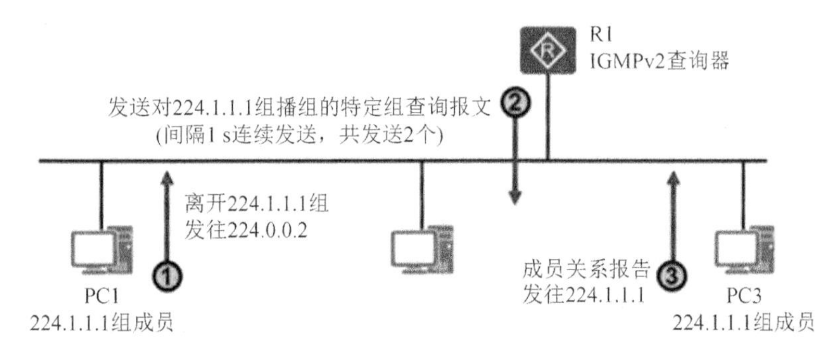

图 7-21　IGMPv2 离开过程——情况 1

PC3 仍然是 224.1.1.1 组的成员,因此它将立即响应该特定组查询。R1 知道该网段中仍然存在该组播组的成员,于是继续向该网段转发 224.1.1.1 组的组播流量。

图 7-22 中 PC2 要离开 224.2.2.2 组播组,发送 IGMP 离组报文。R1 收到该报文后,以 1 s 为时间间隔连续发送 IGMP 特定组查询报文(共发送 2 个)。此时在该网段内,224.2.2.2 组已经没有其他成员了,因此没有主机会响应这个查询。

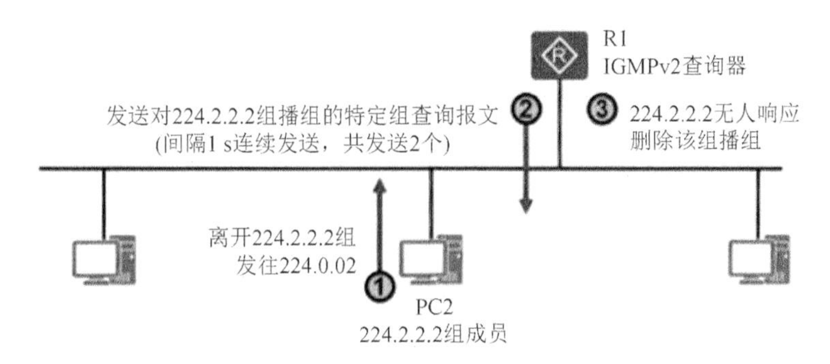

图 7-22　IGMPv2 离开过程——情况 2

一定时间后,R1 认为该网段中已经没有 224.2.2.2 组播组的成员了,将不会再向这个网段转发该组的组播流量。

各种 IGMP 查询消息时间统计如表 7－1 所列。

表 7－1 各种 IGMP 查询消息时间统计

名 称	缺省查询消息时间/s	说 明	命 令
查询间隔 (Query interval)	60	发送常规查询的时间间隔	igmp timer query
最大查询响应时间 (Max. query response time)	10	组播组成员在收到 IGMP 常规查询后的最大响应时间	igmp max-response-time
最后成员查询间隔 (Lastmember query interval)	1	在收到组播组成员发出离组消息后，IGMP 查询器发送特定组查询的时间间隔	igmp lastmember-queryinterval
组播侦听者间隔	2×60＋10＝130	在链路上一个路由器判定不再有对应组播地址的侦听者存在而必须经过的时间	该计时器无法用命令设定，其值的计算公式为：[robust-count]×[query interval]＋[Max. query response time]
其他查询者存在间隔 (Other Querier Present)	2×60＋10/2＝125	非查询路由器认为链路上 IGMP 查询者路由器故障的计时器	igmp timer other-querier-present 如果没有使用命令配置，则其值为[robust-count]×[query interval]＋[Max. query response time]/2

7.3.3 IGMPv3 说明

IGMPv3 在兼容和继承 IGMPv1 和 IGMPv2 的基础上，进一步增强了主机的控制能力，并增强了查询和报告报文的功能。

■ 主机的控制能力增强

IGMPv3 增加了针对组播源的过滤模式(INCLUDE/EXCLUDE)，使主机在加入某组播组 G 的同时，能够明确要求接收或拒绝来自某特定组播源 S 的组播信息。当主机加入组播组时：

1) 若要求只接收来自指定组播源如 S1、S2、……的组播信息，则其报告报文中可以标记为 INCLUDE Sources(S1，S2，……)；

2) 若拒绝接收来自指定组播源如 S1、S2、……的组播信息，则其报告报文中可以标记为 EXCLUDE Sources(S1，S2，……)。

如图 7－23 所示，网络中存在 Source 1(S1)和 Source 2(S2)两个组播源，均向组播组 G 发送组播报文。Host B 仅对从 Source 1 发往 G 的信息感兴趣，而对来自 Source 2 的信息没有兴趣。

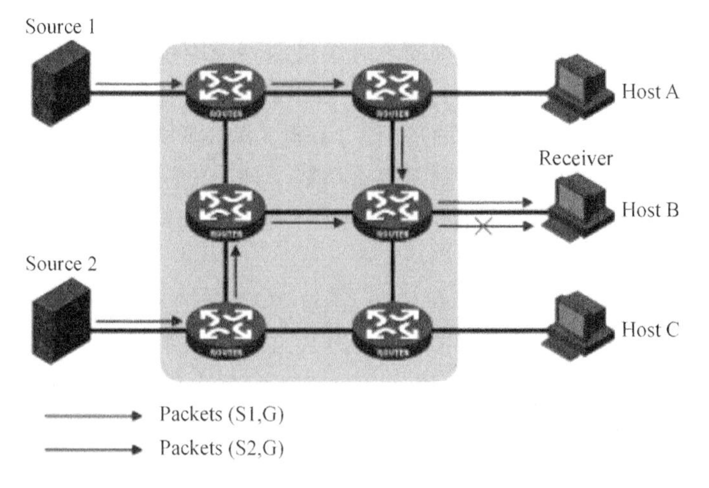

图 7－23 IGMPv3 多源组播接收信息筛选演示

如果主机与路由器之间运行的是 IGMPv1 或 IGMPv2，Host B 加入组播组 G 时无法对组播源进行选择，因此无论 Host B 是否需要，来自 Source 1 和 Source 2 的组播信息都将传递给 Host B。当主机与路由器之间运行了 IGMPv3 之后，Host B 就可以要求只接收来自 Source 1、发往 G 的组播信息(S1，G)，或要求拒绝来自 Source 2、发往 G 的组播信息(S2，G)，这样就只有来自 Source 1 的组播信息才能传递给 Host B 了。

■ 查询和报告报文功能的增强

IGMPv3 的查询报文共有三类：

1）普遍组查询报文(General Query)：该报文作用与 IGMPv1、IGMPv2 中的普遍组查询报文作用一致。

2）特定组查询报文(Group-Specific Query)：该报文作用与 IGMPv2 中的特定组查询报文作用一致。

3）特定源组查询报文(Group-and-Source-Specific Query)：该报文用于查询该组成员是否愿意接收特定源发送的数据。特定源组查询通过在报文中携带一个或多个组播源地址来达到这一目的。IGMPv1 和 IGMPv2 不具备此项查询功能。

IGMPv3 报告报文的目的地址为 224.0.0.22，可以携带一个或多个组记录。在每个组记录中，包含有组播组地址和组播源地址列表。组记录可以分为多种类型，如下：

1）IS_IN：表示组播组与组播源列表之间的过滤模式为 INCLUDE，即只接收从指定组播源列表发往该组播组的组播数据。

2）IS_EX：表示组播组与组播源列表之间的过滤模式为 EXCLUDE，即只接收从指定组播源列表之外的组播源发往该组播组的组播数据。

3）TO_IN：表示组播组与组播源列表之间的过滤模式由 EXCLUDE 转变为 INCLUDE。

4）TO_EX：表示组播组与组播源列表之间的过滤模式由 INCLUDE 转变为 EXCLUDE。

5）ALLOW：表示在现有状态的基础上，还希望从某些组播源接收组播数据。如果当前的对应关系为 INCLUDE，则向现有组播源列表中添加这些组播源；如果当前的对应关系为 EXCLUDE，则从现有组播源列表中删除这些组播源。

6）BLOCK：表示在现有状态的基础上，不再希望从某些组播源接收组播数据。如果当前的对应关系为 INCLUDE，则从现有组播源列表中删除这些组播源；如果当前的对应关系为 EXCLUDE，则向现有组播源列表中添加这些组播源。

■ 特定源组查询

当接收到组成员发送的改变组播组与源列表的对应关系的报告时（比如 CHANGE_TO_INCLUDE_MODE、CHANGE_TO_EXCLUDE_MODE），IGMP 查询器会发送特定源组查询报文。如果组成员希望接收其中任意一个源的组播数据，将反馈报告报文。IGMP 查询器根据反馈的组成员报告更新该组对应的源列表。

7.4 IGMP 配置及部署

IGMP 组表项是由用户主机发送的 IGMP 加入报文触发创建的，用于维护组加入信息并通知组播路由协议（通常所说的为 PIM 协议）创建相应（ * ，G）表项。只要设备接口使能了 IGMP 并收到组加入报文，就会为每个接口维护一个组加入信息表项。组表项形式如图 7 - 24 所示。

```
<HUAWEI> display igmp group
Interface group report information of VPN-Instance: public net
 GigabitEthernet1/0/0 (10.1.6.2):
  Total 1 IGMP Group reported
   Group Address        Last Reporter         Uptime      Expires
   225.1.1.2            10.1.6.10             00:02:04    00:01:17
```

图 7 - 24　路由器 IGMP 组表项显示

IGMP 路由表也是由 IGMP 协议维护的，但它只有在设备接口没有使能 PIM 协议时才会存在。它的作用主要是用来扩展组播路由表项的出接口。IGMP 路由表项形式如图 7 - 25 所示。

```
<HUAWEI> display igmp routing-table
Routing table of VPN-Instance: public net
 Total 1 entry

 00001. (*, 225.1.1.1)
      List of 1 downstream interface
       GigabitEthernet1/0/0 (20.20.20.1),
               Protocol: IGMP
```

图 7 - 25　路由器 IGMP 路由表项显示

路由器只需要维护一个最新的申请者的 IP 地址(即图 7 - 23 中的 Last Reporter)即可,因为知道有主机在就达到目的了。

激活路由器的组播路由功能使用的配置命令如下:

```
[Huawei]multicast routing-enable
```

在接口上激活 IGMP 并选择 IGMP 版本的配置命令如下:

```
[Huawei]interface GigabitEthernet 0/0/1
[Huawei- GigabitEthernet0/0/1]igmp enable
[Huawei- GigabitEthernet0/0/1]igmp version 2            #默认为 IGMPv2
```

在接口上配置静态组播组后,交换机就认为此接口网段上一直存在该组播组的成员,从而转发该组的组播数据。在某些应用场景中,可以在交换机的用户侧接口上配置静态组播组。比如:

- 网络中存在稳定的组播组成员,为了实现组播数据快速、稳定地转发,可以在用户侧接口配置静态组播组。
- 某网段内没有组播组成员或主机无法发送报告报文,但是又需要将组播数据转发到该网段,可以在接口上配置静态组播组,将组播数据“拉”到接口。

```
[Huawei]interface GigabitEthernet 0/0/1
[Huawei- GigabitEthernet0/0/1]igmp static-group 224.1.1.1
```

再如(同时指定组播源地址):

```
[Huawei- GigabitEthernet0/0/1]igmp static-group 232.1.1.1 source 192.168.11.1
```

第 8 章　应用层

应用协议的通信模型可以分为下面两类：

- 服务器-客户端模型：始终由一台或多台公开自己固定 IP 地址的主机根据其他主机的应用程序发来的请求为它们提供服务，而请求服务的主机之间并不会通过这种应用程序相互建立通信。这些为其他主机提供服务的终端设备称为服务器，而请求服务的主机则称为客户端。
- P2P 模型：提供服务与接收服务的设备并没有特定的服务器或客户端身份，这些设备上安装的应用程序可以在主机之间建立对等连接，这些主机因此也称为对等体。

8.1　远程访问应用：Telnet 协议

Telnet 协议定义了一台终端设备穿越 IP 网络向远程设备发起明文管理连接的通信标准，管理员可以在一台设备上通过 Telnet 协议与一台远程设备建立管理连接，并对那台设备实施配置和监测。在上述环境中，发起管理的设备即为 Telnet 客户端，而被管理设备则为 Telnet 服务器，如图 8-1 所示。因此，Telnet 协议是一个典型的服务器-客户端模型的应用层协议。

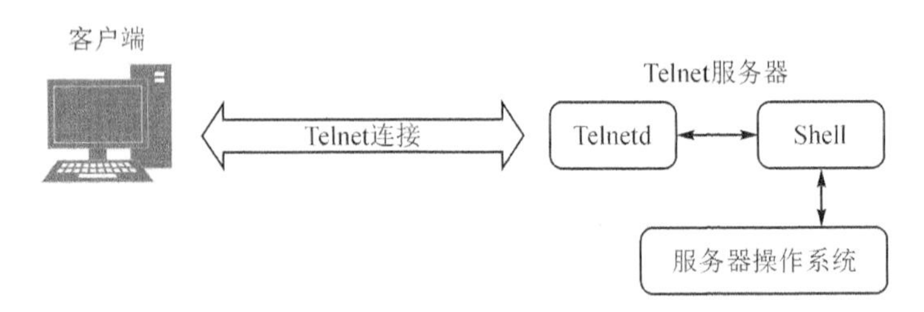

图 8-1　Telnet 的工作原理

目前，Telnet 协议会通过传输层的 TCP 协议在管理设备与被管理设备之间建立端到端的连接，并通过这条连接向服务器提供用户名和密码并发送命令。在通信过程中，Telnet 协议只需要在客户端和服务器之间建立一条 TCP 连接，无论用户名、密码还是命令均通过这条连接发送。Telnet 协议使用的是 TCP 23 端口号，这标识客户端在发起 Telnet 连接时，会默认连接服务器的 TCP 23 号端口。

Telnet 协议实现了远程命令传输，让管理员可以跨越网络来对不在本地的设备进行管理。但 Telnet 客户端和 Telnet 服务器之间需要跨越的公共网络却是一个不可靠的环境,这个公共网络中的其他用户完全可以在命令传输过程中截获包含 Telnet 用户名和密码在内的通信数据,而后通过截获的用户名和密码来获得 Telnet 服务器的身份认证,并登录到这台设备上对其配置文件进行修改。

8.2 远程访问应用:SSH 协议

定义 SSH(Secure Shell,安全外壳)协议的目的就是取代缺乏机密性保障的远程管理协议。SSH 通过对通信内容进行加密的方式,为管理员提供了更加安全的远程登录服务。由于 SSH 客户端与服务器之间传输的通信内容是密文而非明文,因此即使信息在传输过程中遭到中间人截取,由于无法解密,对方还是无法了解通信的真正内容。

8.3 远程访问应用:DHCP 协议

在一个 IP 局域网络中,各个终端设备 IP 地址的网络位必须一致,而它们的主机位又必须不同。由于没有制造商能够提前判断出自己生产的设备会被部署到哪个网络中,而且很多上网设备在使用过程中有可能先后连接到不同的网络中,因此 IP 地址只能在每次连接到一个新的网络中时再进行配置。

然而,每连接到一个新网络中后再配置新的 IP 地址无疑会增加技术人员的工作量,在规模大的局域网中,就很容易因为人工操作失误而导致网络故障。通过一台服务器动态地连接到网络中的主机配置地址,就可以避免上述问题,实现终端设备在网络中的即插即用。动态主机配置协议 DHCP(Dynamic Host Configuration Protocol)及其前身 BOOTP 协议正是为此目的而定义的协议。

DHCP 的工作流程可以总结为如下 5 步:

步骤 1:由于刚连接到网络中的主机既没有 IP 地址,也不知道 DHCP 服务器的 IP 地址,因此客户端会在本地网络中发送一条广播消息,希望这个网络中能够有 DHCP 服务器进行应答。这个消息称为 DHCP 发现(DHCP Discover)消息。

步骤 2:如果网络中部署了 DHCP 服务器,那么它(们)会接收到这个以广播形式发送过来的 DHCP 发现消息。于是,它(们)会用广播形式向客户端做出响应,并在响应消息中给客户端提供可用的 IP 地址。这个称为 DHCP Offer 的消息是发送给主机的。

步骤 3:主机如果准备接受(其中一台)DHCP 服务器的提议,那么它就会向网络中广播一条 DHCP 请求(DHCP Request)消息,请求使用(其中一台)DHCP 服务器通过 DHCP Offer 消息提供的 IP 地址。鉴于这是一条广播消息,因此网络中所有在步骤 2 发送了 DHCP Offer 消息的 DHCP 服务器都会接收到客户端发送的 DHCP 请求消息。当然,只有其中一台 DHCP 服务器会发现客户端是在向自己请求使用 IP 地址,而其他

DHCP 服务器在发现客户端向另一台服务器请求使用 IP 地址之后，就会将这条 DHCP 请求消息视为隐式的拒绝服务消息。

步骤 4：提供了 DHCP Offer 消息中 IP 地址的那台 DHCP 服务器在接收到 DHCP 请求后，如果发现对方所请求的 IP 地址仍然可用，那么该 DHCP 服务器就会向请求 IP 地址的设备发送一条广播的 DHCP 确认（DHCP ACK）消息，以向客户端确认其请求的地址仍然可用。如果所请求的地址已经不可用，那么 DHCP 服务器就会向客户端广播一条 DHCP 否决（DHCP NAK）消息。

步骤 5：DHCP 客户端在接收到 DHCP 服务器广播的 DHCP 确认消息之后，就开始使用服务器确认的 IP 地址。至此，动态主机配置暂时告一段落。由于 DHCP 动态分配的 IP 地址往往会有租期，因此之后客户端与服务器双方会围绕 IP 地址续租事宜而周期性地进行通信。

为了完成上述功能，DHCP 定义了如图 8－2 所示的数据封装格式。

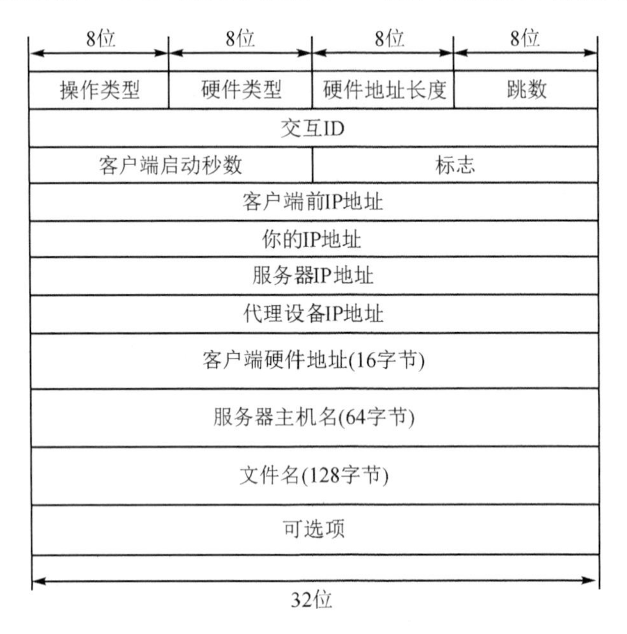

图 8－2　DHCP 数据封装格式

操作类型字段的作用是标识这是由客户端发送给服务器的消息，还是由服务器发送给客户端的消息；最后那个可变长度的可选项字段则会指明这个消息是上面步骤中介绍的哪一类 DHCP 消息，子网掩码、默认网关等信息也会通过这个可选项字段发送；交互 ID 字段的作用是让客户端判断服务器发来的响应消息与自己发送的请求消息是否对应以及如何对应。此外，如果请求地址的设备目前有一个正在使用的 IP 地址，这个地址就会出现在“客户端前 IP 地址”字段中，反之该字段取全 0 位；而 DHCP 服务器分配给客户端使用的 IP 地址会通过“你的 IP 地址”字段发送给客户端。

8.4 远程访问应用:DNS 协议

IP 地址不仅不便于记忆,而且不会绑定一台设备,它经常会因为设备所处网络的变化而迁移。

在 ARPANET 的年代,网络规模相当有限,这些主机名和地址的映射关系都保存在一份随时更新的 txt 文件中,由互联网信息中心对该文件进行统一更新,其他联网设备则定期从互联网信息中心的站点将这份名为 hosts. txt 的文件下载到本地,以取代原来的文件。

然而,随着网络规模的扩大,这种方式遇到严重的瓶颈,这主要表现在下面两个方面:

- 随着联网设备的增多,主机名冲突的几率和频率越来越高,当务之急是通过类似邮政地址这种分层的方式来规范主机名。
- 网络规模的增加使得这份需要管理的文件越来越大。不仅如此,计算机变更地址的情况越来越频繁。因此,由一家机构统一对映射文件采用集中式管理的做法已经明显不合时宜。

在主机命名的等级中,每一级名称为一段,段与段之间用英文的句号分开,最重要也最笼统的分段是最右边的一段,而最左边的一段则是最具体的主机名。最右边的一段被定义为顶级域,获得顶级域需要向互联网名称与数字地址分配机构(ICANN)提出申请。顶级域或表示行政区域,或表示机构职能,常见的顶级域如下:

- com 表示商业机构;
- edu 表示教育机构;
- gov 表示政府机构;
- cn 表示中国大陆地区;
- ch 表示瑞士;
- fr 表示法国。

当一家机构希望在顶级域名下注册一个域名时,这家机构需要凭借自己希望使用的二级域名向拥有该顶级域名的机构申请。一旦申请通过,申请方还可以根据使用需要在这个二级域名下添加更多层级的域名。

当然,所有域名不可能都存储在一台或几台固定设备上。原则上,拥有某一级域名的机构会记录向哪个 IP 地址查询下一级域名,或记录下一级域名与 IP 地址之间的对应关系。

DNS(Domain Name System)旨在为终端设备提供与解析域名有关的服务。理论上,当一台设备需要与 e. huawei. com 通信时,它需要首先向根 DNS 服务器发送 DNS 查询消息。根 DNS 服务器经过查询向客户端返回记录,指出应该向拥有 com 域名的机构查询,并指出该机构 DNS 服务器的 IP 地址。于是,客户端继续向拥有 com 域名的服务器发送 DNS 查询，该服务器经过查询向客户端返回记录，指出应该向拥有域名 huawei.com 的机构查询，并指出该机构 DNS 服务器的 IP 地址。在获得这个 IP 地址之后，客户端就可以与该域名对应的主机通信了。

然而，客户端是如何知道谁是根服务器，以及如何访问根服务器的？

理论上，这要求每台客户端都要有通过域名查询系统之外的方式，配备有根服务器的信息。但是在实际环境中常见的做法是在网络中部署本地 DNS 服务器，在本地 DNS 服务器上设置好关于根服务器的记录。这个网络中的客户端都向本地 DNS 服务器查询域名，本地 DNS 服务器则在接收到查询后代替客户端向根服务器发送查询。这样做既可以避免根服务器出现变动即会对大量客户端构成影响的弊病，又可以让本地 DNS 服务器有机会将一部分其他 DNS 服务器发送的应答缓存下来。于是，若本地再有其他客户端发起相同的查询，本地 DNS 服务器就可以立即进行应答了。

8.5 远程访问应用：HTTP 协议

HTTP 协议（Hypertext Transfer Protocol）提供的服务是在 HTTP 客户端和 HTTP 服务器之间传输信息。在可以通过 HTTP 传输的各类信息中，让 HTTP 协议广为人知的是通过 HTTP 传输 Web 提供的超文本信息。

URL（Uniform Resource Locator，统一资源定位符）标识页面的方式中包含协议、页面所在设备的域名及文件路径 3 大要件，因此普通用户在通过 URL 指明自己要访问的页面时，时常会看到或者需要主动指明自己用来访问该页面的协议为 HTTP 协议。典型的 URL 如：http://www.ietf.org/index.html。

HTTP 协议运行于 TCP 协议之上，HTTP 访问默认使用 TCP 80 端口，由 TCP 协议为 HTTP 信息传输提供可靠性保障及拥塞管理等服务。因此，在客户端和服务器双方通过 HTTP 传输信息之前，它们之间首先要建立 TCP 连接。根据最初版本的 HTTP 协议，即 HTTP1.0 的定义，当 TCP 连接建立起来之后，客户端只能向服务器发送一次 HTTP 请求消息，当服务器用被请求的内容对该消息做出响应之后，这条 TCP 连接就会断开。如果双方还需要传输其他信息，则需要重新建立 TCP 连接。在那个 Web 页面基本只包含文本信息的年代，这种做法似乎并无不妥之处。但是当 Web 页面发展到会调用大量文字之外的对象，以至于一个 Web 页面中常常包含数十个对象时，针对同一个 Web 页面中的每个传输对象单独建立 TCP 连接的做法就显得相当浪费了。也就是说，HTTP1.0 版所采用的做法就像是要求麦当劳的送餐人员为每一件商品单独供货，即使多个商品处于同一订单中。

因此，更新的 HTTP1.1 版开始支持持续连接，即客户端和服务器之间在建立起一条 TCP 连接之后，可以复用这条 TCP 连接发送多个请求-响应消息，甚至客户端可以在前一个请求尚未收到响应消息之前就发送下一个请求消息。

图 8-3 为 HTTP1.0 和 HTTP1.1 两个版本工作方式的对比。

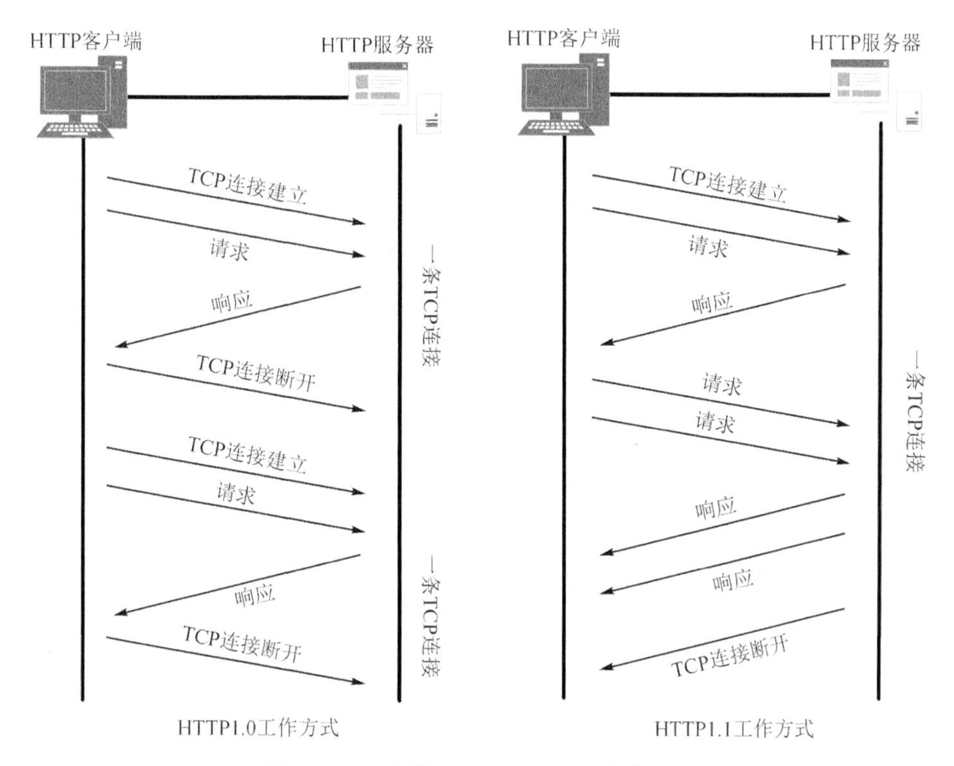

图8-3 两个版本HTTP工作方式的对比

注:基于HTTP1.1协议进行通信的客户端和服务器并不知道这个为了传输消息而建立的持续TCP连接应该维持多久,因此HTTP1.1服务器需要设置一个时间间隔,指定一段时间没有接收到HTTP请求消息的连接应当断开。对于HTTP服务器而言,与一台客户端长期保持TCP连接却并不传输消息同样会消耗大量资源。

HTTP协议定义了下面两种消息类型:

- 请求消息:客户端通过这类消息向服务器请求信息。
- 响应消息:服务器通过这类消息向客户端发送所请求的信息。

无论请求消息还是响应消息,都由起始行、零到若干个消息首部行和最后的消息实体所组成。其中起始行(START_Line)可以体现出这是一条请求消息还是一条响应消息。如果这是一条请求消息,那么起始行会指明这条消息所请求的操作(如获取某个页面)、这个操作所针对的页面(要获取页面的URL)以及HTTP的版本(如HTTP1.1);如果这是一条响应消息,那么起始行则会声明HTTP的版本、一个表示请求结果的3位代码(如404),以及给出这种响应结果的原因(如Not Found)。

首部行(MESSAGE_HEADER)的作用则是指出这个请求或者响应消息的某些选项或者参数。如请求消息中的首部行可以要求服务器只在某个时间点后该页面被修改过的情况下才做出响应,或者要求服务器不要针对这次信息传输采用持续连接,而是在信息传输结束后立即中断TCP连接;响应消息中的首部行可以向客户端指出其所请求的页面目前已经迁移到另一个域名,或者指出所请求页面最后修改的日期和时间等。

消息实体就是客户端所请求的内容，因此对于请求消息来说，消息实体部分往往是空白的。

图 8-4 展示了一次 HTTP 消息传输的过程。

从图 8-4 中这条消息的起始行可以看出，这是一条请求消息，因为要执行的操作是 GET，即请求获取网页的数据。除了起始行之外，这条消息中还包含一个首部行，要求服务器在传输页面信息结束后立即断开连接，而不采取持续连接。

通过服务器所发消息的起始行，可以看出这是一条响应消息，其中包含了 HTTP 的版本，3 位数代码 200 表示请求成功，OK 显然也表示请求得到接收。

常见的 HTTP 操作命令如表 8-1 所列。常见的 HTTP 3 位代码如表 8-2 所列。

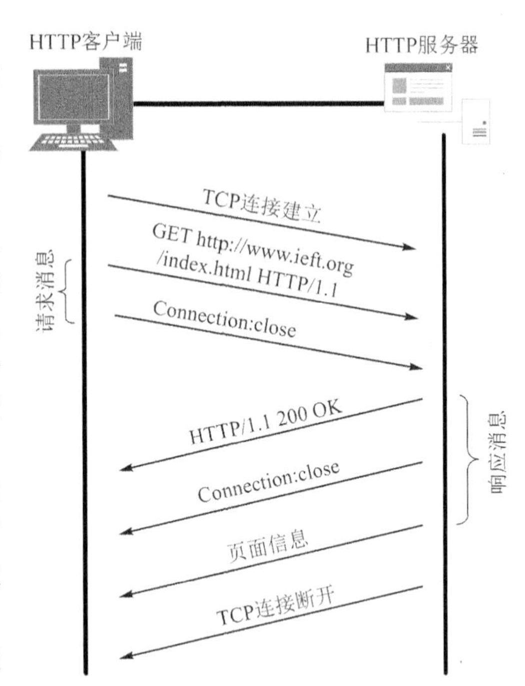

图 8-4 一次 HTTP 消息传输过程示意

表 8-1 常见的 HTTP 操作命令

HTTP 操作命令	解 释
GET	读取页面
HEAD	读取页面头部
POST	向服务器传输附加信息
PUT	写入页面
DELETE	删除页面
CONNECT	通过代理连接
TRACE	将客户端发送的请求发回
OPTIONS	请求可用选项的信息

表 8-2 常见的 HTTP 3 位代码

HTTP 3 位代码	解 释
200	成功:OK
202	成功:已接受
301	重定向:永久迁移
400	客户端错误:错误请求
404	客户端错误:未找到
502	服务器错误:错误网关
503	服务器错误:服务不可用

8.6 远程访问应用:HTTPS 协议

最初，Web 页面只用于发布信息，因此 HTTP 协议没有提供任何安全保护措施。当 Web 被广泛用于交易之后，为了保护交易信息不被窃取或篡改，同时保障交易双方都不是冒名顶替的不法之徒，给 Web 交替提供安全防护也就顺理成章地成为当务之急。

于是，当年最为主流的浏览器厂商网景公司(Netscape)设计了安全套接字层(Secure Socket lager,SSL)，并一直更新到第3版。1996年，网景公司将SSL移交给了IETF(The Internet Engineering Task Force)，标准化后的SSL称为传输层安全(Transport Lager Security,TLS)。目前大多数浏览器都可以同时支持SSL和TLS。

网景公司早在开发SSL时，便意识到并不只有Web交易存在安全防护方面的需求。为了将安全防护机制设计得更具普适性，网景公司采取的策略是在(TCP/IP模型的)传输层和应用层之间插入全新的一层，这一层称为安全套接字层(SSL)，其作用是在为应用层协议保障TCP功能的基础上，为其提供额外一层的机密性、完整性及认证保障。基于SSL使用的HTTP协议即称使用的是安全HTTP，也就是HTTPS。为了便于区分，客户端在发起HTTP连接时默认会连接服务器的TCP 80端口，而发起HTTPS访问时则往往连接服务器的TCP 443端口。

当客户端希望通过HTTPS与服务器交互信息时，它们双方需要先在传输层建立TCP连接，接下来是建立安全套接字层连接。

SSL连接的建立过程可以简单概述为以下3步：

步骤1：客户端会向服务器发送自己所使用的SSL版本和一个自己随机产生的临时值A，并按照从优选到次选的顺序将自己希望使用的算法组合(包括加密算法、压缩算法等)发送给服务器，这条消息称为SSL Hello消息。服务器在接收到这条消息后，会向客户端发送自己支持的SSL版本，自己选择的算法组合和一个自己随机产生的临时值B。与此同时，服务器也会将包含自己公钥的证书发送给客户端。这个证书通常拥有CA(证书授权中心)的签名，这是为了让客户端可以认证自己的身份。在发送这两条消息之后，服务器会通过最后一条消息通知客户端，自己已经发送了上述两条响应消息。

步骤2：客户端在接收到上面3条消息之后，会随机产生一个预主密钥(Premaster Key)，将其用服务器的公钥加密后发送给服务器。双方此后用来加密数据的密钥需要通过一个公开的算法计算出来，这个算法需要的参数包括这个预主密钥，以及服务器、客户端此前产生的临时值A和B。由于预主密钥是用服务器的公钥进行加密的，因此服务器在接收到这条消息后，可以使用自己的私钥将这个预主密钥解算出来。这样一来，客户端和服务器就同时拥有计算加密数据的密钥所需的全部3个参数。换言之，双方此时都可以计算出加密数据所需的密钥了。因此，客户端接下来会发送另一条消息，要求服务器改用新的密钥加密信息。此后，客户端会通过第三条消息通知服务器，自己用于建立SSL连接的全部消息已经发送完毕。

步骤3：服务器会对客户端发送的最后两条消息进行确认。

自此，SSL连接就建立起来，整个过程如图8-5所示。

一旦SSL连接建立，就代表客户端已经认证了服务器的身份，而且客户端和服务器双方已经安全地交换了用来加密后续信息的密钥，可以用该密钥加密后续信息。

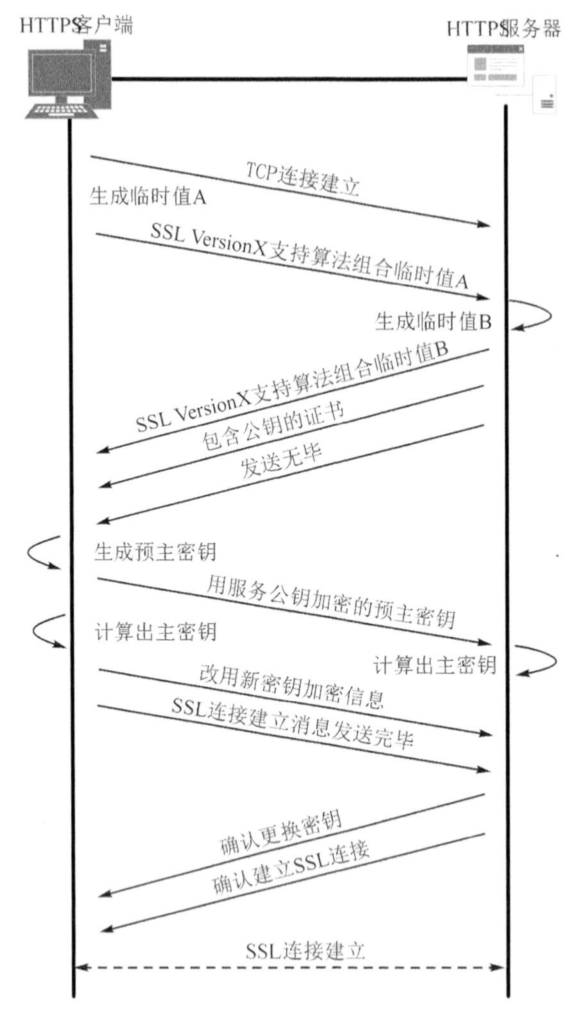

图 8-5　SSL 连接的建立过程

8.7　远程访问应用:SMTP 协议

STMP 协议(Simple Transportation Management Protocol)由收发双方的邮件服务器执行,如图 8-6 所示。这项协议定义了如何将邮件以数据的形式从发送方的邮件服务器发送到接收方的邮件服务器(而非用户代理和邮件服务器之间)的通信方式。

注:在实际使用中,发送方用户代理与发送方服务器之间采用的协议时常也是 SMTP。

SMTP 也是一项基于 TCP 协议的应用层协议,它使用的是 TCP 25 号端口。当一台邮件服务器需要向另一台邮件服务器发送邮件时,它首先会向对方的 TCP 25 端口

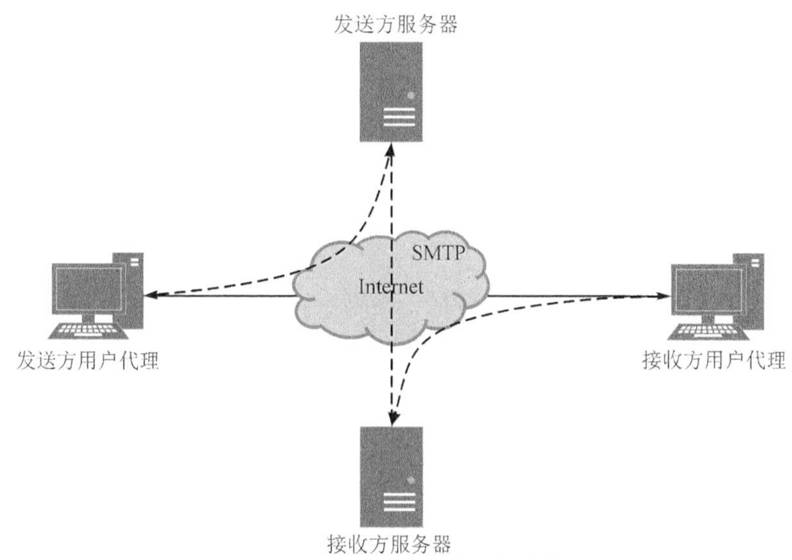

图 8-6 SMTP 在邮件通信架构中的作用

发起一条连接，然后利用这条 TCP 连接发送控制消息与数据。具体的发送过程可以总结为下面几步：

步骤 1：接收方服务器主动向发送方服务器发送消息 220，告知接收方自己已经就绪，可以开始接收消息。在 TCP 连接建立之后，发送方会等待接收方发送 220 消息，如果没有接收到这条消息，发送方就会断开连接，稍后再与服务器建立连接。

步骤 2：发送方服务器在接收到接收方服务器发来的服务就绪消息之后，向接收方服务器发送 HELO 消息。

步骤 3：接收方服务器接收到 HELLO 消息后，向发送方服务器回复消息 250 进行确认。该消息表示接收方服务器接收到来自发送方的消息，可以接收发送方请求的命令。

步骤 4：发送方服务器向接收方服务器发送 MAIL FROM 消息，提供这封电子邮件的发送方邮件地址。

步骤 5：接收方服务器接收到 MAIL FROM 消息后，向发送方服务器回复消息 250 进行确认。

步骤 6：发送方服务器向接收方服务器发送 RCPT TO 消息，提供这封电子邮件接收方的邮件地址。在这一步中，如果发送方指定多个收件人地址，则发送方需要根据每个收件人地址单独给接收方服务器发送 RCPT TO 消息。

步骤 7：接收方服务器接收到 RCPT TO 消息后，如果发现服务器中确实存在这个收件人，则向发送方服务器恢复消息 250 进行确认。在上一步中，如果发送方指定多个收件人地址，则每一个收件人都需要接收方分别进行确认。

步骤 8：发送方服务器向接收方服务器发送 DATA 消息，该消息旨在通知接收方自己即将开始传输邮件正文。

步骤 9:接收方服务器接收到 DATA 消息后,向发送方服务器回复消息 354,指示发送方开始发送邮件正文,且以“.”作为邮件正文的结束符。不过,即使邮件正文中包含这个字符,接收方服务器也可以判断出哪个“.”是正文的结束符。上述 9 个步骤称为 SMTP 的握手阶段。

步骤 10:发送方服务器开始发送邮件正文,且以“.”结束邮件正文。

步骤 11:接收方服务器接收到结束符后,向发送方服务器回复消息 250 进行确认。

步骤 12:发送方服务器向接收方服务器发送 QUIT 消息,请求服务器断开连接。

步骤 13:接收方服务器接收到 QUIT 消息后,向发送方服务器回复消息 221,表示服务已经结束,正在断开连接。

上述过程如图 8-7 所示。

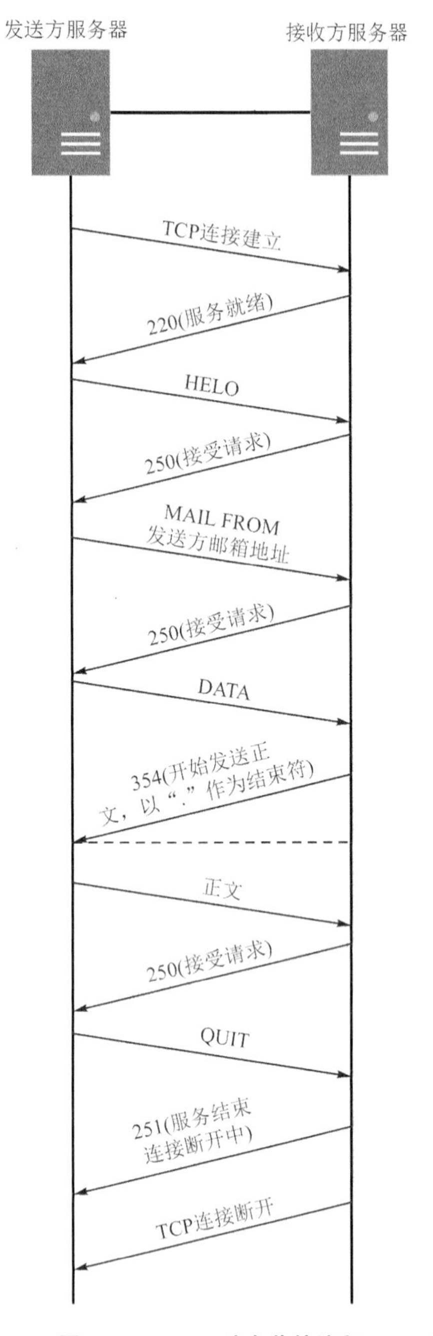

图 8-7 SMTP 消息传输流程

尽管 SMTP 协议的逻辑相当简单,足以顺利完成邮件的传输工作,但在这个古老协议诞生的年代,网络带宽不高,网络的安全隐患也不突出,因此这个协议难免存在一些难以满足时代发展要求的缺陷,如:

- SMTP 传输的邮件是明文的形式,这款协议没有提供任何可以为数据传输提供加密的机制,用户信息的机密性无从得到保障。
- SMTP 没有提供任何认证机制,因此即使发送方服务器在第 4 步中使用了伪造的发件人邮件地址也不会存在任何问题,这显然给各类不法之徒提供了冒名顶替的机会。

为了修正 SMTP 涌现出来的问题,IETF 定义了扩展的(Extended)SMTP,即 ESMTP。如果发送方服务器希望通过 ESMTP 向接收方服务器发送邮件,那么发送方服务器会在握手过程的第 2 步向接收方服务器发送 EHLO 消息。接收方服务器则会根据自己是否支持 ESMTP 来判断是否接受该消息并返回消息 250 进行确认。如果接收方服务器拒绝该消息,发送方服务器就会继续采用原 HELO 消息来与接收方服务器建立 SMTP 连接。如果接收方服务器接受该消息,它会通过响应消息向发送方服务器提供自己支持的扩展功能,发送方服务器则可以有选择地使用这些功能。

8.8 远程访问应用:POP3 协议

在电子邮件通过邮件传输协议从发送方服务器到达接收方服务器之后,接下来的问题自然是如何让接收方用户代理访问和管理电子邮件。就这一问题,很多用户习惯于使用 Web 浏览器通过 HTTP 协议访问和管理自己邮件服务器中的邮件,另一些用户则更喜欢借助专门的邮件客户端和邮件访问协议来访问邮件服务器中的邮件。POP3 Post Office Protocol—Version 3,邮局协议版本 3 就是其中一款比较传统,也相当简单的邮件访问协议。

POP3 协议与 SMTP 协议一样都是基于 TCP 的应用层协议,前者使用 TCP 110 端口连接邮件服务器。POP3 的工作方式也与 SMTP 极为类似,但比 SMTP 更加简单。接收方服务器只会用两种消息作答:当一切正常时,服务器用+OK 消息进行响应并执行命令;而当前面的命令出现问题时,服务器则用-ERR 做出回应。

第 9 章　交换机配置

局域网中用到最多的网络设备就是交换机，本章主要对三层交换机的配置进行讲述。

9.1　华为交换机

网络设备的管理分为本地管理和远程管理两种方式。所谓远程管理是指穿越数据网络向网络设备的数据接口发送管理数据，以实现对其管理的网络设备操作方式；而本地管理是指通过一条物理线路将网络设备（被管理设备）的控制接口与 PC（管理设备）直接连接起来，在现场对设备实施管理的方式。图 9－1 所示为一台 S5720S-52X-LI-AC 华为三层交换机外形图，位于最右上角的是为 Console 接口。

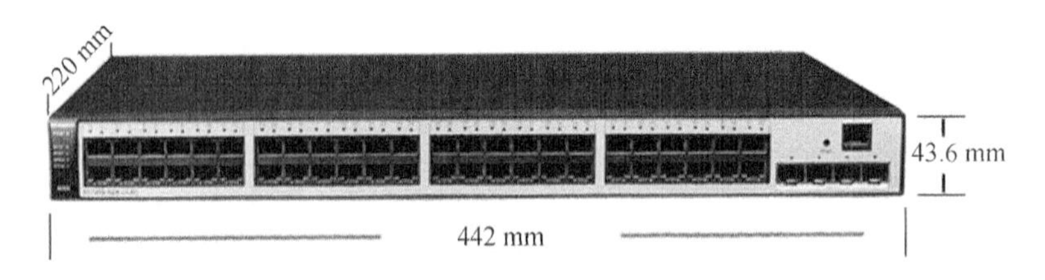

图 9－1　某典型华为三层交换机外形图

通过 Console 接口对网络设备发起管理是最常见的本地管理方式，需要借助一条 Console 线来完成，如图 9－2 所示，一端为 RJ45 接口（连接交换机），另一端为 USB 接口（连接 PC）。

图 9－2　交换机配置 Console 线外形图

在完成 Console 线连接之后，管理员需要在计算机上使用终端模拟程序来对被管理设备发起 Console 管理连接，比较常用的终端模拟程序是 SecureCRT 软件。

在完成终端模拟软件的安装之后，管理员需要用它向被管理设备发起连接。使用 SecureCRT 建立连接的方式是单击如图 9－3 所示的“ ”按钮进行快速连接。

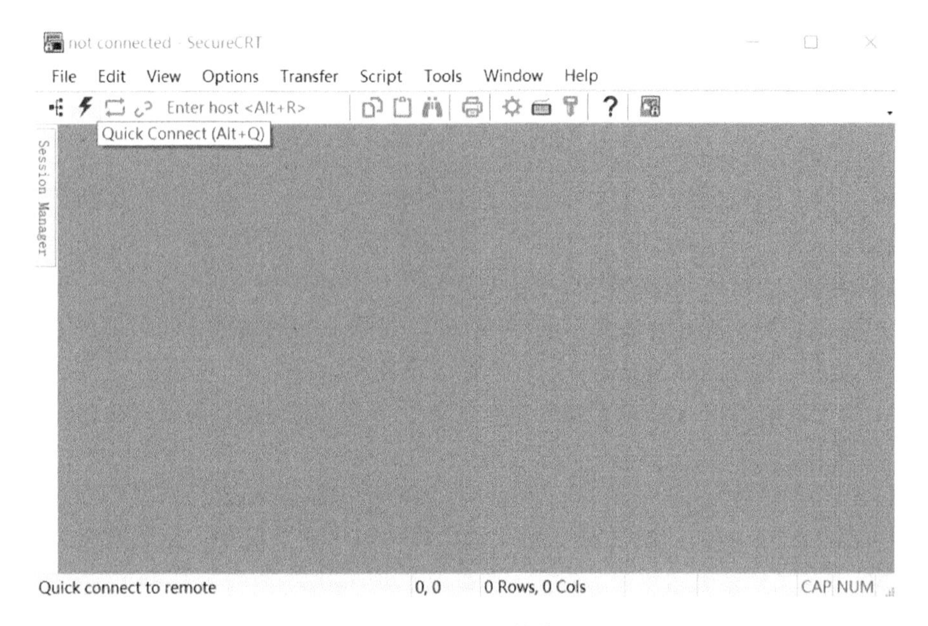

图 9－3 SecureCRT 软件界面图

(1) 如果网络中链路两端的设备都是华为交换机，则管理员通常不需要因为速率和双工的匹配问题而对交换机接口进行配置。在默认情况下，华为交换机的以太网接口会执行自动协商机制，链路两端的接口相互协商通信，从而可以采用最佳速率和双工模式。

若管理员希望强制改变华为交换机某个接口的设置速率和双工模式，则应首先使用命令 undo negotiation auto 关闭该接口的自动协商功能，然后通过命令 duplex{full|half}将该接口的双工模式静态设置为全双工或半双工模式，并通过命令 speed 静态设置接口的速率。

需要注意的是，通过 speed 命令设置速率时，设置参数的单位为 Mbp/s，比如，命令 speed 10 的作用是将该端口的速率设置为 10 Mbps。

(2) 手动向交换机的 MAC 地址表中添加静态 MAC 地址条目方法：在系统视图下，使用命令 mac-address static。例如：

[Huawei] mac-address static 009A-CD11-1111 Ethernet 0/0/0 vlan 1

可使用 display mac-address 查看 MAC 地址表。

需要说明的是，管理员静态配置的 MAC 地址条目的优先级高于交换机动态学习到的 MAC 地址条目的优先级。当交换机上一个通过静态配置的条目与一个动态学习到的条目的 MAC 地址相同时，交换机会将管理员静态配置的条目保存在 MAC 地址表中。

管理员可以通过系统视图下的命令 mac-address aging-time 来设置交换机动态 MAC 地址条目的老化时间，并通过命令 display mac-address aging-time 来查看系统当前的 MAC 地址老化时间。

需要注意的是,MAC 地址老化时间设置命令的单位是 s(秒)。

[Huawei]display mac-address aging-time

Aging time:300 seconds

[Huawei]mac-address aging-time 500

[Huawei]display mac-address aging-time

Aging time:500 seconds

如果将 MAC 地址老化时间设置为 0,则相当于禁用了交换机的 MAC 地址老化功能。这也就意味着交换机动态学习到的 MAC 地址条目也像静态 MAC 地址条目那样永远不会因为过期而被交换机从 MAC 地址表中删除。

(3) 当人们对通信效率的考量重于对安全性的考量时,就会希望彼此之间同处于一个广播域中。

(4) VLAN(Virtual Local Area Network)间路由的实现需要给每个 VLAN 分配一个独立的三层接口作为网关,而三层交换机的环境中并没有用三层物理接口连接各个 VLAN。三层交换机的解决方案是:需要通过虚拟化的手段为每个 VLAN 分配一个虚拟的三层接口。

可以直接通过配置命令来创建虚拟 VLAN 接口(简称 SVI(Smart Virtual Instrument)接口)。

这些虚拟 VLAN 接口是在三层交换机上创建出来的,因此三层交换机会视之为直连接口,而将它们所在的网段作为直连路由填充在路由表中。同时,这些虚拟 VLAN 接口又与对应 VLAN 中的物理二层端口处于同一个子网中。

如图 9-4 所示,虚拟接口 VLANIF11 和 VLANIF17 与传统 VLAN 间路由环境中的物理接口或者单臂路由环境中的逻辑子接口在 VLAN 间路由中所发挥的作用是相同的,可以充当相应 VLAN 中主机的默认网关。图 9-5 为三层交换机 VLAN 配置连接示例。

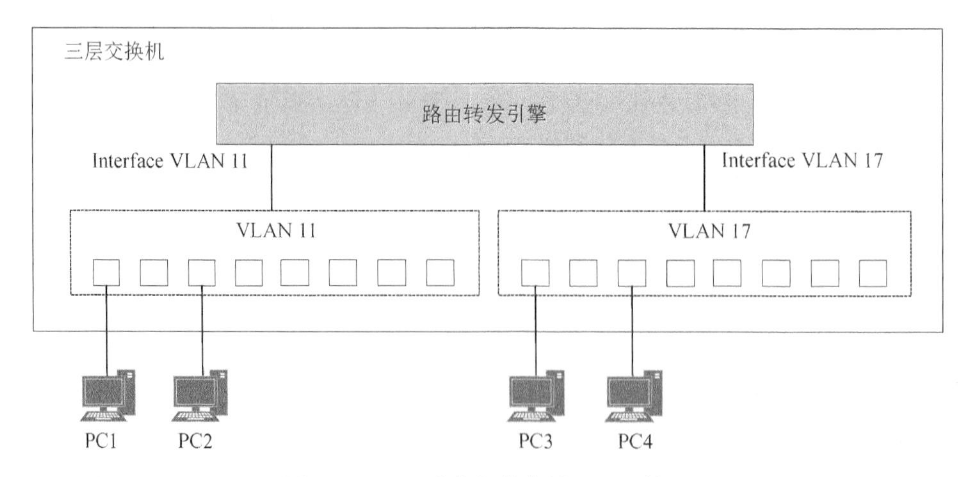

图 9-4　三层交换机的虚拟 VLAN 接口

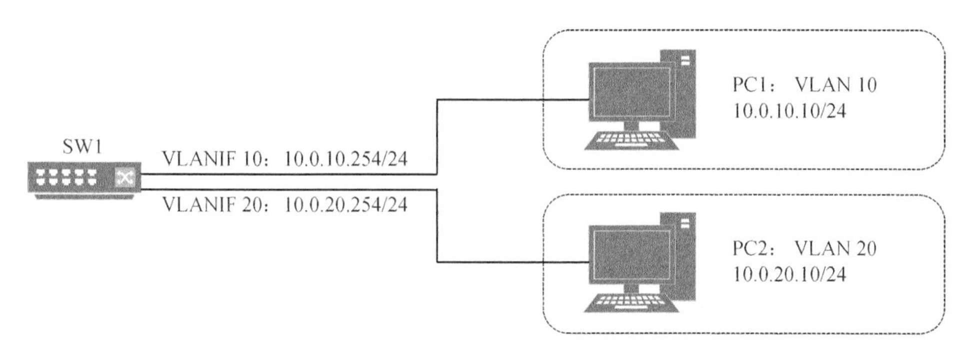

图 9-5 三层交换机 VLAN 配置连接示例

图 9-5 所示内容的相关配置指令如下所列：

```
[SW1]vlan batch 10 20
[SW1]interface Vlanif 10
[SW1-Vlanif10]ip address 10.0.10.254 24
[SW1-Vlanif10]quit
[SW1]interface Vlanif 20
[SW1-Vlanif20]ip address 10.0.20.254 24
[SW1-Vlanif20]quit
[SW1]interface g0/0/10
[SW1- GigabitEthernet0/0/10]port link-type access
[SW1-GigabitEthernet0/0/10]port default vlan 10
[SW1-GigabitEthernet0/0/10] quit
[SW1]interface g0/0/20
[SW1-GigabitEthernet0/0/20]port link-type access
[SW1-GigabitEthernet0/0/20]port default vlan 20
```

注意，VLANIF 接口的编号必须与 VLAN ID 一一对应，VLAN 中主机会以相应的 VLANIF 接口的 IP 地址作为自己的默认网关。

通过[SW1]display vlan 命令查看不到 VLANIF 接口，但可通过[SW1]display ip routing-table 命令查看。

9.2 基本配置

VRP(Versatile Routing Platform，通用路由平台)是华为公司具有完全自主知识产权的网络操作系统，可以运行在多种数据通信产品的硬件平台之上。截至 2025 年 1 月，VRP 系统共开发了 5 个版本，分为是 VRP1、VRP2、VRP3、VRP5 和 VRP8。其中，前三代 VRP 系统目前已被淘汰，当前绝大多数华为设备使用的操作系统以 VRP5 为主，这是一款分布式网络操作系统，在架构设计层面拥有高可靠、高性能、可扩展的特点。使用VRP8作为操作系统的华为设备以数据中心交换机为主,因为VRP8作为新一代网络操作系统,拥有分布式、多进程、组件化的架构,支持分布式应用和虚拟化技术,更能够适应未来的硬件发展趋势和企业急剧膨胀的业务需求。

操作系统的用户界面可以分为通过单击图标来完成大部分操作的图形化界面(Graphic User Interface,GUI)和通过输入命令来操作设备的命令行界面(Command Line Interface,CLI)。虽然GUI界面可以降低使用智能设备的技术门槛,但对于专业人士来说,使用CLI界面管理设备常常是一种更加高效的方式。

网络技术人员属于专业人士的范畴,因此在绝大多数情况下,网络工程师都需要通过CLI来管理路由器、交换机和防火墙等数据通信设备。

交换机配置的内容多且繁杂,下面只重点介绍一些常用的配置方法。

9.2.1 命令与视图

VRP系统定义了一系列的视图(View),视图和操作命令之间存在对应关系。也就是说,管理员需要先进入正确的视图下,然后再输入命令,系统才能识别出这条命令。

用户视图的提示符是尖括号(＜ ＞),尖括号里面是设备名称。

```
<Huawei>
```

用户视图所对应的命令以查看信息为主。如果管理员需要对这台设备全局的参数进行配置和修改,则需要在用户视图下输入命令 system-view 进入系统视图,如下所示:

```
<Huawei>system-view
Enter system view,return user view with Ctrl + Z.
[Huawei]
```

可以看到,在输入命令后,系统会弹出提示信息“Enter system view, return user view with Ctrl+Z”,以告知管理员系统进入了系统视图。接下来,系统的提示符就会由尖括号变为方括号,方括号里面同样是设备名称,这表示目前管理员已经从用户视图进入系统视图。

在VRP系统中,管理员可以通过 quit 命令返回上一级视图。如果希望直接退回初始的用户视图,可以使用Ctrl+Z组合键。

一个网络中常常拥有大量同类设备,为了区分这些设备,管理员通常需要根据设计需求或者自己的定义,来给每一台设备分配一个设备名称。在命名设备时,管理员需要进入系统视图,然后输入下面的命令:

```
sysname  sysname
```

示例如下:

```
<Huawei>system-view
Enter system view,return user view with Ctrl Z.
```

```
[Huawei]sysname R1
[R1]
```

配置完成后要记得保存后才能生效，示例如下：

```
<Huawei>system-view
[Huawei]sysname Back_A
[Back_A]quit
<Back_A>save
<Back_A>reboot
```

9.2.2 交换机堆叠

iStack(Intelligent Stack，智能堆叠)中分为主交换机(Master)和从交换机(Slave)。为方便管理堆叠中的交换机，一个堆叠中的每一个交换机都有唯一的一个堆叠ID，可手工配置，默认为0。堆叠ID对交换端口的编号有影响。

堆叠的连接方式：一般采用10G端口连接，一般选用SPF线缆，同一条链路上相连接交换机的堆叠物理接口必须加入不同的堆叠端口，而且是交叉连接的。也就是说，本端交换机的堆叠端口1必须与对端交换机的堆叠端口2连接，如果是两个交换机，则两个端口均需要交叉连接，如果是三个交换机则每个交换机的两个端口之间相互交叉连接，如图9-6所示。

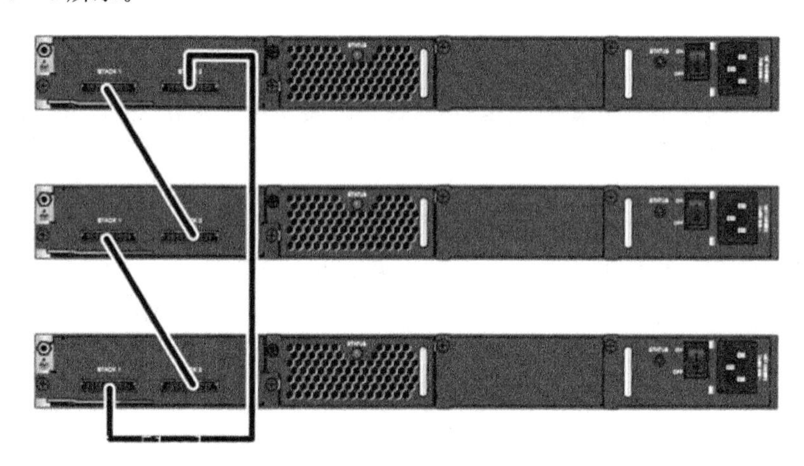

图9-6　三个交换机堆叠网线连接示例

图9-6为交换机堆叠配置连接示例。

以两个交换机的堆叠举例说明如下，交换机连接关系如图9-7所示。

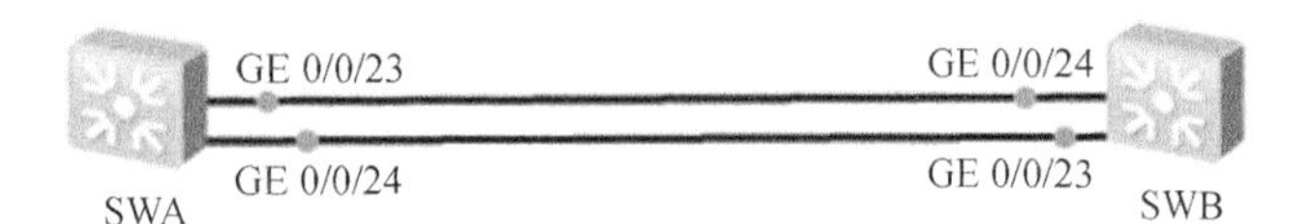

图9-7　交换机堆叠配置连接示例

图 9-7 中两个交换机的配置方法如下所列：

```
# SWA 默认 number0
[SWA]interface stack-port 0/1
[SWA-stack-port0/1]port interface GigabitEthernet 0/0/23 enable
[SWA-stack-port0/1]quit
[SWA]interface stack-port 0/2
[SWA-stack-port0/2]port interface GigabitEthernet 0/0/24 enable
[SWA-stack-port0/2]quit
[SWA]quit
<SWA>save
# 修改成员号
[SWB]stack slot 0 renumber 1
# 默认 100,华为是 1～255,值越大优先级越高,会被推举为 Master
[SWB]stack slot 0 priority 10
[SWB]interface stack-port 0/1
[SWB-stack-port0/1]port interface GigabitEthernet 0/0/23 enable
[SWB-stack-port0/1]quit
[SWB]interface stack-port 0/2
[SWB-stack-port0/2]port interface GigabitEthernet 0/0/24 enable
[SWB-stack-port0/2]quit
[SWB]quit
>SWB<save
```

重启两台交换机

正常情况下按上述命令配置完毕，重启后可查看一台交换机上的接口数量是否增加一倍。命令如下：

```
[SWA]display interface brief
```

需要说明的是，若要更改堆叠端口，则可采用如下命令：

```
<Huawei>system-view
[Huawei]interface stack-port 0/1
[Huawei-stack-port0/1]shutdown interface xgigabitethernet0/0/1//为避免环路,先将成员口设置为 down
[Huawei-stack-port0/1]undo port interface xgigabitethernet0/0/1 enable//将原来成员端口XGE0/0/1 退出堆叠口
[Huawei-stack-port0/1]port interface xgigabitethernet0/0/3 enable//将接口 XGE0/0/3 设置为堆叠口
```

9.2.3 划分 VLAN

图 9-8 为交换机划分 VLAN 配置连接示例。

交换机划分 VLAN 配置的命令如下：

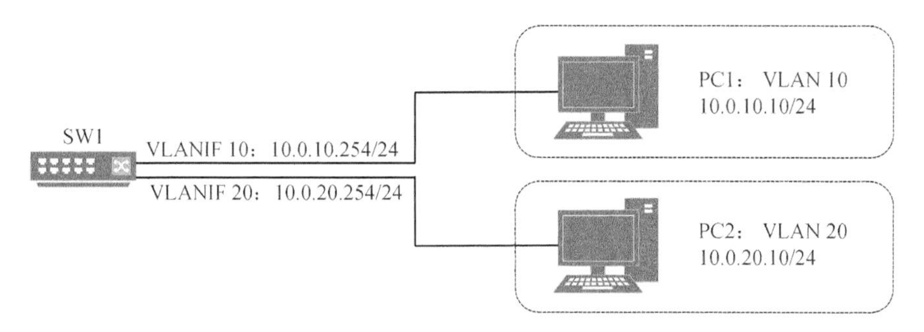

图 9-8 交换机划分 VLAN 配置连接示例

```
[SW1]vlan batch 10 20
[SW1]interface Vlanif 10(或[SW1]interface vlan 10)
[SW1-Vlanif10]ip address 10.0.10.254 24
[SW1-Vlanif10]quit
[SW1]interface Vlanif 20
[SW1-Vlanif20]ip address 10.0.20.254 24
[SW1-Vlanif20]quit
[SW1]interface e0/0/10
[SW1-Ethernet0/0/10]port link-type access
[SW1-Ethernet0/0/10]port default vlan 10
[SW1-Ethernet0/0/10] quit
[SW1]interface e0/0/20
[SW1-Ethernet0/0/20]port link-type access
[SW1-Ethernet0/0/20]port default vlan 20
```

注意,VLANIF 接口的编号必须与 VLAN ID 一一对应,VLAN 中主机会以相应的 VLANIF 接口的 IP 地址作为自己的默认网关。

一次可添加多个端口到指定 VLAN,命令如下:

[Quidway]vlan 2

[Quidway-vlan2]port Ethernet 0/0/13 to 0/0/15

9.2.4 端口类型配置

图 9-9 为交换机端口类型配置连接示例。

交换机端口类型配置命令如下:

```
[SW1]vlan 5
[SW1-vlan5]quit
[SW1]interface g0/0/1
[SW1-GigabitEthernet0/0/1]port link-type trunk
[SW1-GigabitEthernet0/0/1]port trunk allow-pass vlan 5
[SW1-GigabitEthernet0/0/1]quit
[SW1]interface e0/0/5
[SW1-Ethernet0/0/5]port link-type access
```

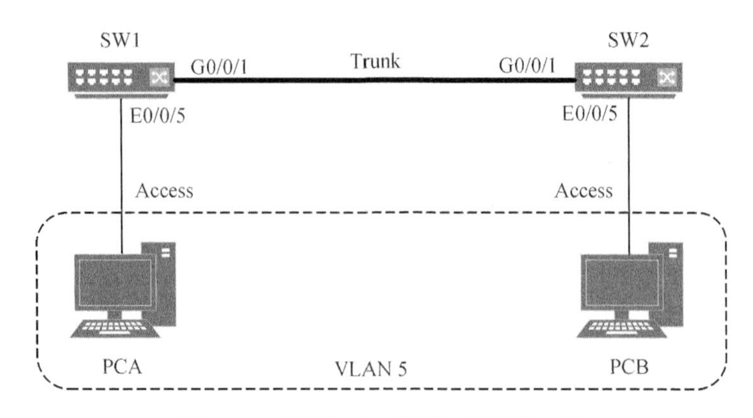

图 9-9　交换机端口类型配置连接示例

```
[SW1-Ethernet0/0/5]port default vlan 5
[SW1-Ethernet0/0/5]quit
```

上文中 port link-type trunk 命令的作用是修改接口的链路类型(默认为 Hybrid),将其变更为 Trunk 接口;port trunk allow-pass vlan 5 命令用来放行 VLAN 5 的流量,多个接口可以用 vlan 5 to vlan 10 来表示,也可以将 vlan-id 更改为 all,表示可以放行所有 VLAN 的流量。

上文中在接口模式下使用 port default vlan 5 指令将接口加入 VLAN 5。此外,还有一个方式将接口加入 VLAN,即在 VLAN 配置视图下,使用命令 port interface-type interface-number 向 VLAN 中添加接口。

9.2.5　镜像接口配置

镜像是指将流复制到特定的目的地进行分析,以用于网络检测和故障排除。镜像分为端口镜像和流镜像,二者均有观察接口和镜像接口。

观察接口:观察接口是连接监控主机的接口,用于输出从镜像接口或流镜像接口所复制过来的报文。

镜像接口:镜像接口是被观察的接口。从镜像接口流经的所有报文(对端口镜像)或匹配流分配规则的报文(对流镜像)都将被复制到观察接口。

一个观察接口可以观察一个镜像接口,也可以观察多个镜像接口。下面举例说明镜像接口的配置方法。如图 9-10 所示,公司希望在服务器上对研发部 1、研发部 2 和市场部的网络信息进行监控。

具体配置方法如下:

```
Observe-port 1 interface GigabitEthernet1/0/4      //观察接口
#
interface GigabitEthernet1/0/1                      //镜像接口 1
port-mirroring to observe-port 1 inbound/outbound/both
#
interface GigabitEthernet1/0/2                      //镜像接口 2
```

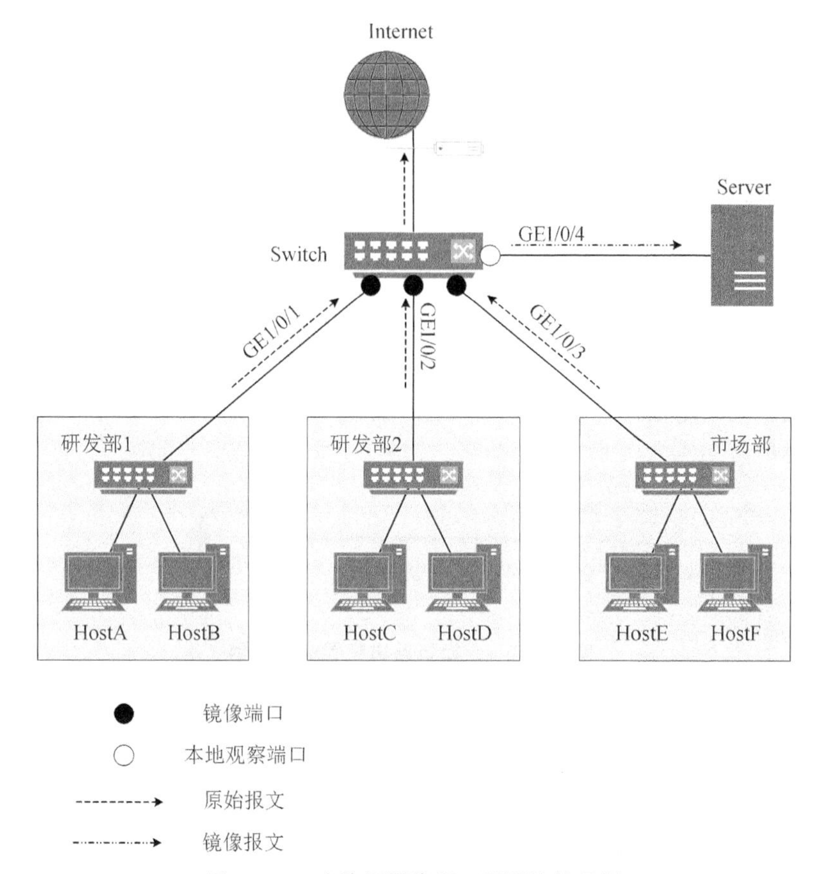

图 9-10　交换机镜像端口配置连接示例

```
port-mirroring to observe-port 1 inbound/outbound/both
#
interface GigabitEthernet1/0/3                    //镜像接口 3
port-mirroring to observe-port 1 inbound/outbound/both
#
```

上述配置指令中，both 表示流量的方向是双向的。若只要镜像出口流量，则将 both 改为 outbound；若只要镜像进口流量，则把 both 改为 inbound。inbound、outbound 可绑定的接口数量要根据设备或者板卡的型号而定。

若要删除接口镜像，则需要在镜像接口下执行命令 undo port-mirroring，删除观察接口与镜像接口的绑定关系，恢复镜像接口为普通接口，如下所示：

```
<Huawei>system-view
Enter system view, return user view with Ctrl+Z.
[Huawei]interface gigabitethernet 0/0/10

[Huawei-GigabitEthernet0/0/10]undo port-mirroring to observe-port 1 inbound
[Huawei-GigabitEthernet0/0/10]quit
[Huawei]
```

在系统视图下执行命令 undo observe-port，删除观察接口，如下所示。

```
<Huawei>sys
<Huawei>system-view
Enter system view, return user view with Ctrl+Z.
[Huawei]undo observe-port 1
```

9.3 路由配置

本节以一个较为简单的示例来说明路由配置方法，如图 9－11 所示，更复杂的连接关系与此类似。

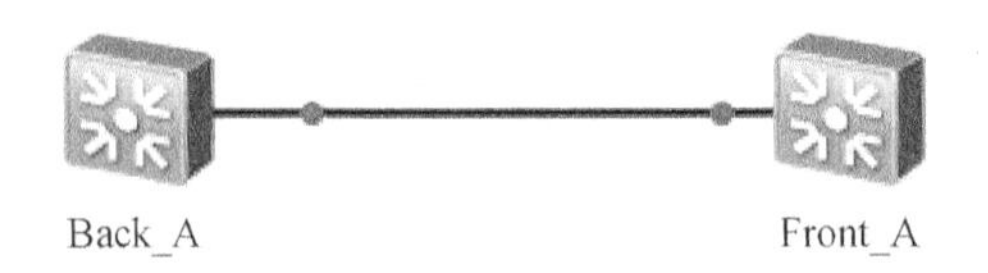

图 9－11　交换机路由配置连接示例

Back_A 采用 192.168.131.0(24)网段，全部接口均在 VLAN 1 下，47 接口设置为 trunk。

Front_A 采用 192.168.130.0(24)网段，设置了两个 VLAN(VLAN 1 和 VLAN 2)，47 接口在 VLAN 1 下，其余接口在 VLAN 2 下。

Front_A 交换机静态路由配置如图 9－12 所示。

```
[Front_A]ip route-static 192.168.131.0 255.255.255.0 192.168.131.253
[Front_A]
Apr 30 2019 19:11:41 Front_A DS/4/DATASYNC_CFGCHANGE:OID 1.3.6.1.4.1.2011.5.25
umber is 166, the change loop count is 0, and the maximum number of records is
[Front_A]display ip routing-table
Route Flags: R - relay, D - download to fib
------------------------------------------------------------------------------
Routing Tables: Public
         Destinations : 6        Routes : 6

Destination/Mask    Proto   Pre  Cost      Flags NextHop         Interface

      127.0.0.0/8   Direct  0    0           D   127.0.0.1       InLoopBack0
      127.0.0.1/32  Direct  0    0           D   127.0.0.1       InLoopBack0
  192.168.130.0/24  Direct  0    0           D   192.168.130.253 Vlanif2
192.168.130.253/32  Direct  0    0           D   127.0.0.1       Vlanif2
  192.168.131.0/24  Direct  0    0           D   192.168.131.252 Vlanif1
192.168.131.252/32  Direct  0    0           D   127.0.0.1       Vlanif1
```

图 9－12　交换机静态路由配置——Front-A 配置示例

Back_A 交换机静态路由配置如图 9－13 所示。

需要注意的是，路由配置完成后，Front_A 的路由表中没有 Static 条目，Back_A 的路由中有 Static 条目。

```
[Back_A]ip route-static 192.168.130.0 255.255.255.0 192.168.131.252
[Back_A]
Apr 15 2019 19:56:36 Back_A DS/4/DATASYNC_CFGCHANGE:OID 1.3.6.1.4.1.2011.5.25.
mber is 7, the change loop count is 0, and the maximum number of records is 40
[Back_A]display ip routing-table
Route Flags: R - relay, D - download to fib
------------------------------------------------------------------------------
Routing Tables: Public
         Destinations : 5        Routes : 5

Destination/Mask    Proto   Pre  Cost      Flags NextHop         Interface

      127.0.0.0/8   Direct  0    0           D   127.0.0.1       InLoopBack0
      127.0.0.1/32  Direct  0    0           D   127.0.0.1       InLoopBack0
  192.168.130.0/24  Static  60   0          RD   192.168.131.252 Vlanif1
  192.168.131.0/24  Direct  0    0           D   192.168.131.253 Vlanif1
192.168.131.253/32  Direct  0    0           D   127.0.0.1       Vlanif1
```

图 9-13　交换机静态路由配置——Back-A 配置示例

9.4　组播配置

在本书 7.4 节中已对组播 IGMP 协议的配置和部署进行了介绍，加入相应组播组的 PC 机会向路由器（或交换机）发送申请加入特定组播组的 IGMP 成员关系报告，如图 9-14 所示。

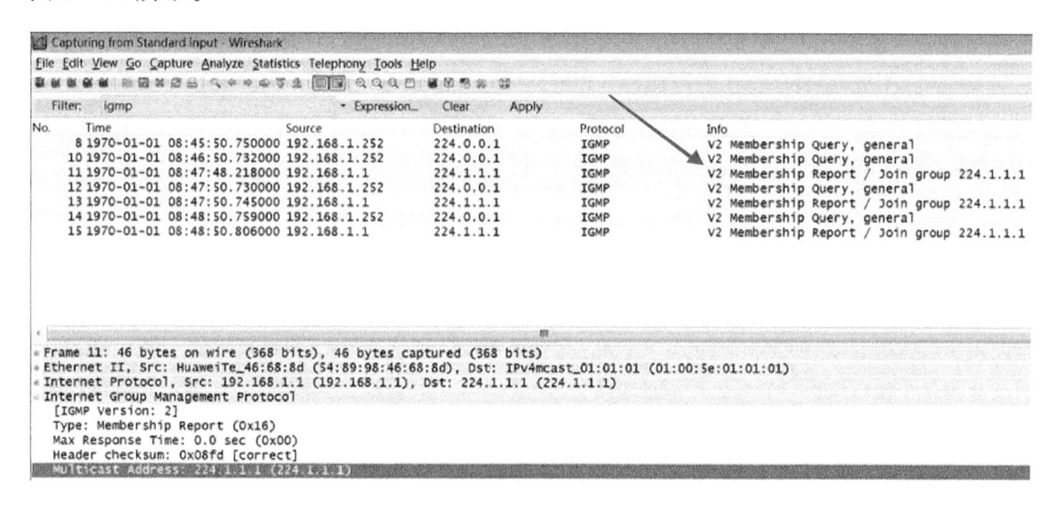

图 9-14　PC 机发送申请加入特定组播组的 IGMP 成员关系报文

当成员离开时，路由器会立即发送特定组查询报文，而且会间隔 1 s 连续发两次，如图 9-15 所示。

部分组播配置方法如下：

[Huawei]multicast routing-enable　激活路由器的组播路由功能

#在接口上激活 IGMP 并选择 IGMP 的版本

[Huawei]interface GigabitEthernet 0/0/1

[Huawei- GigabitEthernet 0/0/1]ip address 192.168.1.252 24

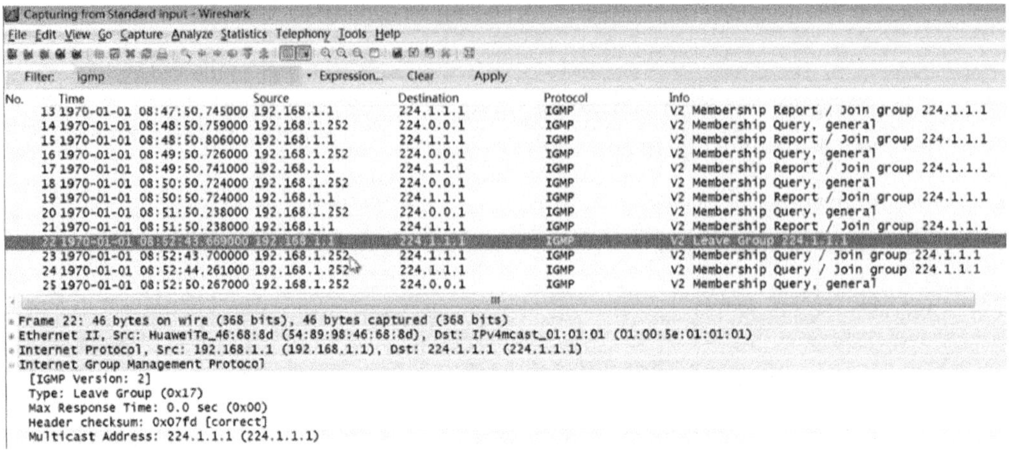

```
Capturing from Standard input - Wireshark
File Edit View Go Capture Analyze Statistics Telephony Tools Help
Filter: igmp                    Expression... Clear Apply
No. Time                       Source         Destination Protocol Info
 13 1970-01-01 08:47:50.745000 192.168.1.1    224.1.1.1   IGMP     V2 Membership Report / Join group 224.1.1.1
 14 1970-01-01 08:48:50.759000 192.168.1.252  224.0.0.1   IGMP     V2 Membership Query, general
 15 1970-01-01 08:48:50.806000 192.168.1.1    224.1.1.1   IGMP     V2 Membership Report / Join group 224.1.1.1
 16 1970-01-01 08:49:50.726000 192.168.1.252  224.0.0.1   IGMP     V2 Membership Query, general
 17 1970-01-01 08:49:50.741000 192.168.1.1    224.1.1.1   IGMP     V2 Membership Report / Join group 224.1.1.1
 18 1970-01-01 08:50:50.724000 192.168.1.252  224.0.0.1   IGMP     V2 Membership Query, general
 19 1970-01-01 08:50:50.724000 192.168.1.1    224.1.1.1   IGMP     V2 Membership Report / Join group 224.1.1.1
 20 1970-01-01 08:51:50.238000 192.168.1.252  224.0.0.1   IGMP     V2 Membership Query, general
 21 1970-01-01 08:51:50.238000 192.168.1.1    224.1.1.1   IGMP     V2 Membership Report / Join group 224.1.1.1
 22 1970-01-01 08:52:43.669000 192.168.1.1    224.1.1.1   IGMP     V2 Leave Group 224.1.1.1
 23 1970-01-01 08:52:43.700000 192.168.1.252  224.1.1.1   IGMP     V2 Membership Query / Join group 224.1.1.1
 24 1970-01-01 08:52:44.261000 192.168.1.252  224.1.1.1   IGMP     V2 Membership Query / Join group 224.1.1.1
 25 1970-01-01 08:52:50.267000 192.168.1.252  224.0.0.1   IGMP     V2 Membership Query, general

Frame 22: 46 bytes on wire (368 bits), 46 bytes captured (368 bits)
Ethernet II, Src: HuaweiTe_46:68:8d (54:89:98:46:68:8d), Dst: IPv4mcast_01:01:01 (01:00:5e:01:01:01)
Internet Protocol, Src: 192.168.1.1 (192.168.1.1), Dst: 224.1.1.1 (224.1.1.1)
Internet Group Management Protocol
  [IGMP Version: 2]
  Type: Leave Group (0x17)
  Max Response Time: 0.0 sec (0x00)
  Header checksum: 0x07fd [correct]
  Multicast Address: 224.1.1.1 (224.1.1.1)
```

图 9-15　当成员离开时路由器发送特定组查询报文

[Huawei- GigabitEthernet 0/0/1]dis this　#可以看到 IP 地址信息

[Huawei- GigabitEthernet 0/0/1]igmp enable

[Huawei- GigabitEthernet 0/0/1]dis this　#此时可以看到 IGMP 已生效

[Huawei- GigabitEthernet 0/0/1]igmp version 2　　#默认为 IGPMv2

#配置常规查询报文的发送周期,默认为 60 s

[Huawei- GigabitEthernet 0/0/1]igmp timers query interval

#配置 IGMP 健壮系数,默认为 2

[Huawei- GigabitEthernet 0/0/1]robust-count robust-value

#配置最大响应时间,默认为 10 s

[Huawei- GigabitEthernet 0/0/1]igmp max-response-time interval

#IGMP 组表项是由用户主机发送的 IGMP 加入报文触发创建的,用于维护组加入信息并通知组播路由协议(PIM 协议)创建相应(*,G)表项。只要设备接口使能了 IGMP 并收到组加入报文,IGMP 协议就会为每个接口维护一个组加入信息表项

<Huawei>displayigmp group

#IGMP 路由表也是由 IGMP 协议维护的,但它只有在接口没有使能 PIM 协议时才会存在。它的作用主要是用来扩展组播路由表项的出接口

<Huawei>display igmp routing-table

<Huawei>display igmp interface　#可以看到 IGMP 接口的配置情况,如图 9-16 所示,最后一行表示:AR1 路由器的 G0/0/0 接口(ip 192.168.1.252)是这个网段的 IGMP 查询器,每隔 60 s 发送一次此网段内的 IGMP 查询包(向广播 IP-224.0.0.1 发送)。

进行静态组播组配置的场景主要包括:

- 希望某些成员能够固定地收到组播流量;
- 某些主机不具备 IGMP 的功能,但仍然希望能够获得流量。

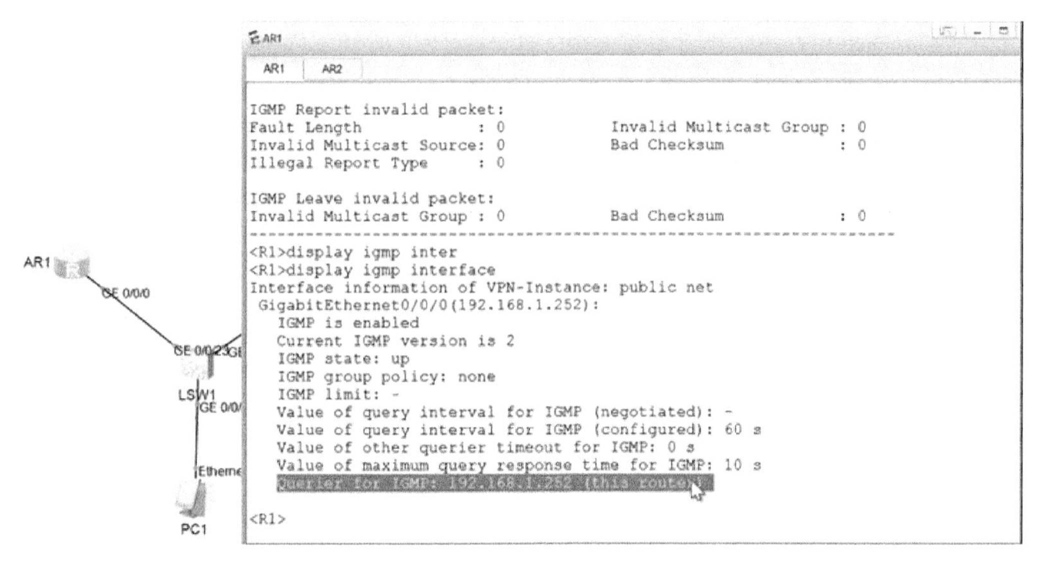

图 9-16 使用 display igmp interface 查看 IGMP 接口的配置情况

9.5 命令帮助

CLI 比 GUI 操作更难在非专业用户中普及，其中一个重要原因在于，操作 CLI 系统需要用户主动输入大量的命令和参数。而通过 GUI 操作设备时，管理人员只需要对软件/系统本身已经设计好的图标、标签、对话框等进行设置，就可以完成操作工作。因此，从表面上看，通过 CLI 操作设备需要记忆大量的命令、参数和选项。针对这种情况，VPR(Versatile Routing Platform)系统提供了一些帮助功能。这些功能可以在很大程度上帮助管理员缓解因为不熟悉 VRP 系统而带来的不便。

1. 命令提示功能

在不熟悉如何配置某项功能时，管理员可以在系统中输入问号“?”，向系统查询当前可以输入的命令、关键字和参数。这样一来，管理员不仅可以在一定程度上免于记忆大量不常使用的命令、关键字和参数，而且又不必像使用 GUI 界面那样，忙于到处寻找能够完成所需操作的图标、标签和对话框。

问号最简单的用法就是在视图下直接输入“?”，这时系统会向管理员提示这个视图下，所有可用命令的第一个关键字。此外，管理员也可以在输入部分字母之后紧跟问号“?”。此时，系统会向管理员提示，当前视图可用命令中所有以这些字母开头的关键字，具体如下所示：

```
<HUAWEI> d?
  debugging                                   delete
  dir                                         display
```

如果管理员在输入了一条命令的前一个关键字或前几个关键字之后，发现自己忘记了后面的关键字，可以在前面的关键字后面输入问号“?”，要求系统提示下一个关键字或者参数，如下所示：

```
<HUAWEI> display ?
  aaa                          AAA
  aaa-quiet                    AAA quiet
  access-author                Access user author
  access-context               Access user context
  access-user                  User access
  accounting-scheme            Accounting scheme
  acl                          ACL status and configuration information
  alarm                        Alarm
  als                          Set automatic laser shutdown
  anti-attack                  Specify anti-attack configurations
  arp                          Display ARP entries
  arp-limit                    Display the number of limitation
  as                           Access switch
  assistant                    Assistant
  associate-user               Associate user
  authentication               Authentication unified-mode
  authentication-profile       Authentication profile
  authentication-scheme        Authentication scheme
  authorization-scheme         Display AAA authorization scheme
  auto-defend                  Auto defend
  auto-port-defend             Auto port defend
  bpdu                         BPDU message
  bridge                       Bridge MAC
  buffer                       Buffer
  built-in                     Built-in power
  calendar                     Calendar of a month
  cdp                          Non standard IEEE discovery protocol
  cfm                          Connectivity fault management
  changed-configuration        The changed configuration
  channel                      Informational channel status and configuration
                               information
  chip-temperature             Chip temperature
  clock                        clock status and configuration information
  cluster-topology-info        Information of the cluster topology
  compatible-information       Compatible information
  component                    Component information
  configuration                CFM module
  configuration-occupied       Configuration exclusive occupied
  counters                     Statistics information about the interface
  cpu-defend                   Configure CPU defend policy
```

2. 命令补全功能

除了问号“?”之外,命令行还提供了命令补全功能。当管理员将某个关键字输入到足够消除歧义的那个字母之后,虽然该输入信息仍不完整,但由于这部分输入信息只能唯一地对应到一个关键字,因此管理员可以通过单击键盘上的 Tab 键,直接将该关键字补充完整如下所示:

```
<HUAWEI> displ?
  display
<HUAWEI> displ
<HUAWEI> display
```

如果一条命令中,管理员输入的所有关键字长度都足以消除歧义,那么管理员完全可以立刻按回车键执行命令。也就是说,VPR 系统可以识别不完整的命令。例如,在系统视图下,第一个关键字以 int 开头的命令只有 interface。而 interface 命令中的关键字以 g 开头的只有 GigabitEthernet。因此,管理员在系统视图下输入“int g0/0/0”,就可以进入到 GigabitEthernet 0/0/0 接口的视图中。

```
[HUAWEI] intg0/0/1
[HUAWEI-GigabitEthernet0/0/1]
```

3. 错误提示信息

如果管理员输入的命令 VRP 无法识别,系统就会弹出错误提示信息,提示管理员其刚才输入的命令有误。

(1) 错误 1:关键字的简化存在歧义

VRP 系统可以识别不完整的命令,但前提是管理员必须将该命令中的关键字输入到足够消除歧义的字母为止。否则,系统就会弹出下面所示错误信息:

```
<HUAWEI> S?
  save                          schedule
  screen-length                 screen-width
  send                          set
  stack                         startup
  super                         system-view
<HUAWEI> S
          ^
Error:Ambiguous command found at '^' position.
<HUAWEI>
```

(2) 错误 2:命令没有输入完整

如果一条命令由多个关键字和参数组成,而管理员并没有输入所有的关键字和参数,那么系统就会弹出下面所示错误信息:

```
[HUAWEI] interface
```

```
                    ^
Error:Incomplete command found at '^' position.
[HUAWEI]
```

在前文中我们介绍过,命令 interface 的作用是进入某个接口的接口视图,因此使用这条命令时必须在 interface 这个关键字后面加上管理员系统进入的接口编号。在上面的输入中,由于管理员没有指明要进入哪个接口,因此系统不知道该如何执行这条命令,于是就弹出错误提示信息。

(3) 错误 3:命令无法识别

输入错误或者模式不匹配也会导致系统无法识别管理员输入的关键字,系统同样会弹出错误信息,如下所示:

```
[HUAWEI] system-view
            ^
Error: Unrecognized command found at '^' position.
[HUAWEI]
```

命令 system-view 的作用是从用户视图进入系统视图中,显然这条命令不应该在系统视图中输入,因此系统弹出错误提示信息。

9.6 交换机状态查看

在进行交换机配置的过程中,经常需要查看交换机的当前状态以及确认交换机是否配置成功。有些状态查看的指令在前文中已有介绍,下面列出比较常用的几条交换机状态查看指令。

<HUAWEI> display version:查看当前产品的硬件型号、系统版本等。

<HUAWEI> display device:查看堆叠系统中各成员交换机的个数与实际组网中交换机的个数是否一致。

<HUAWEI> display stack:查看堆叠系统的连接拓扑与实际硬件连接拓扑是否一致。

<HUAWEI> display vlan:查看 VLAN 设置情况和各接口归属。

<HUAWEI> display vlan vlan-id:查看指定 VLAN 的详细信息。

<HUAWEI> display ip routing-table:查看设备的路由表信息。

<HUAWEI> display ip interface brief:查看接口与 IP 相关的简要信息。

<HUAWEI> display observe-port:查看观察接口。

<HUAWEI> display current-configuration interface:查看接口当前配置状态。

<HUAWEI> display interface g0/0/1:查看接口信息。

<HUAWEI> display this:查看当前视图的配置信息。

<HUAWEI> display current-configuration:查看设备当前生效的配置参数。

第 10 章 实战工具

10.1 eNSP

华为数据通信设备并不是家用设备，因此对于大部分致力于从事这类工作的人员来说，学习技术的一大难点在于手中没有设备可供平时测试和练习。为此，华为公司提供了仿真软件 eNSP，可通过它来练习华为数通设备的配置和使用方法。

eNSP 是华为公司官方开发并免费分享的网络仿真平台，它不仅为致力于这个行业的学习群体创造了轻松熟悉华为数通产品操作方法的条件，也为专业工程技术人员打造了一个能够测试网络环境、模拟网络故障的平台。

要使用 eNSP 仿真平台，读者可以去华为官网或者其他网络渠道下载 eNSP 安装软件。

在安装 eNSP. exe 之前需要先安装下面三个软件：

VirtualBox-5.2.26-128414-Win.exe
WinPcap_4_1_3.exe
wiresharkportable.paf.exe

eNSP 软件主界面如图 10 - 1 所示。

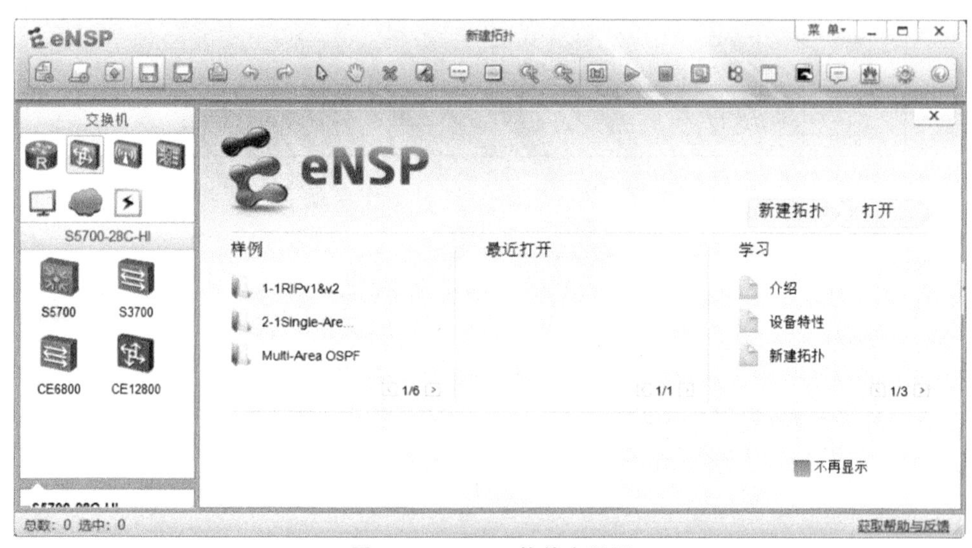

图 10 - 1 eNSP 软件主界面

eNSP 工具栏各图标的说明如表 10－1 所列。

表 10－1 eSNP 工具栏各图标的说明

工 具	简要说明	工 具	简要说明
	新建拓扑		新建试卷工程
	打开拓扑		保存拓扑
	另存为指定文件名和文件类型		打印拓扑
	撤销上次操作		恢复上次操作
	恢复鼠标		选定工作区，便于移动
	删除对象		删除所有连线
	添加描述框		添加图形
	放大		缩小
	恢复原大小		启动设备
	停止设备		采集数据报文
	显示所有接口		显示网格
	打开拓扑中设备的命令行界面		eNSP 论坛
	华为官网		选项设置
	帮助文档		

单击工具栏最左上角的“新建拓扑”按钮，这时工作区就会变成一片空白，用户可以将交换机拖拽到工作区当中，如图 10－2 所示。

接下来，用户需要在设备类别中选择设备连接，连线的类型选择 Copper，用铜线将两台设备连接起来；然后，用户再用鼠标单击工作区的设备，软件就会提示用户选择用该铜线连接设备的哪个接口，如图 10－3 所示。

完成连接后，在网络设备上右击，在打开的右键菜单中选择“启动”，设备就会进入运行状态，颜色也会发生变化，如图 10－4 所示。

当交换机启动后，双击交换机进入设备的命令行界面，如图 10－5 所示。

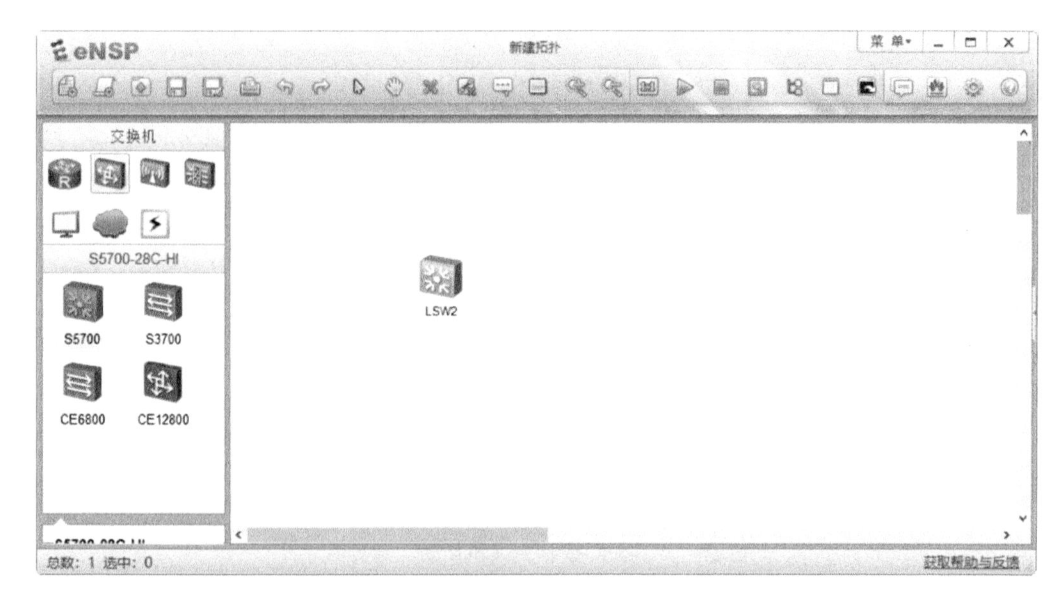

图 10－2　eNSP 软件新建拓扑后拖拽交换机界面

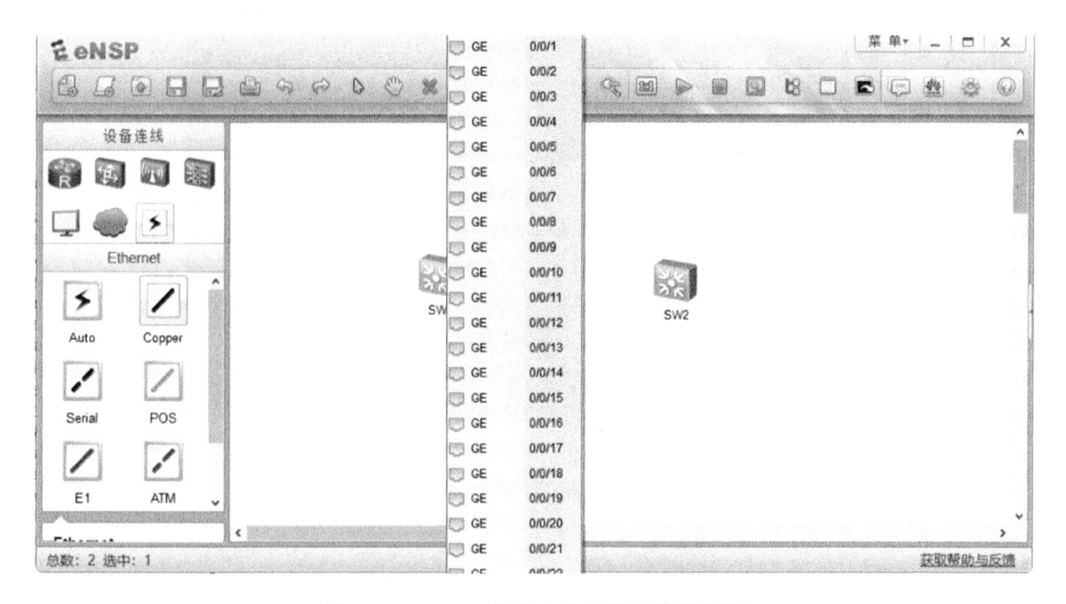

图 10－3　eNSP 软件交换机接口选择界面

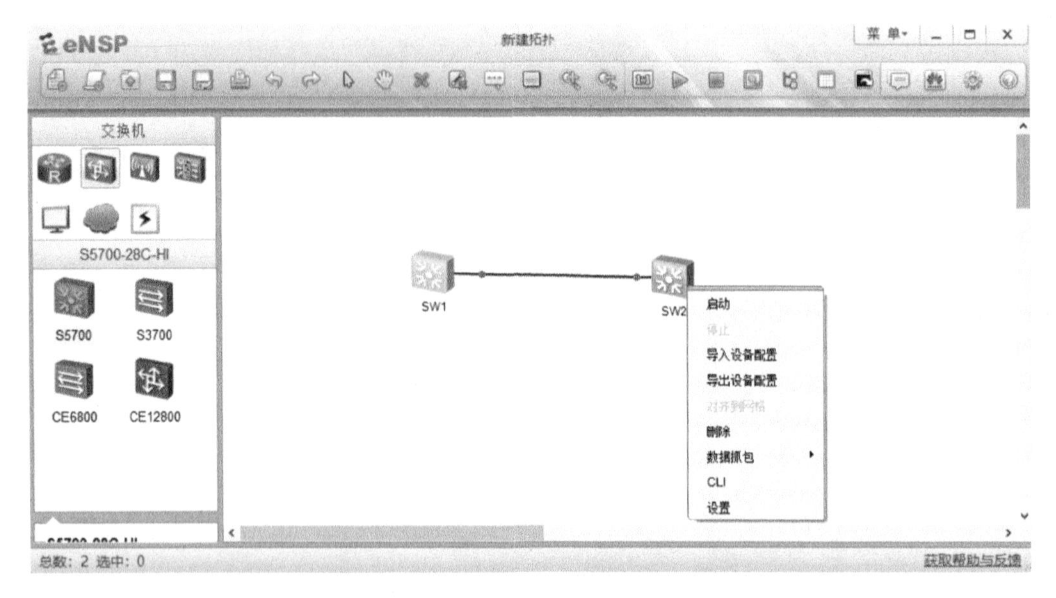

图 10－4 eNSP 软件交换机启动控制界面

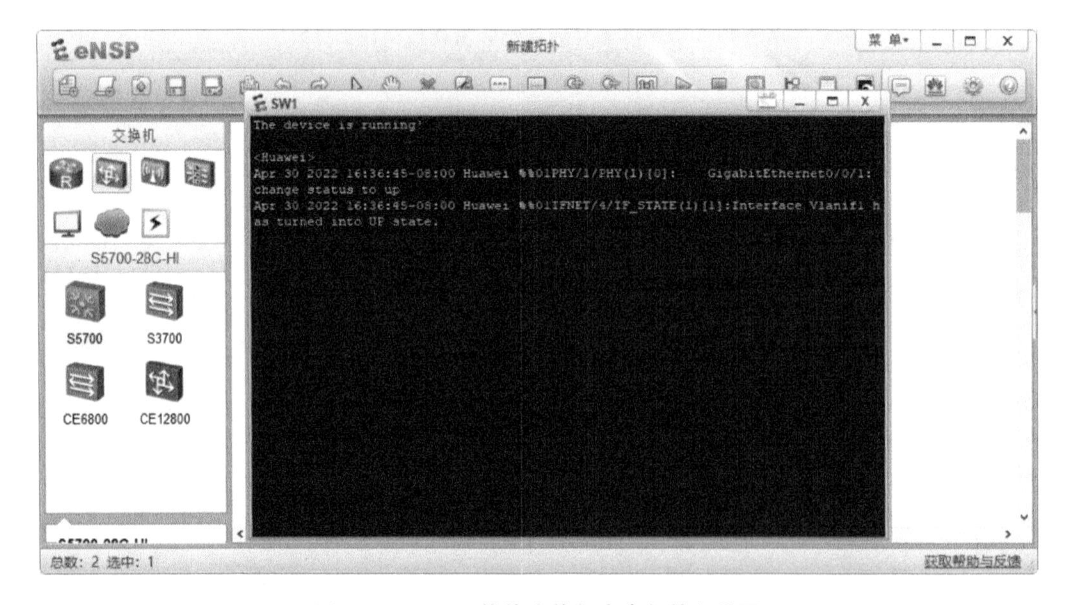

图 10－5 eNSP 软件交换机命令行输入界面

10.2 WireShark

打开 Wireshark 软件主界面，如图 10－6 所示，能够看到 3 个区域。最上方是工具栏区域，可以选择“开始捕获”“停止捕获”等操作；中间是 Cpature Filter 区域，能够在开始捕获前指定过滤规则；下方是可以抓取数据的网卡列表，双击其中一个设备就开始网络流量的捕获。

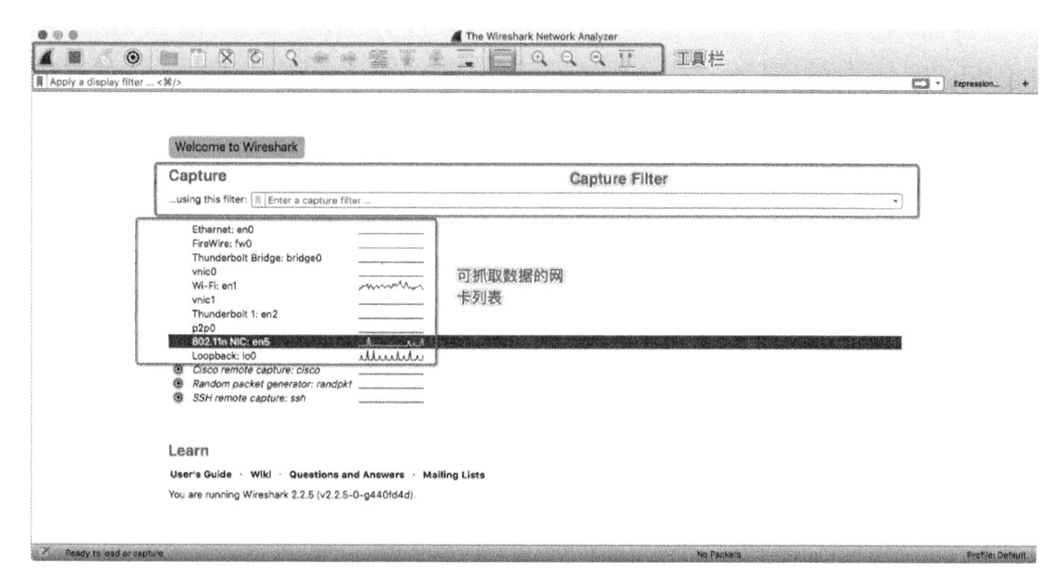

图 10-6 Wireshark 软件主界面

Wireshark 软件结果展示界面如图 10-7 所示。结果的展示主要分 3 个区域，最上方是请求和响应列表，每一条记录表示一次请求或响应的交互；中间是对选中的交互解析后的结果；最下方是请求原始数据。

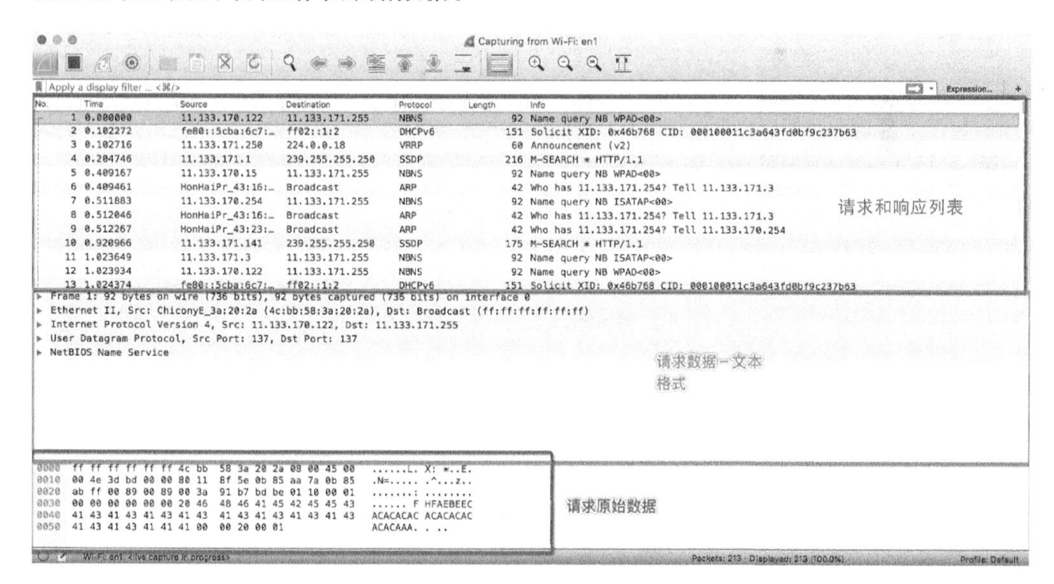

图 10-7 Wireshark 软件结果展示界面

在请求和响应列表上方，可以指定 Display Filter，用于筛选已经捕获到的数据。过滤表达式的规则如下：

(1) 协议过滤。比如 TCP,只显示 TCP 协议。

(2) IP 过滤。比如:

ip. src ==192.168.1.102,显示源地址为 192.168.1.102;

ip. dst==192.168.1.102,显示目标地址为 192.168.1.102。

(3) 端口过滤。比如:

tcp. port ==80,仅显示 TCP 协议的端口为 80 的数据。

tcp. srcport == 80,仅显示 TCP 协议的源端口为 80 的数据。

(4) Http 模式过滤。比如:

http. request. method=="GET", 只显示 HTTP GET 方法的数据。

(5) 逻辑运算符为 AND/OR。

Wireshark 软件典型的数据抓取界面如图 10-8 所示。

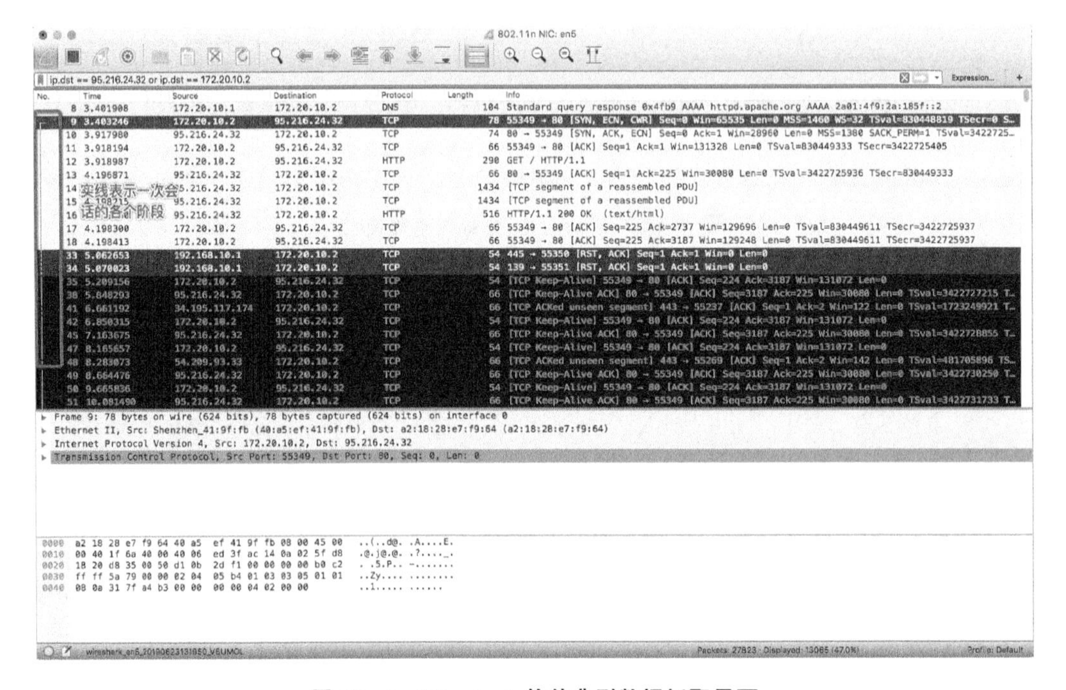

图 10-8 Wireshark 软件典型数据抓取界面

第 11 章　实时以太网

11.1　现场总线和实时以太网

11.1.1　现场总线

现场总线(Field Bus)是一种应用于生产现场，在现场设备间、现场设备与控制装置之间实现双向、串行、多节点数字通信的技术。现场总线既适用于计算机通信，也适用于微处理器通信。

现场总线相比机内总线和板上总线，是一种安装在楼宇或者更远距离的系统中，连接在各个设备之间，获取数据或者控制执行器的总线。

机器与系统的控制需求在不断地发生着变化，更为高效的生产系统需要通过互联来降低机器各个单元之间的停顿，以便形成连续的生产系统，这使得现场总线得到快速的发展。然而这也引起人们对现场总线技术互联的困惑，因为不同的自动化公司开发了不同的现场总线，如 SIEMENS 开发了 Profibus DP，Rockwell AB 开发了 DeviceNet，Rexroth 开发了 SERCOS，Bosch 开发了 CAN，三菱开发了 CC-Link，Emerson 开发了 Fieldbus Foundation、HSE、Interbus，Modicon 开发了 Modbus 等，这些不同的现场总线造成不同的系统之间仍然无法进行相互连接。

各个主流现场总线如 CAN、Profibus、DeviceNet、Modbus 等已经存在超过 20 年，其主要的性能、特点如表 11－1 所列。

表 11－1　几种现场总线之间的比较

比较项	CAN	Profibus	DeviceNet	Modbus
始创公司	Bosch	SIMENS	Rockwell AB	Modicon
物理层	RS-485	RS-485	CAN	RS-485
传输速率/Mbps	1	12	0.5(max)	10
最小循环周期/ms	1	10	10	10
节点传输距离/m	40@1 Mbps	40@1 Mbps	100@0.5 Mbps	100@1 Mbps
节点数	32	128(max)	64	247
延迟/μs	100	100	100	100
数据帧容量	44～108 标准帧	246 字节	—	—

续表 11-1

比较项	CAN	Profibus	DeviceNet	Modbus
可靠性	高可靠性网络	高可靠性网络	高可靠性网络	高可靠性网络
通信机制	CSMA/CA	主-主:令牌,主-从结构	CSMA/CA	—
开发时间	1992 年	—	1994 年	—

11.1.2 以太网技术

20 世纪 90 年代,随着 IT、Internet、智能传感器、电力电子、数据库等技术的快速发展,管理系统与自动化系统的集成变得更为迫切,更为全局的生产所需求。例如:柔性制造系统 FMS(Flexible Manufacturing System)、计算机集成制造系统 CIMS(Computer/Contemporary Integrated Manufacturing System)、制造执行系统 MES(Manufacturing Execution System)等的集成使得对数据的需求大大增加。

信息化是基于 MES、CIMS 的发展而发展的,其对数据传输的实时性要求低,但对数据容量要求高。标准化的网络可以确保各个设备之间没有物理上的瓶颈,信息化在控制系统上体现出更多的应用,如 PLC 增加了更多的网络传输功能,B&R 的 PCC 增加了对 VNC 服务器和 FTP 服务器的访问,以及 OPC-UA 的功能集成,这使得网络进一步向管理层方向延伸,必须与管理层接轨,而这些都是基于以太网来实现的。

以太网之所以发展得如此之快,是因其在以下方面具有优势:

- 传输速率:传统的现场总线如 Profibus 的传输速率最大仅为 12 Mbps;而以太网的传输速率则可以达到 100 Mbps,甚至 1 Gbps。
- 传输距离:普通现场总线可以实现较长距离的传输,但其传输速率往往会降低。例如 CAN 总线若传输 1 km,其传输速率仅为 12.5 kbps。而以太网则以 100 Mbps 速率通信,传输距离至少可以达到 100 m,若采用光纤介质则可以传输更远距离(例如 10 km)而不牺牲通信速率。
- 拓扑结构:以太网的拓扑结构较为灵活,而传统总线则往往不够灵活,且节点数有限。
- 成本:Profibus、CAN 等总线需要专用的芯片,这些专用芯片的使用量远远小于以太网芯片的使用量,因此,以太网的成本反倒更低。
- 应用范围:以太网的应用范围更为广泛。

尽管以太网技术有以上优点,但是就工业现场应用而言,其仍然存在一些问题。工业领域的一些应用需求使得基于 IEEE802.3 的以太网无法在工业现场应用,原因包括:

- CSMA/CD 机制的非确定数据交换;
- 严苛的工业环境对于可靠性的需求;
- 网络安全要求。

11.1.3 实时以太网技术

为了充分利用以太网技术的优势而避免其劣势，不同的公司开始研究提出用于解决传统以太网无法实现实时性的解决方案。

在2001年，奥地利B&R（Bernecker&Rainer）在实际项目中应用了其所开发的Ethernet PowerLink实时以太网技术，它在实现更高的传输速率的同时，可以达到微秒级的数据循环周期。同期，SIEMENS公司在2001年提出了ProfiNet；德国倍福公司在2003年发布EtherCAT标准，将以太网用于工业控制领域。2005年，空客发布AFDX标准，将以太网用于飞机航电系统。2005年至2008年，奥地利时间触发计算机技术公司（TTTech）研发了面向工业应用的TTE网络交换机和端系统产品。2011年，美国汽车工程师学会（SAE）发布了TTE网络规范《时间触发以太网》（SAE AS6802），定义了网络的时钟同步、容错等关键技术。2012年，IEEE成立时间敏感网络（TSN）工作组，重新掌控和主导以太网技术发展。

目前市面上可供选择的实时以太网种类众多，令人眼花缭乱，主要是因为实时以太网常常是用在小型局域网环境中，不同的工业自动化和控制领域对实时以太网的需求差异并不相同，多个不同的标准化组织和行业巨头分别采用了不同的技术实现方式，提出了自己的行业标准。中国也推出了自己的实时以太网标准EPA（Ethernet for Plant Automation），适用于工业测量与控制。

下面将选取应用相对较多的几种典型实时以太网进行说明，包括EtherCAT、PowerLink、AFDX、TTE和TSN。

1. EtherCAT

EtherCAT名称中的CAT为ControlAutomationTechnology（控制自动化技术）首字母的缩写。最初由德国倍福自动化有限公司（BeckhoffAutomationGmbH）于2003年提出的一种实时工业以太网技术。虽然它最初由Beckhoff公司开发，但自2007年起，EtherCAT技术的推广和标准化工作由EtherCAT技术协会（ETG）负责，目前也是一种放的技术标准，这意味着任何公司或个人都可以使用EtherCAT技术，但需要从EtherCAT技术协会（ETG）获取授权。

EtherCAT基于集束帧方法：EtherCAT主站发送包含网络所有从站数据的数据包，这个帧按照顺序通过网络上的所有节点，当它到达最后一个帧时，帧将被再次返回，如图11-1所示。因此，EtherCAT网络拓扑总是构成一个逻辑环。

当数据帧通过节点时，节点会处理帧中的数据，每个节点读出要接收的数据并将要发送的数据插入帧中。这种处理方式加快了数据的传输速度，降低了通信的循环周期，避免了传统以太网中数据帧的重复发送。不足之处是，这种对数据帧的高速处理，出错概率高。每个节点在对数据帧处理时，即使有一点偏差也会造成整个数据帧的CRC错误，从而使整个数据帧被丢掉。这使得对产品本身的EMC以及使用现场的环境、线缆等的要求都很高。为了支持100Mbps的速率，必须使用专用的ASIC或基于FPGA的硬件来高速处理数据。

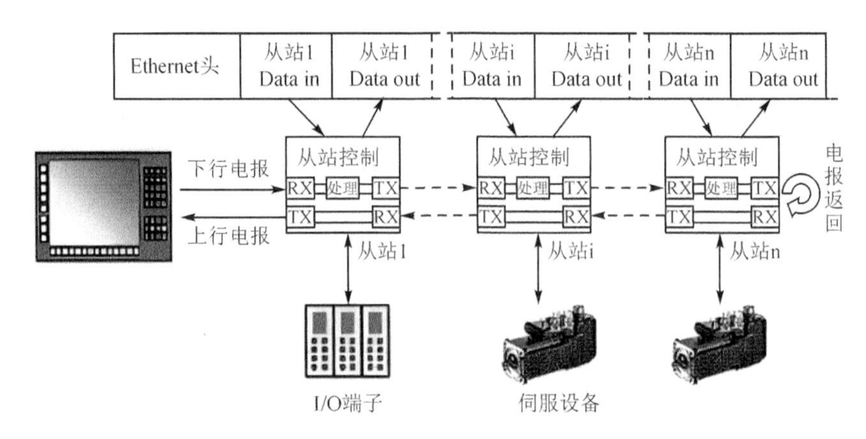

图 11-1 EtherCAT 工作原理

此外由于网络所有节点的输入和输出数据共用同一个数据帧，而一个以太网的数据帧容量有限，这就使得 EtherCAT 不能用于数据量大的应用场合。

每个从站通过由主站提供的一个类似于 IEEE1588 的实时时钟进行同步，并有处理实时和非实时的机制。在物理层，EtherCAT 协议不仅可以在以太网上运行，也可以采用 LVDS(低压差分信号)进行实现。EtherCAT 采用带有标准以太网接口的 PC 作为主站，主站如果采用 X86 硬件平台则需要使用实时操作系统。EtherCAT 没有定义应用层协议，因此用户需要自己开发应用层，如 CANopen 等。

2. PowerLink

PowerLink 是开放源码的实时以太网技术，最初由奥地利贝加莱公司(B&R)于 2001 年开发，后来成了 IEC 国际标准及中国的国家标准(GB/T-27960)。它结合了以太网的高速传输能力和 CANopen 的应用层协议，旨在为工业自动化提供一种开放、高效的实时通信解决方案。

PowerLink 是一个可以在普通以太网上实现的方案，无须 ASIC 芯片，用户可以在各种平台上实现，如 FPGA、ARM、x86CPU 等，只要有以太网的地方就可以实现 PowerLink。PowerLink 性能卓越，即使使用价格低廉的 FPGA 来实现，性能也能达到 100～200us 的循环周期；其数据吞吐量大，每个节点每个循环周期支持 1500 字节的输入和 1500 字节的输出。PowerLink 支持标准的网络设备，如交换机、HUB 等，并支持所有以太网的拓扑结构。

PowerLink 公开了所有的源码，任何人都可以免费下载和使用(就像 Linux 一样)。PowerLink 的源码里包含了物理层(标准以太网)、数据链路层(DLL)、应用层(CANopen)这 3 层的完整的代码，用户只需要将 PowerLink 的程序在已有的硬件平台上编译运行，就可以在几分钟之内实现 PowerLink。

PowerLink 可以很好地支持各种冗余实现形式，包括环形冗余、双网冗余、双环网冗余、多主冗余。而且只需在 FPGA 加入少量代码，就可以实现这些冗余。这些冗余方案也可以从网上下载。

PowerLink是一个三层的通信网络，它规定了物理层、数据链路层和应用层，这三层包含了OSI模型中规定的7层协议，如图11-2所示。

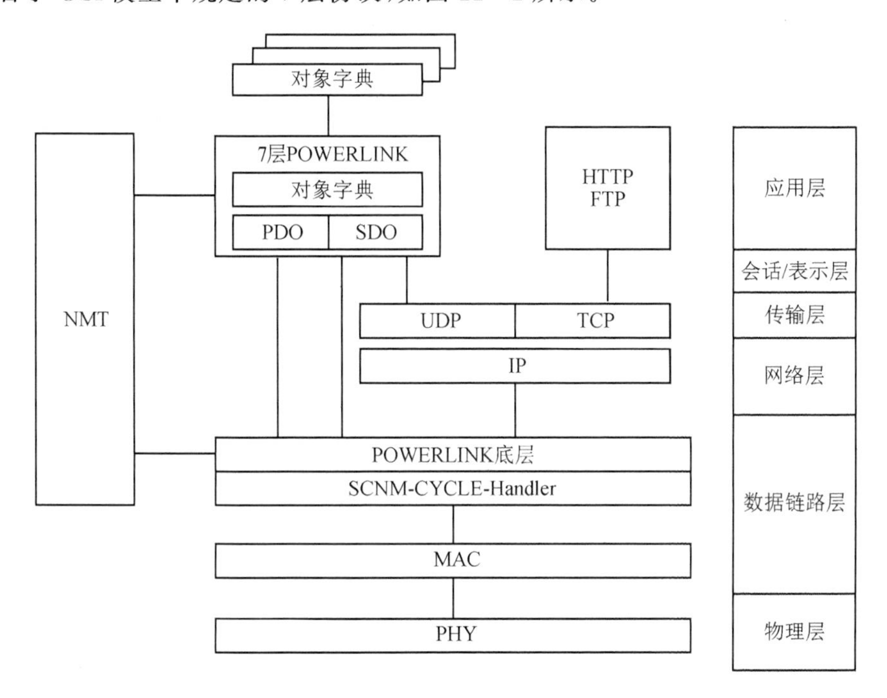

图11-2　POWERLINK的OSI模型

如图11-3所示，具有3层协议的PowerLink在应用层上可以连接各种设备，例如I/O、阀门、驱动器等。在物理层之下连接了Ethernet控制器，用来收发数据。由于以太网控制器的种类很多，不同的以太网控制器需要不同的驱动程序，因此在“Ethernet控制器”和“PowerLink传输”之间有一层“Ethernet驱动器”。

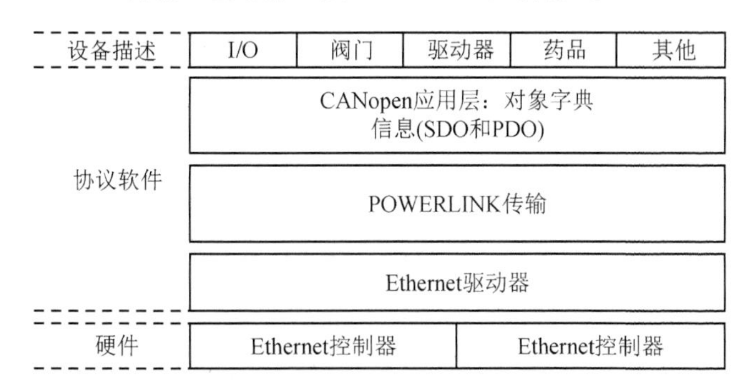

图11-3　POWERLINK通信模型的层次

3. AFDX

AFDX(Avionics Full-Duplex Switched Ethernet，航空电子全双工交换式以太网)是通过航空电子委员会审议的新一代机载以太网标准，是基于标准(IEEE802.3以太网技术和 ARINC664 Part7)定义的电子协议规范,通过采用电信标准的异步传输模式(ATM)概念来解决 IEEE802.3 以太网存在延时的缺陷,以便满足关键安全数据传输的设计需求,主要用于实现航空子系统之间进行的数据交换。AFDX 的传输速率可达 100Mbps 甚至更高,传输介质为铜制电缆或光纤。AFDX 中没有总线控制器,不存在 1553B 中集中控制的问题。同时,AFDX 采用接入交换式拓扑结构,使它的覆盖范围和可支持的节点数目远远超过了 1553B 总线,典型拓扑结构如下图所示。AFDX 允许连接到其他标准总线如 ARINC429 和 MIL-STD-1553B 等,并允许通过网关和路由与其他的适应 ANIRC664 但非确定的网络通信。AFDX 是大型运输机和民用机载电子系统综合化互联的解决方案,空客 A380 飞机上就率先采用了 AFDX 总线,同时波音 787 和 747-400ER 飞机中也采用了 AFDX 作为机载数据总线。国内在军机项目和大飞机项目上均选用了 AFDX 作为通信骨干线,国内很多航空航天科研院所开始使用该项技术。

AFDX 网络是一种开放式网络,通信协议分端系统通信协议和交换机通信协议。AFDX 网络通信协议与国际标准化组织定义的开放式系统互联(OSI)参考模型对应关系如图 11-4 所示。

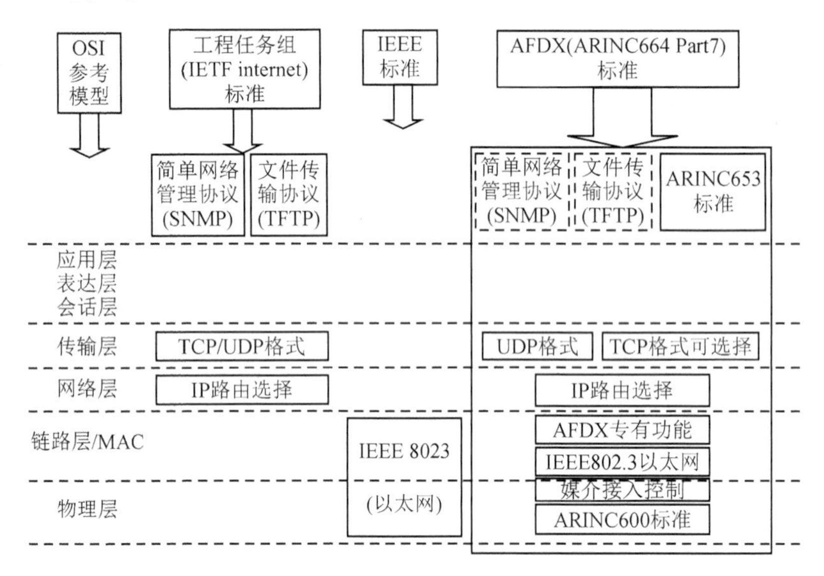

图 11-4　AFDX 网络组成示意图

AFDX 区别于 TTE、TSN 和 PowerLink 的最主要区别在于其不依赖全局时间同步,而是通过交换机的流量管理和冗余设计来确保数据传输的确定性。

AFDX 使用虚拟链路(Virtual Link,VL)将网络划分为多个逻辑通道,每个通道分配固定带宽,避免数据冲突。数据传输基于配置表,交换机根据配置表进行数据转发。尽管物理上多条虚拟链路共享同一条以太网物理链路,但它们在逻辑上是相互独立的。

虚拟链路是 AFDX 网络的核心机制,其主要包含如下作用:

- 提高网络确定性：通过为每条虚拟链路分配固定的带宽和时延参数，AFDX 网络能够保证数据传输的确定性，满足航空电子系统对实时性和可靠性的严格要求。
- 避免碰撞：虚拟链路通过带宽分配和调度机制，避免了传统以太网中可能出现的数据碰撞问题，提高了网络的效率。
- 流量整形：虚拟链路采用流量整形技术（如漏桶算法），限制突发流量，确保带宽占用可预测。
- 支持冗余设计：虚拟链路的冗余传输机制提高了网络的可靠性，即使在单点故障的情况下，数据仍能通过备用路径传输。

4. TTE

时间触发以太网（Time-Triggered Ethernet，TTE）是一种结合了传统以太网高带宽特性和时间触发机制的实时网络技术，旨在满足高实时性、高可靠性和确定性通信需求。

时间触发以太网（TTE），以时间触发代替事件触发，将通信任务通过合理的调度定时触发发送。时间触发概念的提出，其目的在于通过全局时钟精确同步，可以有效避免数据帧争用物理链路，保证通信延迟和时间偏移的确定性。时间触发与事件触发相比在系统确定性、资源损耗、可靠性、实时性上有很大优势。

数据传输分为如下三种类型：

- 时间触发（Time-triggered，TT）帧：具有最高优先级，传输时间严格受限，适用于关键任务数据（如飞行控制指令）。
- 速率约束（Rate-constrained，RC）帧：对传输时延有严格限制，但允许一定的抖动，RC 消息的传输不需要网络节点间进行时钟同步，适用于周期性数据。
- 尽力而为（Best-effort，BE）帧：类似于传统以太网的传输方式，不保证时延和抖动，适用于非实时数据。

在容错机制方面，TTE 使用基于成员关系的容错机制，通过节点之间的相互监控和比对，快速检测和隔离故障。同时，支持双余度或三余度通信链路，确保网络的高可靠性。

TTE 的 TT 消息服务是建立在网络中所有节点达成时钟同步的基础上的，只有在整个网络达成时钟同步的条件下，TT 消息才能够按照调度表进行正常的接收、发送和转发等动作，否则会出现严重的丢包现象。因此，高精度、高可靠性的时钟同步协议在 TTE 网络中十分重要。相对于普通以太网采用的 IEEE 1588 标准作为网络的标准时钟同步协议，TTE 网络中，采用 SAE AS6802 标准作为网络的标准时钟同步协议；SAE AS6802 标准为系统的时钟同步、clique 检测、启动和重启定义了相应的算法，通过这些算法实现可变余度容错和自稳定机制。

IEEE 1588 标准将网络中的节点分为主节点和从节点，通过主节点和从节点之间同步帧的交互，从节点根据交互的同步帧的接收和发送时间节点计算与主节点的时钟偏移，并进行校对，达成与主节点时钟的同步，同步精度依赖于主节点性能。SAE

AS6802 标准中,根据功能不同,TTE 中的节点可分为三种类型:同步主站(SM)、压缩主站(CM)和同步客户端(SC)。

- 同步主站(SynchronizationMaster,SM),又称同步主节点,是指提供本地时钟参与全局统一时间计算的节点,一般为终端。
- 压缩主站(Compression Master,CM),又称压缩主节点,是指对各同步控制器发送的时钟按一定的算法进行表决计算,生成全局统一时间的节点,一般为交换机。
- 同步客户端(Synchronization Client,SC),又称从节点,是指主节点、压缩节点以外的网络节点,只接收统一发布的全局统一时间。

TTE 通过这三种不同功能节点间协议控制帧(Protocol Control Frame,PCF)的交互,实现网络时间同步。由于该协议中没有主从节点的概念,所以网络全局时钟不依赖于主时钟的性能,具有较高的容错性。

协议控制帧(PCF)是一个标准的最小长度以太网帧,其网络类型域被设置为"0x891D"(类型字段取值为 0x0800 的帧代表 IP 协议帧;类型字段取值为 0x0806 的帧代表 ARP 协议帧),帧格式定义如图 11-5 所示。

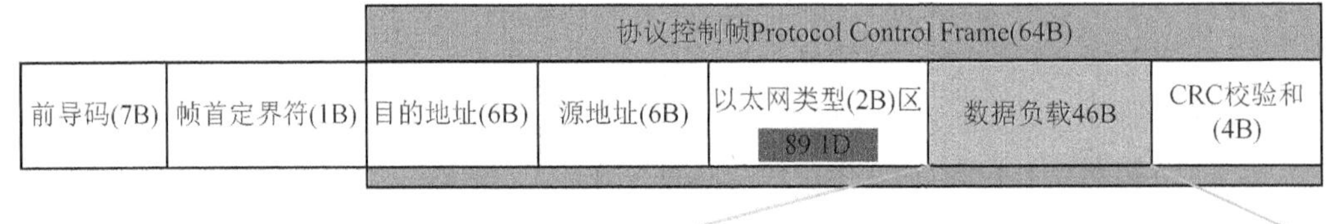

+	0-15		16-31	
0	集成周期域			
32	新成员关系			
64	保留			
96	同步优先级域	同步域	类型	保留
128	保留			
160 192	透明时钟域			

图 11-5 协议控制帧(PCF)数据格式定义示意图

上图中各字段含义如下:

- 集成周期帧(Integration Cycle):代表 PCF 发送的当前集成周期。
- 新成员关系域(Membership New):一个位相量,静态配置,每一位代表了系统中的一个主节点。
- 同步优先级域(Sync Priority):一个配置于主节点、从节点和压缩主节点中的静态值,显示同步优先级。
- 同步域(Sync Domain):一个配置在主节点、从节点和压缩主节点中的静态值,显示集群的域名。

➢ 类型域(Type):定义了协议控制帧的类型,包括:冷启动帧(0x4)、冷启动响应帧(0x8)或者集成帧(0x2)。
➢ 透明时钟域(Transparent Clock):用于存储累加延迟。

5. TSN

时间敏感型网络(Time-Sensitive Networking,TSN)通过时间同步和流量调度机制,确保数据的确定性传输,同时兼容传统以太网。使用精确时间协议(PTP)实现设备之间的高精度时间同步(亚微秒级),确保数据按照预定时间发送和接收。

由于TSN与TTE名称相近,实现机理上有一些共通的地方,因此很多技术人员常会将二者搞混淆,由于TTE技术研究较早,SAE AS6802标准在IEEE 802.1 TSN工作组成立之前就已经发布,因此在高端装备(如美国猎户座飞船、欧洲阿丽亚娜6号火箭等)领域已有较多成功应用。随着TSN标准规范的日渐成熟完善,相关芯片、软件和整体解决方案不断完善,能否在高端装备制造领域中使用标准TSN技术取代TTE已经成为令人关注的问题。

对于标准以太网,TTE和TSN在时间同步、可靠性和转发延时保证等方面都进行了增强。转发交换的延时保证机制是确定性交换的核心。TTE和TSN在延时保证方面不同的实现机制,反映了TTE和TSN具有不同的设计理念。

TTE和TSN都是架构在标准以太网上的确定性交换技术,但TSN必将成为根正苗红的"以太网2.0",而TTE只有以太网的"形",缺少以太网的"神",随着TSN技术的发展,将会被淘汰。TTE和TSN确定性交换实现机制比较如图11-6所示。

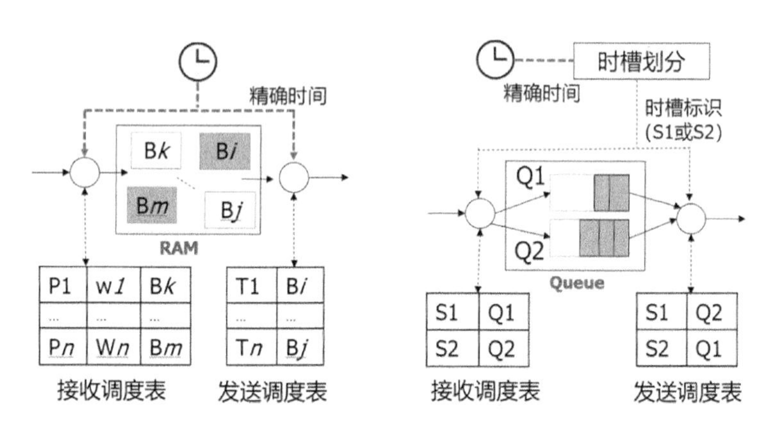

图11-6 TTE(左)和TSN(右)确定性交换实现机制比较示意图

对于TTE交换机,输入接口收到TT分组后,会查找接收调度表,对比分组接收时间是否落在合法的接收窗口(w)内,如果在窗口内,则会得到一个分组缓冲区地址,将分组写入RAM中的缓冲区;否则丢弃分组。在每个输出接口,发送调度表中会配置RAM中每个分组的发送时间(T),当发送时间到达时,输出调度器从相应的buf中读取分组发送。接收调度表和发送调度表都是离线计算得到,分组转发模型实际上是由接收和发送调度表控制的对 RAM 的读写操作。显然,接收和发送调度表的规模以及 RAM 中缓冲区的个数都与 TT 流量的特性和负载相关。

对于支持 CQF(Cyclic Queuing and Forwarding,循环排队和转发,是一种流量整形机制,用于实现确定性延迟和低抖动的数据传输)的 TSN 交换机,每个交换机内部只需两个乒乓队列 Q1 和 Q2,时间轴被简单地划分为奇数时槽 S1 和偶数时槽 S2。输入接口在奇数时槽 S1 接收的分组进入队列 Q1,在偶数时槽接收的分组进入队列 Q2。输出接口调度的整型机制也十分简单,S1 时槽只能调度 Q2 中的分组,S2 时槽只能调度 Q1 中的分组。显然,当时槽宽度为 d 时,如果交换机保证 S1 时槽接收的分组(进入 Q1)在下一个 S2 时槽发送,而 S2 时槽接收的分组(进入 Q2)在下一个 S1 时槽发送,那么分组在交换机中延时上界为 2d,下界为 0。分组在经过 K 个这样的交换机时,延时的上限为(K+1) * d,下限为(K-1) * d。上述分析可知,TTE 和 TSN 在实现上有一些明显差异,如表 11-2 所列。

表 11-2　TSN 与 TTE 的确定性交换实现机制比较

	TTE	TSN
分组缓存管理	RAM 的 read/write 操作	队列的 Enqueue/Dequeue 操作
调度表复杂度	与具体的负载流的数目有关,复杂	交换实现与负载无关,只与队列数目有关,简单
时间颗粒度	调度使用精确时间,复杂	调度仅使用时间槽信息,简单

上述对比可见,TTE 在设计时并没有利用到作为网络分组交换基础的排队论,没有使用队列对相关信息进行分类聚合,因此实现复杂度较高。或者说,TTE 只用到了 IEEE 802.3 以太网的 MAC 层规范,而与 IEEE 802.1 定义的网桥实现机制无关。因此 TTE 交换机设计没有相应的规范可借鉴(这也是多数人认为 TTE 是“私有技术”的原因)。与 TTE 不同,TSN 交换的核心机制本身就是 IEEE 802.1 工作组制定的,是对 802.1Q 网桥协议的扩充和增强。TSN 更加强调针对不同 TSN 应用场景对输出调度整型机制的扩充。因此 TSN 在转发交换方面的所有工作都考虑与现有的以太网交换前向兼容,可看作“以太网 2.0”。

除此之外,TSN 在时间同步、数据调度、带宽分配、容错机制等方面与 TTE、PowerLink 等均存在一些不同,限于本书篇幅就不再详细展开。

实时以太网的选择与应用场景、成本、兼容性、扩展性、可否开源、市场应用广泛程度等都相关,需要根据大家的实际需求具体对比权衡。近一段时间,PowerLink、TTE 和 TSN 等基于时间同步的三种实时以太网技术在高端装备制造、自动驾驶汽车和工业控制等领域应用越来越多,三种实时以太网技术虽然实现理念各有不同,但其基本的思想有很多共通的地方,下文将以开源的 PowerLink 为例进行较为详细的说明,其他实时以太网技术读者如有兴趣可以通过自行查阅资料对比着学习理解。

11.2 PowerLink 工作原理

11.2.1 PowerLink 简介

PowerLink 是 IEC 国际标准,同时也是中国的国家标准(GB/T-27960)。

PowerLink 是一个 3 层的通信网络,它规定了物理层、数据链路层和应用层,这 3 层包含 OSI 模型中规定的 7 层协议,如图 11-7 所示。

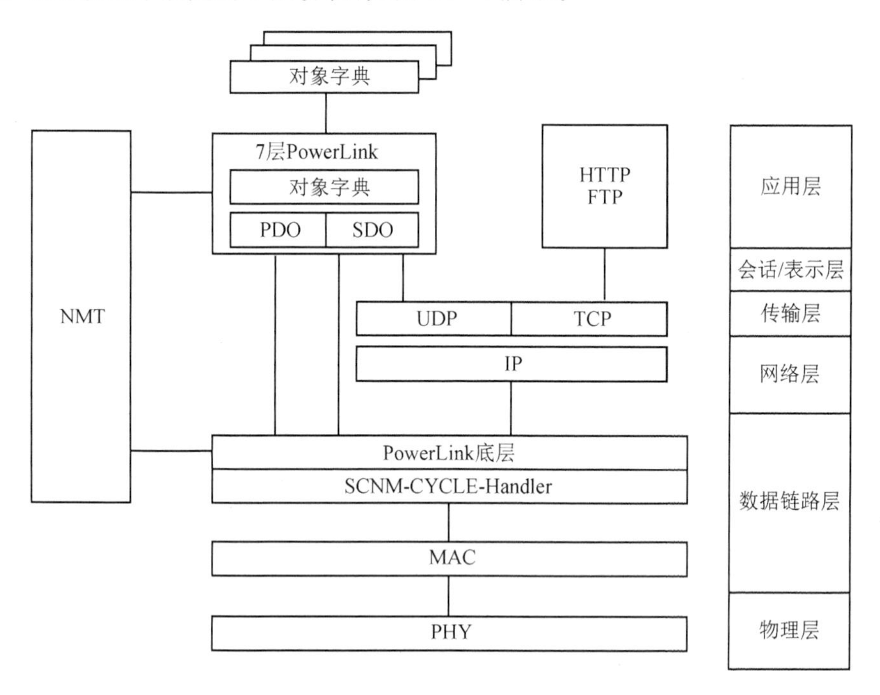

图 11-7 POWERLINK 的 OSI 模型

如图 11-8 所示,具有 3 层协议的 PowerLink 在应用层上可以连接各种设备,例如 I/O、阀门、驱动器等。在物理层之下连接 Ethernet 控制器,用来收发数据。由于 Ethernet 控制器的种类很多,不同的 Ethernet 控制器需要不同的驱动程序,因此在“Ethernet 控制器”和“PowerLink 传输”之间有一层“Ethernet 驱动器”。

11.2.2 PowerLink 的物理层

PowerLink 的物理层采用标准的以太网,遵循 IEEE802.3 快速以太网标准。因此,无论是 PowerLink 的主站还是从站,都可以运行于标准的以太网之上。这使得 PowerLink 具有以下优点:

➢ 只要有以太网的地方就可以实现 PowerLink。例如,在一台用户的 PC 机上可

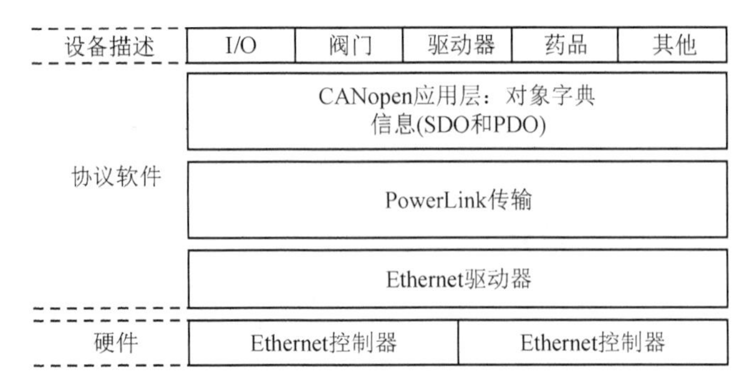

图 11-8　PowerLink 通信模型的层次

以运行 PowerLink，在一个带有以太网接口的 ARM 上可以运行 PowerLink，在一片 FPGA 上也可以运行 PowerLink。

➢ 以太网的技术进步会带来 PowerLink 的技术进步。标准的以太网是一个开放的、全面的网络，在各个领域广泛应用，各行各业的人不断地为以太网的升级而进行研发。

➢ 实现成本低。如果用户的产品是基于 ARM 平台的，而一般 ARM 芯片都会带有以太网，那么用户无需增加任何硬件，也无需增加任何成本，就可以在产品中集成 PowerLink，用户所付出的只是把 PowerLink 的程序集成到应用程序中，而 PowerLink 的源程序又是开放且免费的，相对来说较容易实现。

用户可以购买普通的以太网控制芯片(MAC)来实现 PowerLink 的物理层。如果用户想采用 FPGA 解决方案，PowerLink 可提供开放源码的 openMAC。这是一个用 VHDL 语言实现的、基于 FPGA 的 MAC，同时 PowerLink 又提供一个用 VHDL 语言实现的 openHUB。如果用户的网络需要做冗余，如双网、环网等，则可以直接在 FPGA 中实现，这种实现容易且成本很低。此外，这种实现是基于 FPGA 的方案，从 MAC 到数据链路层(DLL)的通信采用了 DMA 方式，因此数据传送速度更快。

11.2.3　PowerLink 的数据链路层

PowerLink 基于标准以太网 CSMA/CD 技术(IEEE802.3)，因此可工作在所有传统以太网硬件上。但是，PowerLink 不使用 IEEE802.3 定义的用于解决冲突的报文重传机制，该机制会引起传统以太网的不确定行为。

PowerLink 的从站通过获取 PowerLink 主站的允许来发送自己的帧，所以不会发生冲突，因此管理节点会同意规划每个节点收发数据的确定时序。

1. PowerLink 管理节点

负责管理总线使用权的节点被称为 PowerLink 管理节点 MN(Management Node)。只有 MN 可以独立发送报文，受控节点 CN(Controlled Node)只能当 MN 请求时才被允许发送报文。

MN 应周期性地访问受控节点 CN。单播数据应从 MN 发送到每个已配置的 CN

(Preq 帧),然后各个已配置的 CN 应通过多播方式向所有其他节点发布它的数据帧(Pres 帧)。

网络上所有可用节点都是 MN 配置。

一个 PowerLink 网络中只允许有一个活动的 MN。

2. PowerLink 受控节点

仅在 MN 分配的通信时隙内发送报文的所有其他节点都被称为受控节点 CN(Controlled Node)。之所以叫受控节点,是因为该节点的数据收发完全由管理节点 MN 控制,CN 只在 MN 请求时才能发送数据。

3. PowerLink 周期

PowerLink 周期应由 MN 控制,节点之间的同步数据交换周期性发生,并以固定的时间间隔重复发生,该间隔被称为 PowerLink 周期。

如图 11－9 所示,一个 PowerLink 周期内包含以下时间阶段:

- 等时同步阶段;
- 异步阶段;
- 空闲阶段。

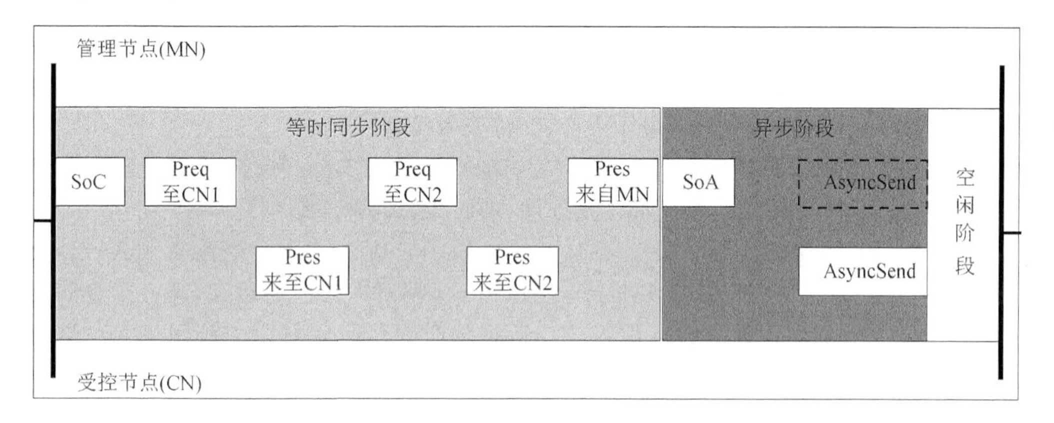

图 11－9 PowerLink 周期

保持 PowerLink 周期的启动时间尽可能精确(无抖动)是很重要的。在 PowerLink 周期的预设阶段内,单个阶段的长度可以改变。例如某个 PowerLink 周期的异步阶段可能比上一个 PowerLink 周期的异步阶段时间长了一些,相应的空闲阶段就会缩短。但是整个 PowerLink 周期的总时间长度是精确且固定的,也就是相邻两个 SoC 报文之间的时间间隔是固定且精确的,如图 11－10 所示。

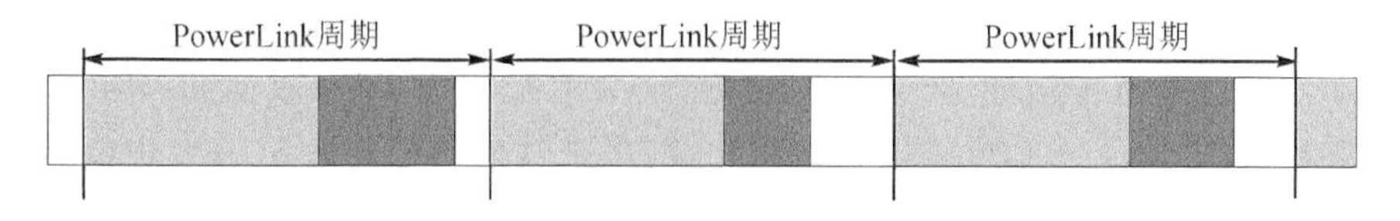

图 11－10 等时同步过程

网络配置不能超出预设周期时间。应由 MN 监视周期时间的一致性。

所有数据传输应是非证实的,即不证实发送的数据已被接收。因为同步数据会被周期性发送和接收,即使本周期内某个数据没有被接收,下个 PowerLink 周期会被再次发送过来,这相当于重传。

4. 等时同步阶段

在图 11-9 中,等时同步阶段从 SoC 的起点开始算起,直到 SoA 的起点结束。同步阶段可以有两种工作模式:Preq/Pres 模式(请求/应答模式)和 PollResponse Chaining 模式(基于定时主动上报模式)。

在 PowerLink 周期开始时,MN 应通过以太网多播发送一个 SoC 帧给所有节点。此帧的发送和接收的时刻应该成为所有节点共同的定时基准。

(1) Preq/Pres 模式

只有 SoC 帧是周期性产生的,其他所有帧都是事件控制产生的。

在 SoC 帧发送完毕,MN 开始进行等时同步数据交换。Preq 帧发送到每个已配置且活动的节点。被访问的节点应以 Pres 帧进行响应。

Preq 帧是以太网单播帧,只由目标节点接收。Pres 帧以以太网多播帧的形式进行发送。

Preq 帧和 Pres 帧都可以传输应用数据。MN 用一个独立的数据帧给一个 CN 发送 Preq 数据。Preq 帧传输仅用于被寻址 CN 的相关数据。相比之下,Pres 帧可以由所有节点接收,这使得通信关系遵循生产者/消费者模型。

对于每个已配置且活动的等时同步 CN,应重复进行 Preq 帧/Pres 帧过程。若所有已配置且活动的等时同步 CN 都已被处理,则同步通信阶段结束。

PowerLink 周期的大小主要受等时同步阶段的长度的影响。当配置 PowerLink 周期时,应考虑访问每个配置 CN 的 Preq 帧和 Pres 帧所需时间的总和,即必须说明在一个 PowerLink 周期中访问所有配置节点所需的时间。使用复用类访问技术可以缩短访问时间的长度。

等时同步阶段的长度会根据活动 CN 的数量发生变化,当每个被配置了等时同步的节点从网络中脱离时,等时同步阶段中就没有了该节点的 Preq/Pres,等时同步阶段的长度就会缩短。

下面举例说明在 Preq/Pres 模式下 PowerLink 的工作过程。首先需要在主站中配置哪些节点是等时同步节点,以及每个等时同步节点要发送和接收的周期性数据。在进入等时同步阶段后,主站首先发送 Preq 数据帧(PreqCN)给第一个等时同步从站(从节点)。该数据帧是单播的,只有该节点接收,其他节点不接收(该数据帧能到达网络中的其他节点,只是其他节点不接收)。该数据帧包含主站(MN)要发送给该从站的数据。该节点收到来自主站的 Preq 数据帧后,就会上报一个 Pres 数据帧(PresCN),该数据帧是广播的,除了主站可以接收到以外,网络中其他任何一个从节点也能接收,至于是否要接收,取决于网络配置。主站(MN)与该从节点(CN1)一来(Preq)、一往(Pres),就完成一次信息交互。接下来主站(MN)与第二个等时同步从节点进行信息交互,以此类推。将网络中所有节点扫描一次,称为一个循环周期。假定循环周期为200 μs,那么网络中的每个设备每200 μs就有一次收取/发送数据的机会。由于在某一时刻,只有一个节点在使用总线,因此不会造成冲突。

当主站发送Preq数据帧给某个从节点时,若恰好该节点出现问题(如网络断线),则在这种情况下,主站不会收到来自该从节点的Pres数据帧,此时,如果主站一直等待从节点的Pres数据帧,则整个网络就会无法工作。主站的处理方法是,对于每一个等时同步从节点,都有一个Pres数据帧的超时参数。当主站发送Preq数据帧给某个从节点后,如果在规定的时间内主站收到该从节点的Pres数据帧,那么主站紧接着与第二个等时同步从节点通信;如果在规定的时间内主站没有收到该从节点的Pres数据帧,主站会认为该从节点丢失一次Pres,这是一个错误,主站将该错误计数器的值累加8,然后继续与第二个等时同步从节点通信。如果一个从节点连续丢失Pres数据帧,那么主站中该错计数器的值会不断地累加8,直到错误计数器的值超过上限,就会产生相应的错误。

在这种模式下,完成一个站的通信所需要的时间取决于物理层的传输速率和需要传送的数据包大小。

假定物理层为100M以太网,这种网络的传输速率为12.5字节/μs,假定数据包大小为64字节(每个Preq和Pres数据帧最大可传输1 490字节的数据),那么完成一个站的通信所需要的时间 $T=T_{preq}+T_{gap}+T_{pres}$。

T_{preq}:主站发送Preq数据帧给从站的时间长度,其值为64/12.5=5.12 μs。

T_{pres}:从站发送Pres数据帧给主站的时间长度,其值为64/12.5=5.12 μs。

T_{gap}:Preq数据帧与Pres数据帧之间的时间间隙,约为2 μs。

因此,完成一个站的通信所需要的总时间长度 T 为5.12 μs+2 μs+5.12 μs=12.24 μs。

(2) PRC(PollResponse Chaining)模式

PRC模式如图11-11所示。

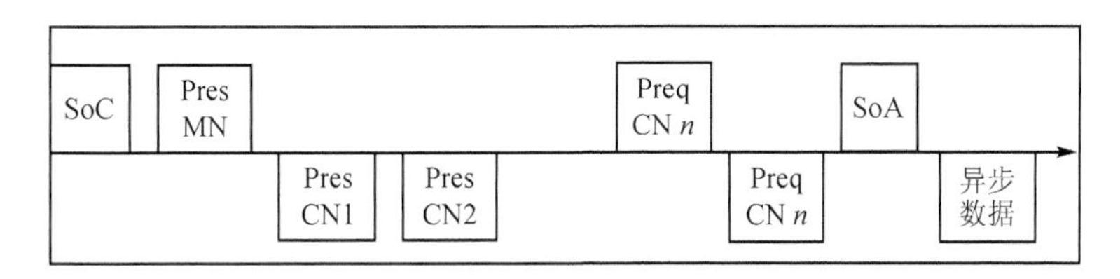

图11-11 PRC模式

在基于请求(Request)-应答(Response)模式(Preq-Pres)通信时,从节点什么时候上报自己的数据,取决于主站什么时候发送请求(Preq)给它。PRC模式省掉了主站的Preq数据帧,取而代之的是一个接一个的Pres数据帧(见图11-7)。每个从节点发送数据的行为是通过时间来触发的。

MN配置PRC模式的CN,使得CN在特定的时间点发送数据。这个时间点由主站根据网络的配置情况、网络延迟等计算出来并配置给 CN。如图 11－7 所示，每个循环周期依然以 SoC 数据帧作为开始，紧接着是一个 PresMN 数据帧。该数据帧由主站发出，并广播到网络上。该数据帧包含主站周期性上报的 PDO 数据，同时该数据帧也是一个时间参考点。支持 PRC 模式的 CN 的发送数据的时间参考点是接收完主站的 PresMN 数据帧。

在一个循环周期里，既可以存在 Preq/Pres 的从节点，也可以存在 PRC 节点。一个节点要么被配置为 Preq/Pres 从节点，要么被配置为 PRC 节点，二者只能选其一。在一个循环周期中，PRC 节点先通信，然后主站才会轮询 Preq/Pres 从节点。

举例说明上述通信过程：假定有 3 个从站，主站可以通过配置使得 1 号从站在收到 PresMN 的 5 μs 之后上传 PresCN1 数据帧，而 2 号从站在收到 PresMN 的 15 μs 之后上传 PresCN2 数据帧，而 3 号从站在收到 PresMN 的 22 μs 之后上传 PresCN3 数据帧。这样就避免了冲突。因为 PowerLink 是基于时间槽的通信，而且 PowerLink 支持 1588 分布式时钟协议，每个 PowerLink 节点都有一个时钟，因此 PowerLink 可以很方便地实现上述通信模式。

在这种模式下，完成一个站的通信所需要的时间取决于物理层的传输速率和需要传送的数据包大小。

假定物理层为 100M 以太网，该种网络的传输速度为 12.5 Byte/μs。假定数据包大小为 64 字节(每个 Preq 和 Pres 数据帧最大可传输 1 490 字节的数据)。那么完成一个站的通信所需要的时间 $T=T_{gap}+T_{pres}$。

T_{pres}：从站发送 Pres 数据帧给主站的时间长度，其值为 64/12.5＝5.12 μs。

T_{gap}：Preq 数据帧与 Pres 数据帧之间的时间间隙，约为 2 μs。

因此，完成一个站的通信所需要的总时间长度 T 为 5.12 μs＋2 μs＝7.12 μs。

这种通信比基于 Preq/Pres 模式至少能提高 30%的效率。

从站是支持 PRC 模式还是支持 Preq/Pres 模式由参数决定。可以通过参数设置，在一个循环周期内让某些从节点采用 PRC 模式，而另外一些从节点采用 Preq/Pres 模式。这使得网络容量可以灵活搭配。

在一个系统中，通常有多种不同类型的设备，如伺服驱动器、I/O、传感器、仪表等。不同种类的设备对通信周期和控制周期的要求往往不同。假设现在有 3 种设备：伺服驱动器、I/O、传感器。伺服驱动器的控制周期为 200 μs，而 I/O 的控制周期为 1 ms，传感器却不定时地上传数据。面对如此应用，PowerLink 如何解决？

首先解决伺服驱动器的 200 μs 和 I/O 的 1 ms 控制周期的配置问题。因为两种设备需要的循环周期不同，如果将循环周期设为 200 μs，伺服驱动器没有问题，可是 I/O 却由于通信过于频繁而反应不过来；如果将循环周期设为 1 ms，那么伺服驱动器会由于控制周期太长而达不到精度要求。

PowerLink 采用多路复用来解决这个问题(需要注意的是，多路复用只是在 PRC 模式下使用)。在这里，可以将循环周期设置为 200 μs，将伺服驱动器配置成每个循环周期都参与通信，将 I/O 配置成每 n 个循环周期参与一次通信(n 是一个参数，可以设置为任意整数，这里 n 的值为5)。这样就可以达到伺服驱动器的通信周期为200 μs，I/O的通信周期为200 μs×5=1 ms。

如图11-12所示，有11个节点要通信，其中1、2、3这3个节点每个循环周期都通信；而4、5、6、7、8、9、10、11这8个节点每3个循环周期才通信一次。这样就可以使快速设备和慢速设备经过合理配置达到系统最优，这就是多路复用的实例。

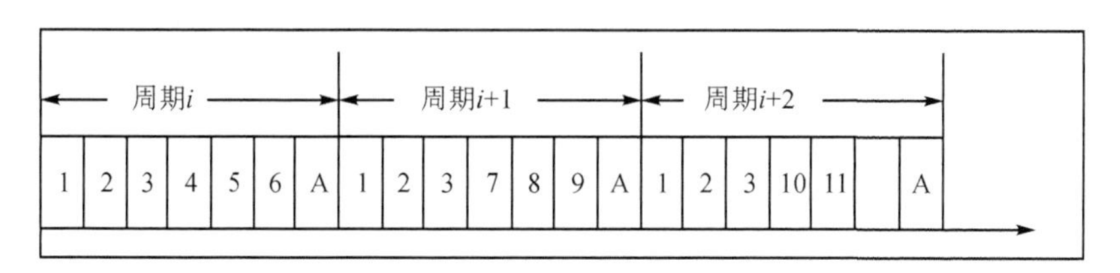

图11-12 多路复用实例

数据每个PowerLink周期都被交换的节点称为连续节点，如图11-8中的1、2、3节点。数据每 n 个PowerLink周期被交换一次的节点称为复用节点，如图11-8中的4、5、6、7、8、9、10、11节点。

对复用类CN的访问降低了对特定CN的轮询频率。

图11-13展示了拥有复用时隙的PowerLink周期。

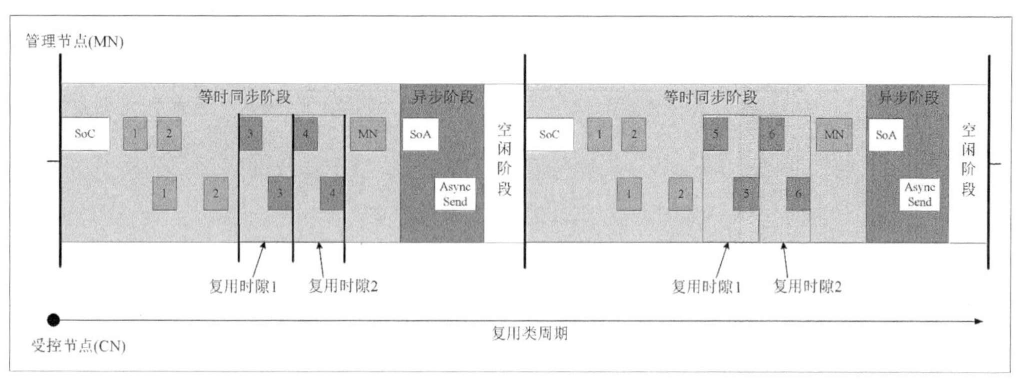

图11-13 复用类PowerLink周期

虽然复用节点并不是在每个周期内都被处理，但因为所有的Pres帧都以多播帧的形式传送，所以可以监视连续节点整个数据的传输。这项功能有利于多主冗余功能的实现。

例如，在运动控制中，大量的从动轴可使用复用时隙来接收少数主动轴发出的位置数据；主动轴被配置来进行连续通信及访问复用类从动轴。采用此方式，主动轴在每个周期都发送它们的数据给(监视)从动轴，而从动轴则以一个较慢的周期参与通信。

每个特定复用时隙的大小，应等于分配给该时隙的CN进行Preq帧/Pres帧访问所需的最大时间。

5. 异步阶段

一个完整的 PowerLink 周期分为两个阶段:同步阶段和异步阶段。

同步阶段用来传输周期性的通信数据;异步阶段用来传输那些非周期性的通信数据。从 SoC 数据帧的起点到 SoA 数据帧的起点这一时间段为同步阶段,SoA 和 AsyncSend 为异步阶段。

在 PowerLink 周期的异步阶段,对 PowerLink 网络的访问可赋予一个 CN 或 MN 来传送一个异步报文。目前每个循环周期只能由一个节点发送异步报文,如果有多个节点要发送异步报文,就需要排队。在 MN 中存在一个队列,负责调度异步数据的发送权,异步调度如图 11 - 14 所示。

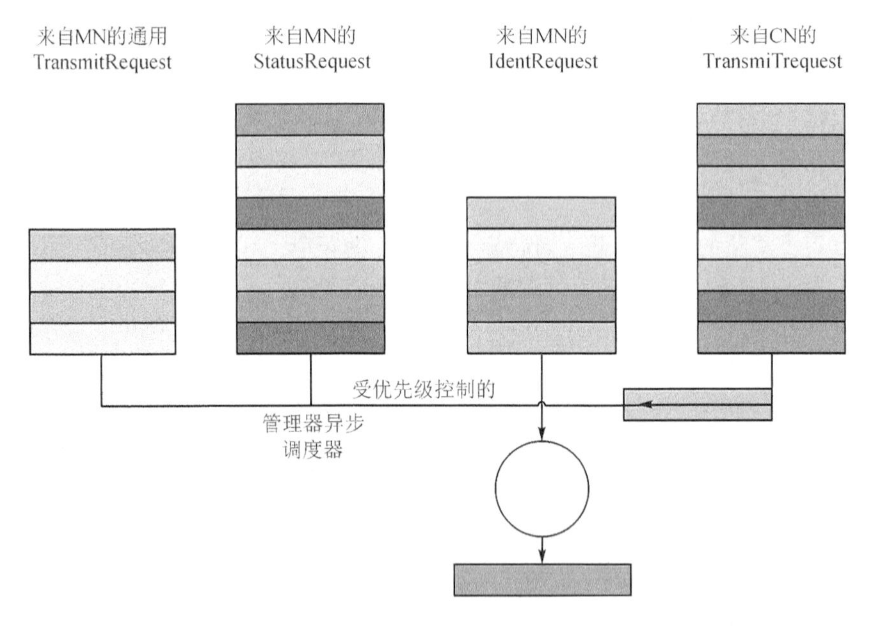

图 11 - 14　MN 处理所有异步数据传输的调度

如果 CN 要发送一个异步帧,则应通过 Pres 帧或 StatusResponse 帧通知 MN。MN 的异步调度器决定异步帧发送的权限应在哪个周期被准许。这保证了即使在网络负荷高的情况下,发送请求不会被延迟不确定的时间长度。

MN 从所有排队的请求中选择一个节点(包含 MN 本身)。MN 发送一个 SoA 数据帧,该帧中的 RequestedServiceTarget 用来识别被允许发送异步帧的节点。

MN 使用不同的队列来管理异步阶段的调度:

- 来自 MN 的通用 TransmitRequest 帧;
- 来自 MN 的用来识别 CN 的 IdentRequest 帧;
- 来自 MN 的用来轮询 CN 的 StatusRequest 帧;
- 来自 CN 的 TransmitRequest 帧。

(1) 异步阶段的分配

通过 Pres 帧、IdentResponse 帧或 StatusResponse 帧的 RS 标志(0～7),CN 说明

在其队列内的发送就绪包的数目。

RS值为0(000b)说明队列是空的,而RS值为7(111b)说明队列中有7个或更多的包。

异步阶段的分配减少了被各个CN请求的、由MN管理的帧的数量。如果MN队列的长度达到0,则不再分配更多的异步阶段。

(2) 异步传输优先级

异步传输请求可由Pres帧、IdentResponse帧及StatusResponse帧的3个PR位来划分优先级。

PowerLink支持8个优先级,其中2个用于PowerLink通信:

- PRIO_NMT_REQUEST:用于CN请求一个由MN发出的NMT命令。这是专用于此的最高优先级。
- PRIO_GENERIC_REQUEST:用于非NMT命令请求的标准优先级,即中等优先级。通过异步传输请求的SDO应采用此优先级。

其余的高于和低于PRIO_ GENERIC_REQUEST的优先级都可供应用程序用于应于其他目的。

MN应优先分配具有高优先级的请求。不同优先级的请求由CN独立的优先级特定队列进行处理。

Pres帧的PR标志说明包含挂起请求的最高优先级,RS标志说明在已报告的优先级中挂起请求的数目。在所有高优先级请求被分配完毕之前,应暂缓处理低优先级请求。

图11-15所示为异步传输优先级请求处理的实例。

6. PowerLink短周期

在系统启动期间(主站网络管理状态机NMT的状态为NMT_MS_PRE_OPERATION_1),当系统通过SDO通信进行配置时,用PowerLink短周期(Reduced PowerLink Cycle)来降低网络的负载。

PowerLink短周期仅由一串异步阶段组成。异步阶段的持续时间会有变化,因此PowerLink短周期的持续时间也会发生变化。

如果要求CN发送而MN中又没有相关预期的AsyncSend帧长度的信息,则下一个PowerLink短周期至少要等待一个超时后再开始。该超时是由最大容量的以太网帧(NMT_CycleTiming_REC. AsyncMTU_U16)的长度加上CN所要求的对SoA授权(invite)报文的最长响应时间(NMT_CycleTiming_REC. ASndMaxLatency_U32)来决定的。

如果MN有AsynSend长度的信息,即如果MN为自己分配了异步时隙,或MN就是异步报文的目标节点,则PowerLink短周期的长度会缩短,如图11-16所示。

如果未对任何节点(包括MN)进行分配,则下一个PowerLink短周期会不等待任何超时就开始。

用于PowerLink周期中的异步阶段的分配机制也适用于PowerLink短周期。

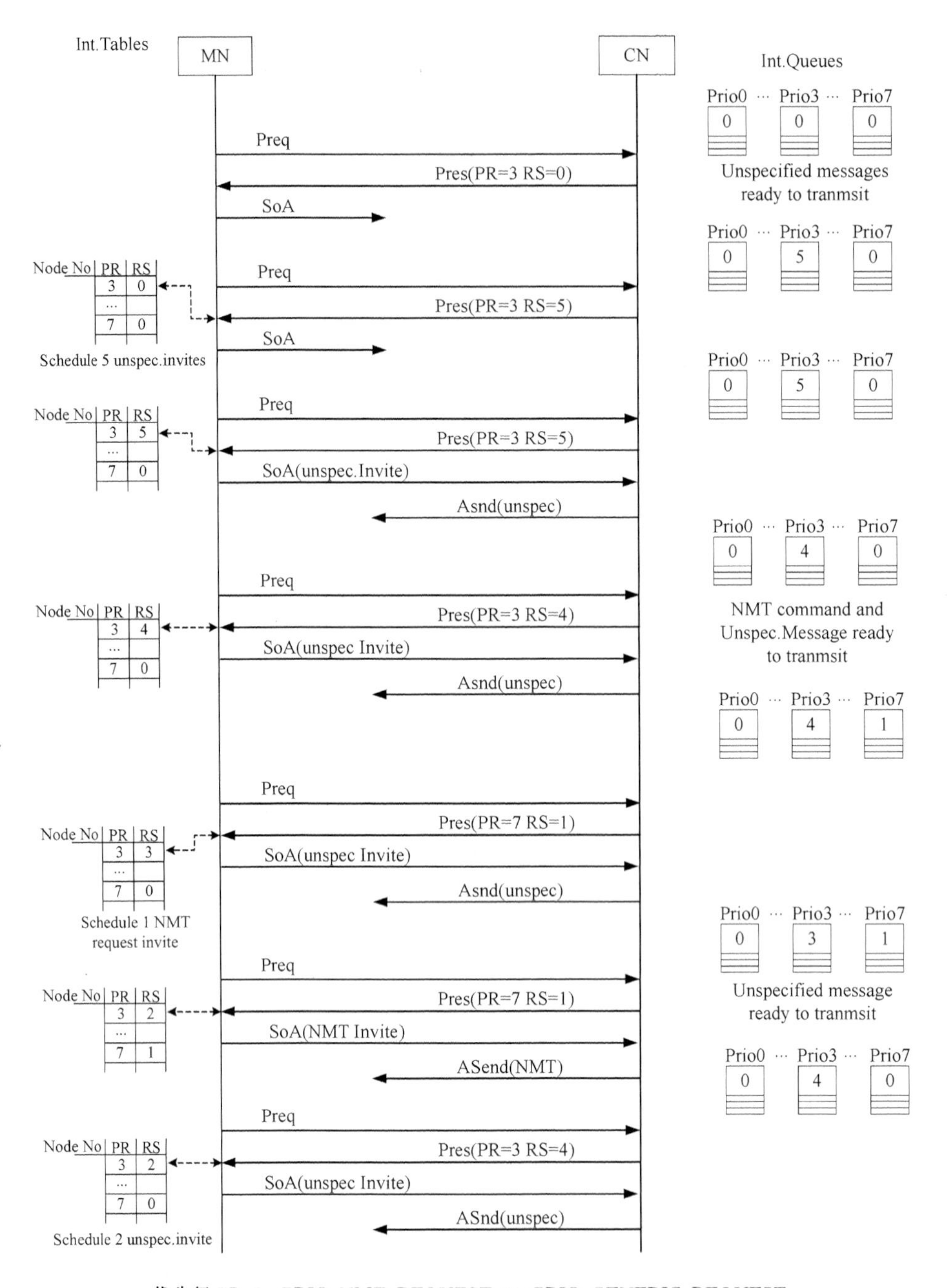

优先级 PR:7=PRIO_NMT_REQUEST,3=PRIO_GENERIC_REQUEST。

图 11－15 异步传输优先级请求处理

PowerLink 的数据链路层是 PowerLink 的核心,主要包括如下功能:

➢ 构建/解析数据帧,对数据帧定界,同步网络,控制数据帧的收发顺序。

➢ 对传输过程中的流量进行控制,差错检测,对物理层的原始数据进行数据封

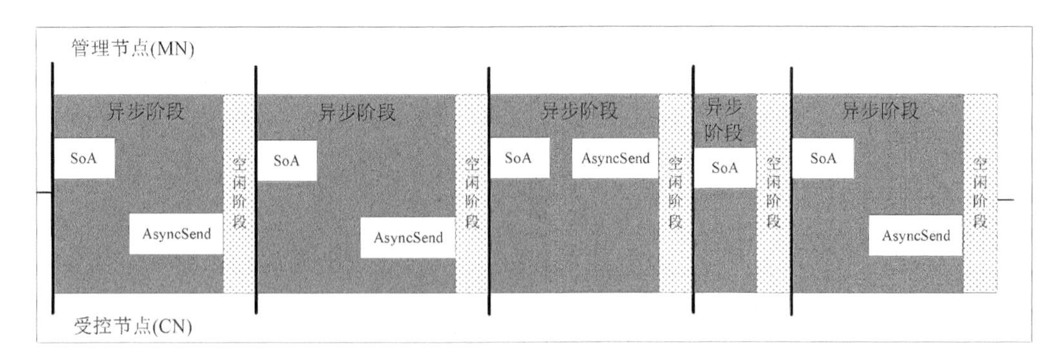

图 11-16 PowerLink 短周期

装等。

➢ 对实时通信进行传输控制。

➢ 网络状态机。

在 PowerLink 网络中,至少有一个设备为主站,其他设备为从站。每个从站设备都有唯一的节点号(NodeId),该节点号用来区分网络中的设备,取值范围为 1～239。主站设备的节点号为 240,主站的作用是协调各个从站,合理分配总线使用权以避免冲突,实现实时通信。

7. PowerLink 的同步机制

PowerLink 可以支持多种同步机制,这里介绍两种典型的机制:

➢ 广播同步帧机制。

➢ 分布式同步机制。

(1) 广播同步帧机制

广播同步帧机制就是指主站通过广播同步帧来同步网络上所有设备。PowerLink 支持 1588 分布式时钟协议,在每个循环周期的开始,主站都会广播一个 SoC 数据帧到网络上。该数据帧包含两个重要信息:网络的绝对时间和相对时间。

① 网络的绝对时间:这个时间是以 1970 年 1 月 1 日 00 点 00 分为基准的时间间隔。这个信息由两部分共 8 字节组成。

➢ 6～9 这 4 字节为秒(s)的信息,即网络时间与 1970 年 1 月 1 日 00 点 00 分间隔时间的秒数部分。

➢ 10～13 这 4 字节为纳秒(ns)信息,即网络时间与 1970 年 1 月 1 日 00 点 00 分间隔时间的纳秒数部分。

② 网络的相对时间:这个时间在主站的 NMT_GS_INITIALISING 状态下清零,然后每产生一个 SoC,该数值就累加一个循环周期,其单位为微秒(μs)。

SoC 数据帧有两个功能:时钟同步和动作同步。

① 时钟同步:网络中的节点需要有一个统一的网络时间。

利用网络时间来同步网络中所有设备的分布式时钟,让网络中所有节点的时钟有一个共同的基准。PowerLink 主站在每个循环周期的开始将 SoC 数据帧广播到网络上，该数据帧包含网络时间信息，网上的各个从节点可以将这个时间作为统一的网络时间。

② 动作同步：网络中的节点需要同时去做同一件事情。

在 PowerLink 协议中有两种方法触发一个同步事件：

➢ 通过从节点自己的时钟触发。

➢ 通过 SoC 数据帧触发。

这里主要介绍通过 SoC 数据帧触发同步事件的原理。

在 PowerLink 数据链路层里，每当收到 SoC 数据帧时，都会触发一个同步事件（中断或者同步回调函数），用户可以用此信号来触发需要同步执行的程序，这样就可以执行同步动作。举例来说，假设一个带 4 个助推器的运载火箭，每个助推器都有一个伺服机构，飞行过程中希望 4 台伺服机构做同步运动。每个循环周期，飞行控制器（MN）将 4 台伺服机构所需要的新位置信息依次传给它们。每台伺服机构收到新位置数据的时间是不同的，第一台和最后一台收到新位置数据的时间可能会差 100 μs 左右。收到新位置数据后，伺服机构就开始启动，然后就会出现这种情况：第一台伺服机构已经开始运转，而最后一个伺服机构还没有收到新位置数据，这显然不是我们想要的结果。因此需要一个同步信号，使所有的伺服机构都得到新位置数据以后，再同时启动。这个同步信号就是 SoC，如图 11－17 所示。

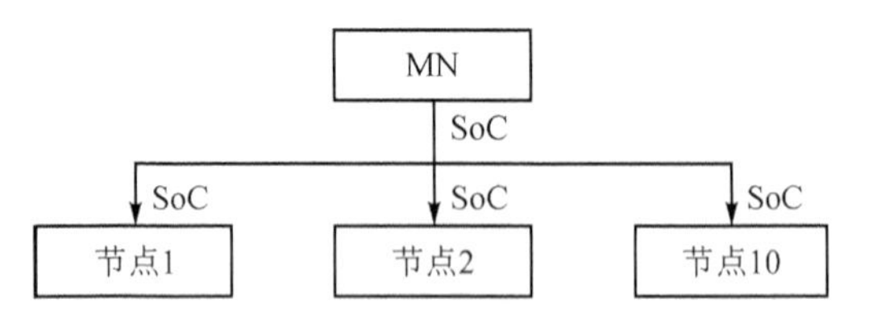

图 11－17　SoC 触发同步

主站在上一个循环周期结束（即下一个循环周期开始）时广播一个 SoC 数据帧，此时所有的从站会同时收到这个数据帧。该信号触发一个同步回调函数或者硬件中断来处理同步事件。因为在收到 SoC 数据帧之前，每个从站（伺服机构）都已经从主站（飞行控制器）那里得到了新的位置信息，因此在 SoC 信号触发的同步事件中，4 台伺服机构可以同时启动，运行到设定位置。

对于星形拓扑，各个从站收到 SoC 信号的时间差取决于传输电缆的长度。电信号可以认为是以光速在电缆中传播的，因此用户可以计算出该时间差，可近似为 3.3 μs/m。这个级别的时间差基本上可以忽略。

对于菊花链拓扑，每经过一级 HUB 会有 1 μs 左右的延迟（该延迟主要是 PHY 的延迟），第一个从站和最后一个从站在接收到 SoC 信号的时间差可能会达到几个微秒，用户需要根据应用场合来决定该时间差是否可以忽略。如果不可以忽略，PowerLink 提供了测量机制，可以测出相邻两个节点的传输延迟。用户根据这些延迟时间给出各个节点一个补偿，从而使各个节点同步。

(2) 分布式同步机制

除了通过网络广播帧来产生同步信号以外，也可以在 Powerlink 的节点里做一个定时器，定时产生同步信号。这样的话，从站的同步信号就可由自身的定时器产生，如

图 11 - 18 所示。

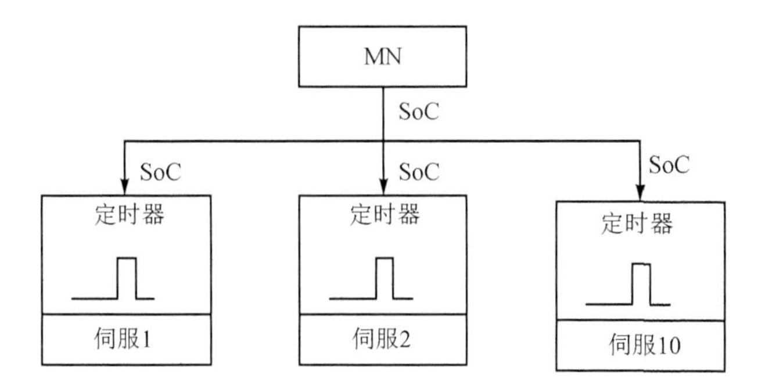

图 11 - 18 SoC 触发定时器(Timer)

这种方式的好处是,若同步信号帧丢失,则网络系统的同步性不受影响。但这种方式也有弊端。由于网络中每个节点的同步信号由自己产生,所以每个节点产生同步信号的时刻各不相同,有可能偏差很大。解决这个问题的方法是通过网络同步帧来启动各个节点的定时器,使各个节点的定时器在同一时刻启动,如图 11 - 19 所示。

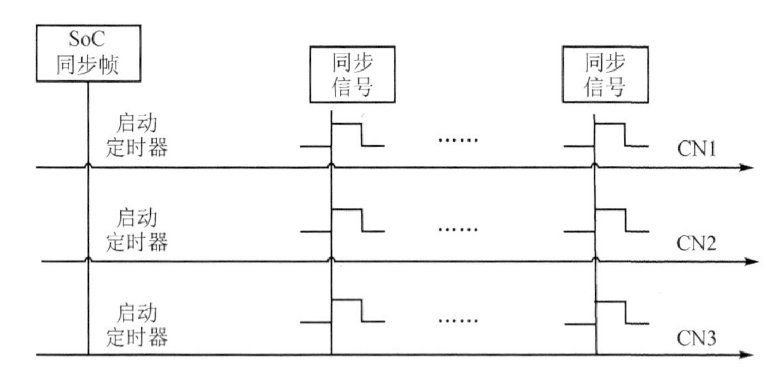

图 11 - 19 同步启动定时器

由网络上广播的同步帧触发各从站第一次定时器的启动,这样 CN1、CN2、CN3 同时启动本地的定时器,同时产生同步信号。在这些从站工作较长时间后,可能会产生时钟偏差,即产生如图 11 - 20 所示结果。

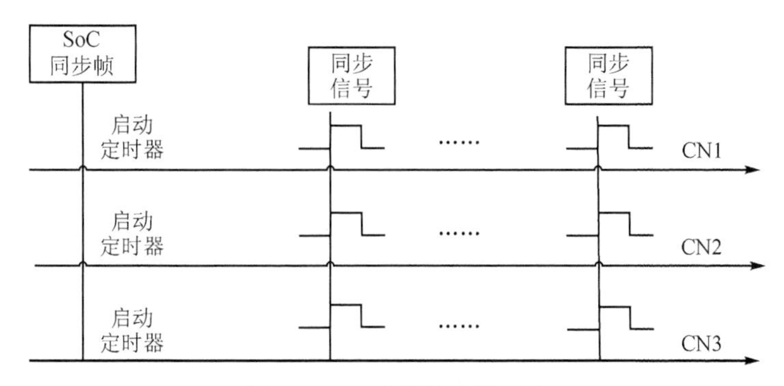

图 11 - 20 实际的本地同步

也就是经过长时间运行以后，CN1、CN2、CN3 的本地时钟出现一些偏差，从而导致各个节点产生的同步信号在时间上有一些偏差。解决这个问题的一个方法是，每隔一段时间，就使用网络上广播的同步信号同步网络上节点的定时器，如图 11-21 所示。

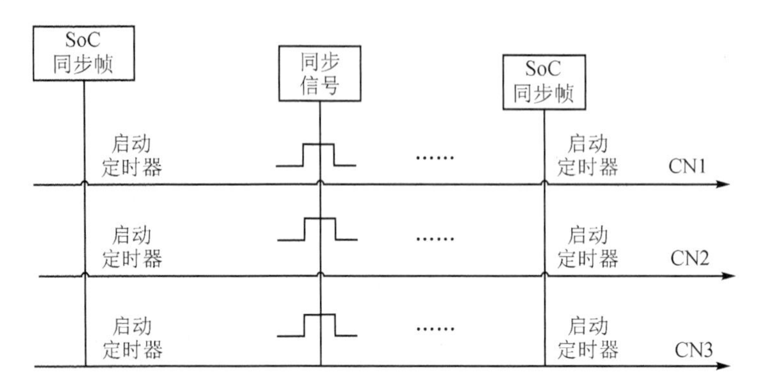

图 11-21　周期性地同步定时器

此外，各个节点随着运行时间的增加会产生晶振的漂移，因此各个节点需要周期性地根据主站的 SoC 数据帧来校正本地定时器。

8. PowerLink 的数据帧结构

Powerlink 通信一共有 5 种数据帧：SoC、Preq、Pres、SoA、AsyncSend。Powerlink 的数据帧结构如图 11-22 所示。

	位偏移								项目定义
字节偏移	7	6	5	4	3	2	1	0	
0~5	目标MAC 地址								Ethernet II
6~11	源MAC 地址								
12~13	EtherType								Ethernet PowerLink
14	res	报文类型							
15	目标								
16	源								
17~*n*	数据								
n+1~*n*+4	CRC32								Ethernet II

图 11-22　PowerLink 的数据帧结构

Powerlink 的数据帧嵌在标准以太网数据帧的数据段中，因此 Powerlink 数据帧具有标准的以太网数据帧的帧头和帧尾。如图 11-18 所示，14～*n* 字节为 Powerlink 数据帧信息，而 0～13 字节是标准以太网的帧头。

(1) SoC 的数据帧结构

如图 11-23 所示为 SoC 的数据帧结构。

(2) Preq 的数据帧结构

如图 11-24 所示为 Preq 的数据帧结构。

	位偏移							
字节偏移	7	6	5	4	3	2	1	0
0	保留	报文类型						
1	目标							
2	源							
3	保留							
4	MC	PS	保留	保留	保留	保留	保留	保留
5	保留	保留	保留		保留			
6~13	绝对时间/保留							
14~21	相对时间/保留							
22~45	保留							

图 11-23　SoC 的数据帧结构

	位偏移							
字节偏移	7	6	5	4	3	2	1	0
0	保留	报文类型						
1	目标							
2	源							
3	保留							
4	MC	PS	保留	保留	保留	保留	保留	保留
5	保留	保留	保留		保留			
6	PDO版本							
7	保留							
8~9	大小							
8~9	载荷							

图 11-24　Preq 的数据帧结构

Preq 数据帧应该使用从机的单播 MAC 地址来传输，Preq 数据帧中的字段说明如表 11-3 所列。

表 11-3　Preq 数据帧中的字段说明

字段名称	缩　写	描　述	取　值
报文类型(MessageType)	mtyp	PowerLink 报文类型标识	Preq
目标(Destination)	dest	被寻址节点的 PowerLink 节点 ID	CN_NodeID
源(Source)	src	发送节点的 PowerLink 节点 ID	C_ADR_MN_DEF_NODE_ID

续表 11－3

字段名称	缩 写	描 述	取 值
复用类时隙(Multiplexed Slot)	MS	标志：在发送到 CN 的 Preq 帧中置位，这些 CN 在复用类时隙中进行处理	
异常确认(Exception Acknowledge)	EA	标志：错误信号	
准备好(Ready)	RD	标志：如果传输的有效载荷数据有效，则 RD 置位。它由 MN 的应用进程置位。只有被置位，CN 才被允许接收数据	
PDO 版本(PDO Version)	pdov	指示有效载荷数据使用的 PDO 编码的版本	
大小(Size)	size	指示有效载荷数据 8 位位组的数目	0～C_DLL_ISOCHR_MAX_PAYL
有效载荷(Payload)	pl	从 MN 发送到被寻址 CN 的等时同步有效载荷数据。较低层负责填充。PDO 使用的有效载荷	

(3) Pres 的数据帧结构

如图 11－25 所示为 Pres 的数据帧结构。Pres 数据帧应该使用多播 MAC 地址来传输，数据帧中的字段说明如表 11－4 所列。

	位偏移							
字节偏移	7	6	5	4	3	2	1	0
0	保留	报文类型						
1	目标							
2	源							
3	保留							
4	MC	PS	保留	保留	保留	保留	保留	保留
5	保留	保留	PR			RS		
6	PDO版本							
7	保留							
8~9	大小							
8~9	载荷							

图 11－25 Pres 的数据帧结构

表 11－4 Pres 数据帧中字段说明

字段名称	缩写	描述	取值
报文类型(MessageType)	mtyp	PowerLink 报文类型标识	Pres
目标(Destination)	dest	被寻址节点的 PowerLink 节点 ID	C_ADR_BROADCAST
源(Source)	src	发送节点的 PowerLink 节点 ID	CN_NodeID
NMT 状态(NMTStatus)	stat	应报告 CN 的 NMT 状态机的当前状态	
复用类时隙(Multiplexed Slot)	MS	标志：在来自 CN 的 Pres 帧中置位，这些 CN 在复用类时隙中进行处理。基于该信息，其他 CN 可以识别出发送 CN 是在一个复用类时隙中进行处理	
异常新(Exception New)	EN	标志：错误信号	
准备好(Ready)	RD	标志：如果传输的有效载荷数据有效，则 RD 被置位。它由 CN 的应用进程处理。只有 RD 被置位，所有其他 CN 和 MN 才被允许接收数据	
优先级(Priority)	PR	标志：在异步发送队列中具有最高优先级的帧的优先级	C_DLL_ASND_PRIO_NMTRQST，C_DLL_ASND_PRIO_STD
请求发送(RequestToSend)	RS	标志：节点异步发送队列中挂起帧的数目。C_DLL_MAX_RS 的值表示其本身或更多的请求。0 表示没有挂起请求	0～C_DLL_MAX_RS
PDO 版本(PDOVersion)	pdov	有效载荷数据使用的 PDO 编码的版本	
大小(Size)	size	有效载荷数据 8 位位组的数目	0～C_DLL_ISOCHR_MAX_PAYL
有效载荷(Payload)	pl	从节点发送到 PowerLink 网络的等时同步有效载荷数据。较低层负责填充。PDO 使用的有效载荷	

(4) SoA 的数据帧结构

如图 11－26 所示为 SoA 的数据帧结构，SoA 应该使用多播 MAC 地址 3 进行传输，数据帧中的字段说明如表 11－5 所列。

	位偏移							
字节偏移	7	6	5	4	3	2	1	0
0	保留	报文类型						
1	目标							
2	源							
3	NMT状态							
4	保留	保留	保留	保留	保留	保留	保留	保留
5	保留	保留	保留			保留		
6	请求服务ID							
7	请求服务目标							
8~9	EPL版本							
8~9	保留							

图 11－26　SoA 的数据帧结构

表 11－5　SoA 数据帧中的字段说明

字段名称	缩　写	描　述	取　值
报文类型(MessageType)	mtyp	PowerLink 报文类型标识	SoA
目的(Destination)	dest	被寻址节点的 PowerLink 节点 ID	C_ADR_BROADCAST
源(Source)	src	发送节点的 PowerLink 节点 ID	C_ADR_MN_DEF_NODE_ID
NMT 状态(NMTStatus)	stat	报告 MN 的 NMT 状态机的当前状态	
异常确认(Exception Acknowledge)	EA	标志:错误信号仅当 RequestedServiceID 等于 StatusRequest 时,EA 位才有效	
异常复位(Exception Reset)	ER	标志:错误信息,仅当 RequestedServiceID 等于 StatusRequest 时,ER 位才有效	
请求服务 ID(RequestServiceID)	svid	SoA 和随后异步时隙专用的异步服务 ID。NO_SERVICE 表示没有分配异步时隙	
请求服务目标(RequestedServiceTarget)	svtg	节点允许发送的 PowerLink 地址。C_ADR_INVALID 表示没有分配异步时隙	
EPLVersion	eplv	MN 当前的 PowerLink 版本	

(5) ASnd 的数据帧结构

如图 11－27 所示为 ASnd 的数据帧结构。一个节点的 ASnd 数据帧传输在 SoA 数据帧被发送/接收后立即发生。

ASnd 数据帧使用单播传输、组播或广播 MAC 地址传输,数据帧中的字段说明如表 11－6 所列。

	位偏移							
字节偏移13	7	6	5	4	3	2	1	0
0	保留	报文类型						
1	目标							
2	源							
3	服务ID							
4~*n*	有效载荷							

图 11-27 ASnd 数据帧结构

表 11-6 SoA 数据帧中的字段说明

字段名称	缩 写	描 述	取 值
报文类型(MessageType)	mtyp	PowerLink 报文类型标识	ASnd
目标(Destination)	dest	被寻址节点的 PowerLink 节点 ID	
源(Source)	src	发送节点的 PowerLink 节点 ID	
服务 ID(ServiceID)	svid	异步时隙专用的服务 ID	
有效载荷(Payload)	pl	用于当前服务 ID 特定的数据	

11.2.4 PowerLink 的功能和特点

1. 解决方案

PowerLink 包括纯软件解决方案和 FPGA 解决方案。

(1) 纯软件解决方案

- 独立于平台的解决方案。
- 任意操作系统:VxWorks、Linux、Windows、WinCE。
- 任意处理器:ARM、DSP、X86。
- 任意网卡。
- 遵循 BSD(Berkeley Software Distribution)开源协议。

(2) FPGA 解决方案

- 性能高。
- 循环周期超短:$T=35\ \mu s+N\times15\ \mu s$($N$ 为从站的个数)。

PowerLink 使用开源的网络配置工具 openCONFIGURATOR。用户可以单独使用该工具,也可以将该工具的代码集成到用户自己的软件中,成为软件的一部分。使用该软件可以方便地组建、配置 PowerLink 网络。

2. 性能参数

(1) 循环周期

循环周期为 100 μs:高性能 CPU 或者 FPGA 的 VHDL 解决方案。

循环周期为 200 μs：低性能 CPU 或者 FPGA 的软核解决方案。

循环周期是指网络上所有的设备都通信一次，即网络上所有设备都发送一次 Preq/Pres 帧所花费的时间。循环周期的长短取决于 3 个因素：节点数、每个节点传输的数据量、传输速率（波特率）。

（2）抖动

抖动是指实际循环周期的最大值与最小值的差。例如设定的循环周期是 200 μs，但是实际的循环周期不可能是非常准确的 200 μs，有可能是 199.999 μs，也有可能是 200.0001 μs。假如最大循环周期为 200.5 μs，最小循环周期为 199.5 μs，循环周期会在 199.5～200.5 μs 之间抖动。抖动的大小和运行 Powerlink 的硬件和软件平台有关。如果采用 Windows 操作系统，在没有实时扩展的情况下，抖动可能为毫秒级；如果使用 FPGA，抖动可能小于 100 ns。

（3）网络容量

PowerLink 网络支持 240 个节点，每个节点支持 1 500 字节的输入和 1 500 字节的输出。

240 个节点意味着在一个 PowerLink 网络中可以连接 240 个设备或者 I/O 站，每个设备或 I/O 站的每个循环周期均支持 1 500 字节的输入和 1 500 字节的输出。

3. 网络拓扑

由于 PowerLink 的物理层采用标准以太网，因此以太网支持的所有拓扑结构它都支持。而且 PowerLink 可以使用 HUB 和 Switch 等标准网络设备，这使得用户可以非常灵活地组网。

因为逻辑与物理无关，所以用户在编写程序时无需考虑拓扑结构。网络中每个节点都有一个节点号，PowerLink 通过节点号来寻址，而不是通过节点的物理位置来寻址。

PowerLink MAC 的寻址遵循 IEEE802.3，每个设备的地址都是唯一的，称为节点 ID。因此新增一个设备就意味着引入一个新地址。节点 ID 可以通过设备上的拨码开关手动设置，也可以通过软件设置，拨码 FF 默认为软件配置地址。此外，还有第三个可选方法，PowerLink 也支持标准 IP 地址，因此，PowerLink 设备可以通过万维网随时随地被寻址（需要通过路由或网关）。

4. 热插拔

热插拔意味着当从正在运行的网络上拔除或插入设备时，系统会自动意识到网络的变化。PowerLink 支持热插拔，而且不会影响整个网络的实时性。根据这个属性，可以实现网络的动态配置，即可以动态地增加或减少网络中的节点。

在实时总线上，PowerLink 的热插拔功能带给用户两个重要的好处：当模块增加或替换时，无需重新配置网络；在运行的网络中替换或激活一个新模块不会导致网络瘫痪，系统会继续工作，不管是不断地扩展还是本地的替换，其实时能力不受影响。在某些场合中系统不能断电，如果不支持热插拔，那么即使小机器一部分被替换，都不可避免地导致系统停机。

配置管理是 PowerLink 系统中最重要的一部分。它能本地保存自己和系统中所有其他设备的配置数据,并在系统启动时加载。这个特性可以实现即插即用,这使得设备的初始安装和替换都非常简单。

PowerLink 允许无限制地即插即用,因为该系统集成了 CANopen 机制。新设备只需插入就可立即工作。

5. 冗　余

PowerLink 的冗余包括 3 种:双网冗余、环形冗余和多主冗余。

(1) 双网冗余

双网冗余就是系统中有两个独立的网络,当一个网络出现故障时,另一个网络依然可以工作。双网冗余是一种物理介质的冗余,又称"线缆冗余",每个节点都有两个或多个网络接口。

① 双网冗余的机制

如图 11-28 所示,节点 1 和节点 2 既可以是主站节点也可以是从站节点。节点 1 发出的一个数据帧在经过选择器时,会被复制成两个数据帧,同时在两个网络中传输。在接收方节点 2 的选择器处,会同时有两个数据帧到来,选择器选择其中一个,发给节点 2。同理,节点 2 发送的一个数据帧,在经过节点 2 的选择器时,也被复制成两个数据帧,同时在两个网络中传输。在接收方节点 1 的选择器处,会同时有两个数据帧到来,选择器选择其中一个,发给节点 1。

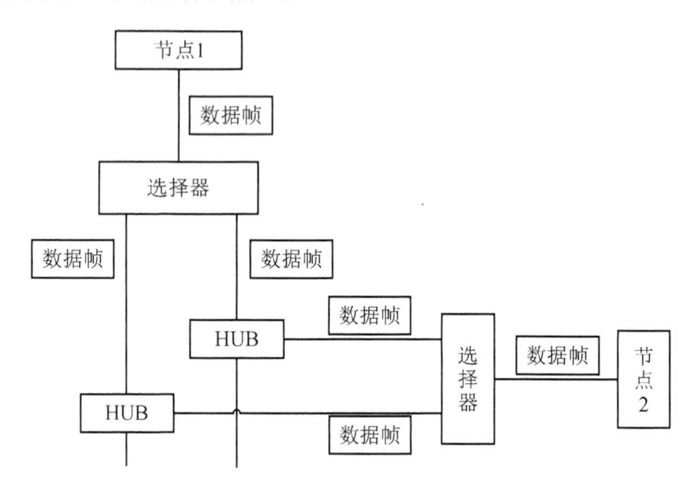

图 11-28　线缆冗余模型

这样,两个网络同时工作,当一个网络出现故障时,网络节点可以从另外一个网络收发数据。这种机制的好处是无需网络切换,当一个网络出现故障时,另外一个网络仍然会正常运行,整个系统的通信没有延迟,不会丢失数据帧。

② 线路状态

当某个网段出现线路故障时,需要将此信息通知应用程序,以帮助用户修复网络。

选择器检查网络状态的方法如下：

(a) 选择器检查每个网络数据接收情况，假设某个选择器有两个网口，一个称为 A 网，另一个称为 B 网。如果 B 网已经接收到数据，而 A 网从 B 网接收到数据时开始，在一段时间 T 内没有收到任何数据（或者在一定时间内 B 网已经收到多于 2 个数据帧，而 A 网没有收到任何数据），则说明 A 网出现故障。也可以简单地检查节点的网口状态，即检查网口的 Link 状态和 Active 状态的信号。

(b) 选择器在检测到某个网络出现故障时，将该信息上报给与其相连的 PowerLink 节点，该 PowerLink 节点的协议栈又将这个信息上报给网络中的其他节点。对于从站节点，需要将该信息包含在 PollResponse、StatusResponse、IdentResponse 这 3 种上报的数据帧里；对于主站节点，需要将该信息包含在 PollReques 数据帧里并发送给相应的从站。

(c) 网络信息在 PollResponse、StatusResponse、IdentResponse、PollReques 数据帧中的 FLS(First Link Status)、SLS(Second Link Status)，其在数据帧中的位置如图 11－29 所示。

	位偏移							
字节偏移	7	6	5	4	3	2	1	0
0	保留	报文类型						
1	目标							
2	源							
3	xxx							
4	xx	xx	xx	xx	xx	xx	xx	xx
5	FLS	SLS	PR			RS		
6~n	xxx							

图 11－29　线缆状态字段在数据帧中的位置

PowerLink 数据帧第 5 字节中的位 7、6 分别表示第一个线缆的状态（FLS）和第二个线缆的状态（SLS）。

位 7＝FLS(0＝Link OK，1＝Link not OK)

位 6＝SLS(0＝Link OK，1＝Link not OK)

注意：PowerLink 数据帧的第 5 字节是以太网数据帧的第 19 字节。

③ 选择器的设计

双网冗余的核心是选择器，它的功能如下：

(a) 发送数据时，复制数据帧并在两个网络中同时发送。

(b) 接收数据时，如果两个网络都正常工作，那么接收节点将从两个网络收到两包相同的数据，选择器需要从两个网络中选择一个数据帧发送给节点的应用。选择的机制很多，最简单的选择机制是选择最先到达的数据帧。双冗余数据帧到达某个 PowerLink 节点前后关系如图 11－30 所示。

情况一：从两个网络上传来的数据帧在时间上交叠在一起，对于选择器来说，很容易确定这两个数据帧是同样的数据帧，因此可选择最早到来的数据帧并丢掉另一个。对于这种网络，要求两个网络对同一个数据帧的延迟时间不能大于一个最小以太网帧传输的延迟时间（对于 100 Mbps 网络来说，这个延迟时间是 5.2 μs）。如果大于这个延迟时间，就有可能是"情况二"。

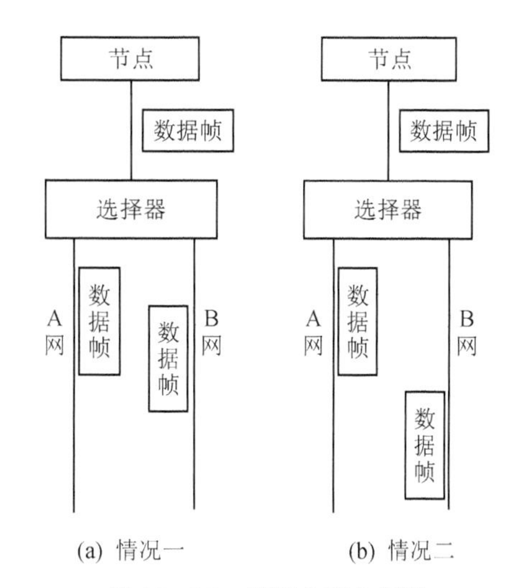

图 11－30 双网中两个相同数据帧的时间差

情况二：选择器首先需要确定这两个帧数据是否为相同的数据帧。因为有可能 A 网过来的数据帧是上一次的老数据，而 B 网过来的数据是本次的新数据，此时 B 网过来数据帧需要传给 PowerLink 节点。也有可能这两个数据帧是同一数据帧，此时 B 网过来数据帧不需要传给 PowerLink 节点。对于这种情况如何区分？应在应用层协议中设置帧计数以避免数据重复，然后在选择器中缓存先到达的数据帧，将后到达的数据帧和前面缓存的先到达的数据帧进行比较。如果两个数据帧相同，就丢掉后到达的数据帧；否则就将后到达的数据帧传给 PowerLink 节点，同时缓存此数据帧，因为该帧数据为一帧新的数据。

(2) 环形冗余

环形冗余是一种常用的冗余，也是一种线缆冗余。当菊花链拓扑结构的最后一个节点再与主站相连接时，就构成一个环。当某一根线缆出现问题时，这个系统依然可以继续工作；但是如果有两根线缆出现问题，则某个或某些节点就会从网络中分离。

① 环形冗余的拓扑

非环形冗余的拓扑结构如图 11－31 所示。对于这种拓扑结构，如果某个节点或某

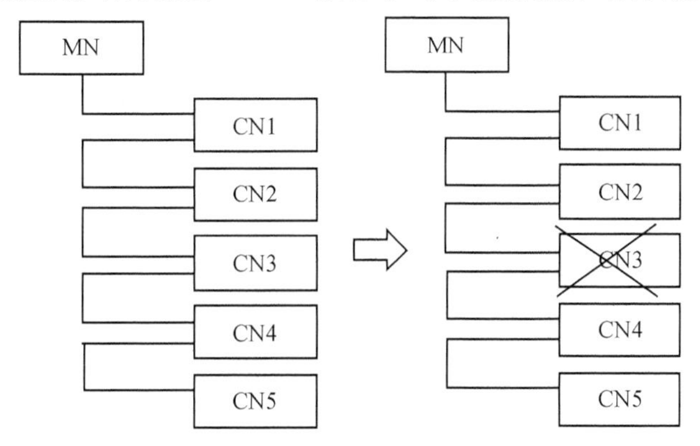

图 11－31 非环形冗余的拓扑结构

段线路出现故障，部分节点就会从网络上脱离。例如如果 3 号节点出现故障，或者与 3 号节点相连的线缆发生脱落，则 4 号和 5 号节点就会从网络中脱离，从而失去连接。

为此，我们引入环形拓扑，将最后一个节点和第一个节点用线缆相连，这样整个网络上的节点就构成一个环，因此称为环形冗余，如图 11-32 所示。对于这种拓扑，当 3 号节点出现故障，或者与 3 号节点相连的线缆发生脱落时，4 号和 5 号节点依然与网络相连。因此，环形冗余允许一个节点或者一处网段出现故障。

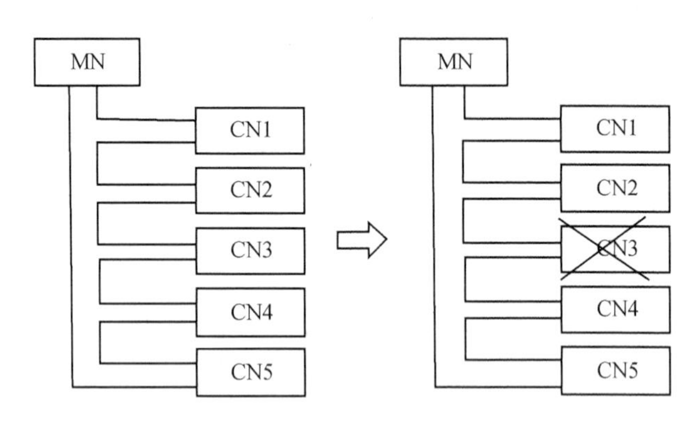

图 11-32　环形冗余的拓扑结构

② 环形冗余的处理机制

对于环形冗余，有一个节点的模块比较特殊，称为“冗余模块”。通常将该模块放置在 PowerLink 主站节点处，其他节点都用普通的 HUB 连接。

如图 11-33(a)所示，当主站有数据需要发送时，它从冗余模块的两个网口中选择一个，假定选择 B 口将数据发送出去。如果当前网络的“环”是闭合的，也就是中间没有断开的点，那么这个数据帧从冗余模块的 B 口发出后，通过网络上所有的节点，最后到达冗余模块的 A 口。至此，该数据帧已经遍历网络的所有节点，它的作用已经完成。冗余模块从 A 口接收到该数据帧之后，需要处理这个数据帧，无需再放到网络中传输，否则会形成网络风暴，即在网络上积累的数据帧越来越多，导致系统最终无法运行。

如图 11-33(b)所示，当某个从站节点(例如 2 号节点)发送数据帧时，如果当前网络的“环”是闭合的，也就是中间没有断开的点，那么该节点发送的数据帧会从 HUB 的两个网口同时发送出去。由于网络没有断点，所以该数据帧在遍历网络所有节点以后，也会到达冗余模块的 A 口和 B 口，此时它的作用已经完成。冗余模块也需要处理这个数据帧，无需再放到网络中传输。

综上所述，若网络的“环”是闭合的，则冗余模块只从一个网口收/发数据帧，而另一个网口在收到数据帧后会处理该数据帧并结束其传输过程。

环形冗余网络开环时的处理机制如下：

网络开环，也就是网络中有一个断点，使得网络的“环”断开，成为菊花链结构。如图 11-34 所示，假如 2 号节点和 3 号节点之间的网络脱落，此时冗余模块的作用与

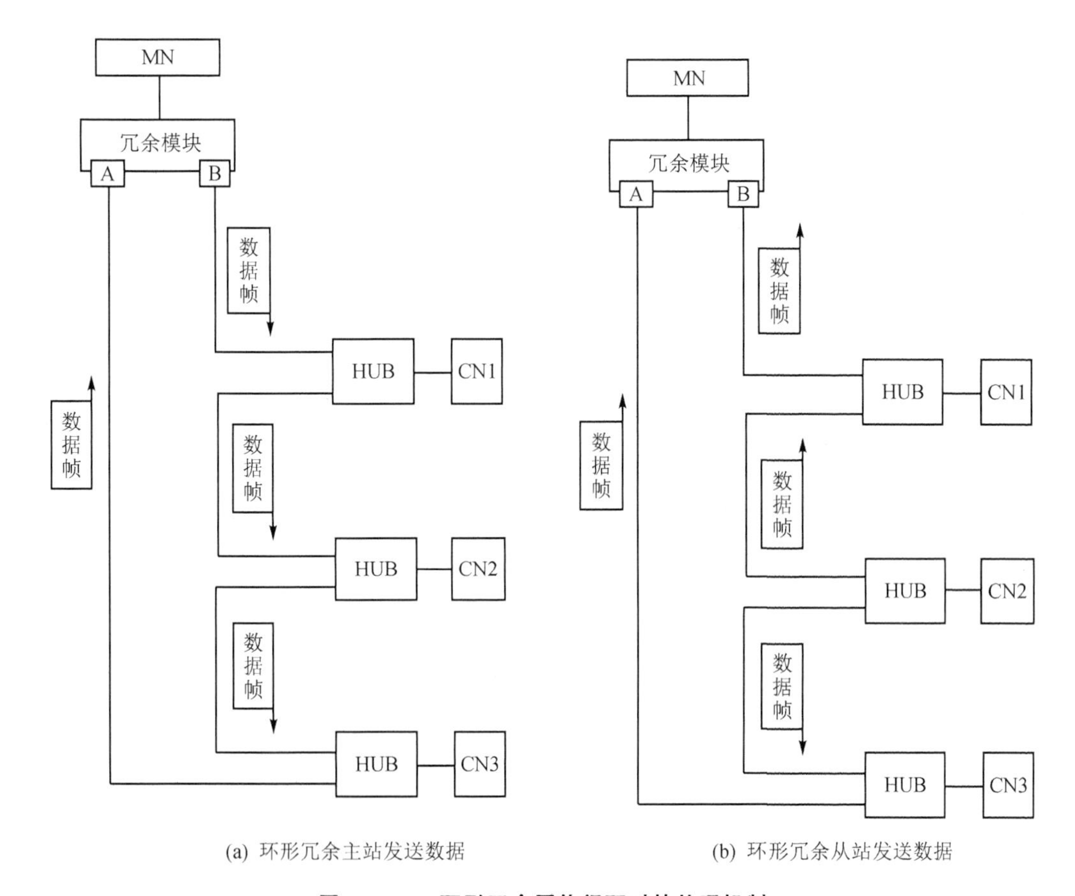

(a) 环形冗余主站发送数据 (b) 环形冗余从站发送数据

图 11-33 环形冗余网络闭环时的处理机制

HUB 的功能相同,因为只有这样才能使网络中的每一个数据帧都遍历整个网络。

因此对于环形网络,在网络“闭环”时,冗余模块的一个网口用来收/发数据,而另一个口用来“吸收”数据;在网络“开环”时,冗余模块就变成一个 HUB。

③ 网络状态检测

由于冗余模块的功能在不同的网络状态(开环和闭环)下是不同的,因此冗余模块需要实时监控网络的状态,根据网络的状态来切换功能。

网络闭环状态的检测如下:

当网络的状态为闭环时,主站从冗余模块的 B 口发出的数据能到达冗余模块的 A 口,因此检测网络状态是否为闭环最简单的方法就是监控 A 口是否收到来自主站的数据帧,即数据帧中的源节点 ID 的值大于 239。这些数据帧包括 SoA、SoC、PollPreq、PollPresMN、ASnd 等,通常采用 SoA 数据帧。

网络开环状态的检测如下:

当网络的状态为开环时,主站从冗余模块的 B 口发出的数据帧不能到达冗余模块的 A 口,因此检测网络状态是否为开环最简单的方法就是监控 A 口。如果 A 口在一段时间 T 内没有收到来自主站的数据帧,就说明网络状态为开环。这里最关键的是时

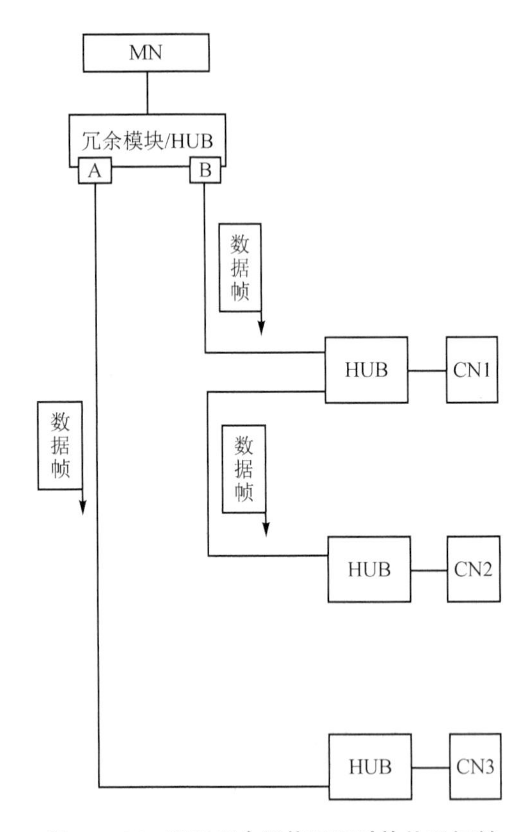

图 11-34　环形冗余网络开环时的处理机制

间参数 T 的选择。如果 T 选得比较小，就会出现错误的判断；如果 T 选得比较大，就会丢失太多的数据帧。时间参数 T 的选取主要取决于网络的传输延迟时间，即数据帧从 B 口发出至到达 A 口所经历的时间 T_delay。主站从 B 口发出一个数据帧，如果网络是闭合的，那么 A 口应该在时间 T_delay 后收到该数据帧，如果没有收到，就说明网络是开环的。时间 T_delay 可以通过在冗余模块中实际测量得到。

一种比较简单的算法如下：B 口已经连续发送 2 次 SoA 帧，但是 A 口还没收到来自主站的数据帧，这说明网络状态是开环的。B 口连续发送 2 次 SoA 帧的时间间隔为一个 PowerLink 循环周期，数据帧在网络中的传输时间 T_delay 一定小于 PowerLink 循环周期；否则，主站发送数据至最后一个节点的时间就大于一个 PowerLink 循环周期，但这是不可能的。

需要注意的是，当网络状态从闭环变为开环时，检测算法的原因会导致丢失一个循环周期内的部分数据；当网络状态从开环变为闭环时，检测算法的原因会导致一个循环周期内的部分数据在网络中一直传递，直到冗余模块的工作状态切换到闭环状态，A 口将其吸收为止。

④ 链路状态检测

当网络中的某个点出现故障时，网络中的节点需要将此信息传递到应用层，以方便用户检查并修理故障点。HUB和冗余模块的每个端口都需要检测对数据帧的接收情况。如果某个端口在一段较长的时间内没有收到数据帧，则与该端口连接的网段可能出现故障，HUB或冗余模块需要将该端口的状态信息上报到PowerLink协议栈。PowerLink协议栈可以定义一个目标来保存该信息。其他节点可通过PDO或者SDO的方式得到该信息，并上报给应用程序。

⑤ 环形冗余的无缝切换

当网络从闭环变为开环时，环形冗余会丢失一个循环周期的部分数据；当网络从开环状态转变为闭环状态时，一个循环周期的部分数据会在网络上传输多次，从而造成网络风暴。也就是说，在网络状态切换时前面的设计方案会造成一个循环周期内的部分数据帧丢失或多次传输。大部分应用场合可以接受这样的扰动，而有些应用场合则要求无缝切换，也就是要求网络状态切换时网络通信不受影响。

为了达到无缝切换的效果，对PowerLink稍加改动即可。

环形冗余网络无缝切换的结构如图11-35所示。

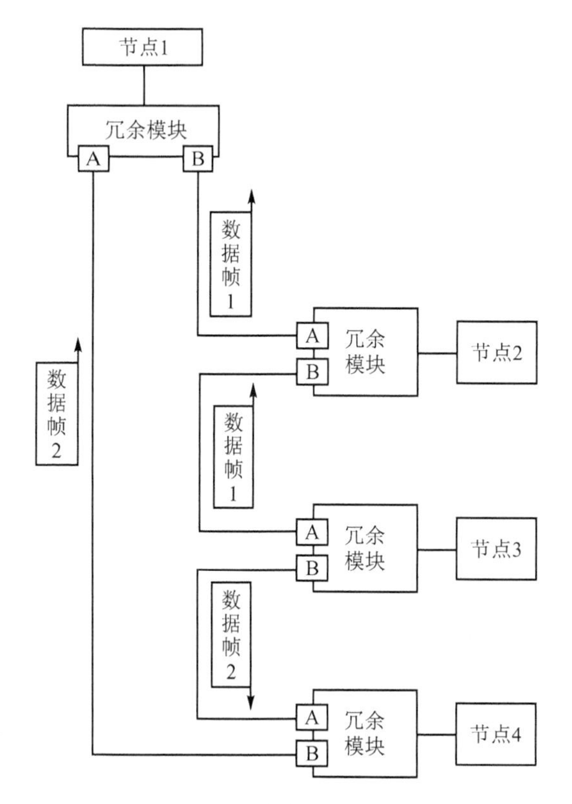

图11-35　无缝切换的环网机制

在图11-35中，节点3将要发送的数据帧从冗余模块的两个端口同时发出。假如这两个数据帧同时到达节点1的冗余模块，这里约定从A口发出的数据帧为数据帧1，从B口发出的数据帧为数据帧2。这两个数据帧就像两列列车，分别沿着顺时针方向和逆时针方向行驶，列车经过的地方，就是数据帧到达的地方。两列列车相向而行，必然会在某一个点相遇。假设数据帧 1 和数据帧 2 在节点 1 处相遇，这时冗余模块从两个数据帧中选择一个上报给与该冗余模块相连的节点，同时终止数据帧 1 和数据帧 2 在网络上的传输。由于 PowerLink 工作在以太网的半双工模式下，所以一个端口在接收数据的同时不能发送数据，这必然会导致数据帧 1 和数据帧 2 在相遇节点处发生冲突。

当网络出现某个断点时，例如节点 2 从网络上断开，数据帧 1 和数据帧 2 依然可以遍历网络上的所有节点，只是这两个数据帧不会发生冲突。如图 11－36 所示为网络出现断点时的数据传输路径。

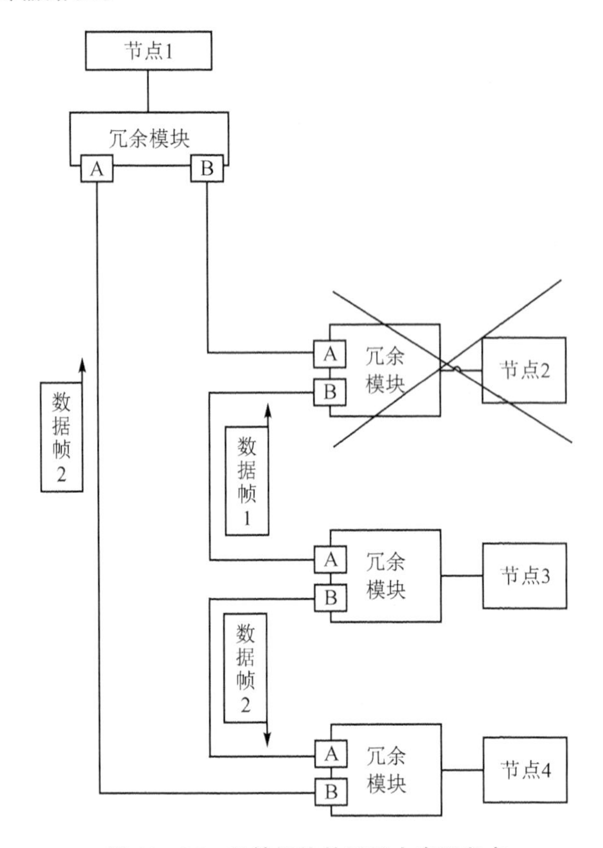

图 11－36　无缝切换的环网中出现断点

若同时收到的两个相同的数据帧，则选择一个上报给与该模块相连的节点，同时中止这两个数据帧在网络上传输。比较简单做法是，当在某个冗余模块中检测到两个数据帧发生冲突时，就选择一个上报给与该冗余模块相连的节点，同时终止这两个数据帧在网络上的传输。因为 PowerLink 的数据帧具有严格的时序，所以如果不出现故障，就不会出现其他情况的冲突。

(3) 多主冗余

由于一个 PowerLink 网络中有且只有一个 MN，当正在工作的主站出现故障时，网络就会瘫痪，因此对于要求较高的场合，就需要多主冗余。多主冗余就是在一个系统中存在多个主站，其中一个处于活动状态，其他主站处于备用状态。当正在工作的主站出现故障时，备用主站就接替其工作，继续维持网络的稳定运行，如图 11－37 所示。

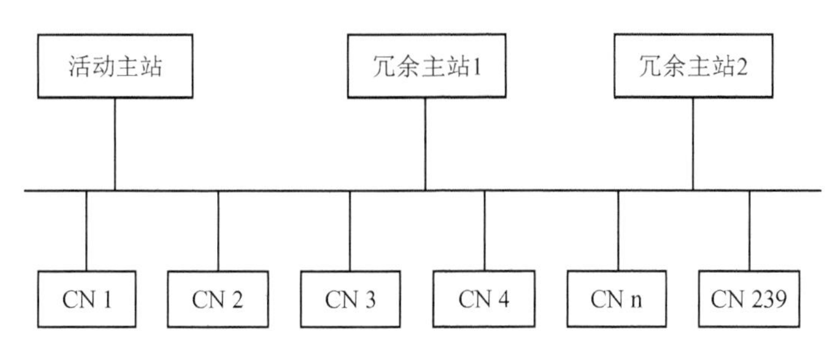

图 11－37 多主冗余的拓扑

① 节点号的分配

PowerLink 的从站节点号是 1～239；而标准主站节点号为 240。对于多主冗余系统，由于有多个主站，这些主站的节点号为 241～250。

对于活动主站，在向外发送 SoC、SoA、PollRequest、ASnd 数据帧时，其源节点号的值设置为 240；在向外发送 PollResponse 数据帧时，其源节点号的值设为活动主站自身的节点号。对于备用主站，则使用其自身的节点号来收发数据。当节点号为 241 的主站处于活动状态时，它使用 241 和 240 作为自己的节点号来收发数据。当节点号为 241 的主站出现故障，节点号为 242 的主站接替其工作时，节点号为 242 的主站使用 242 和 240 作为自己的节点号来收发数据，如图 11－38 所示。

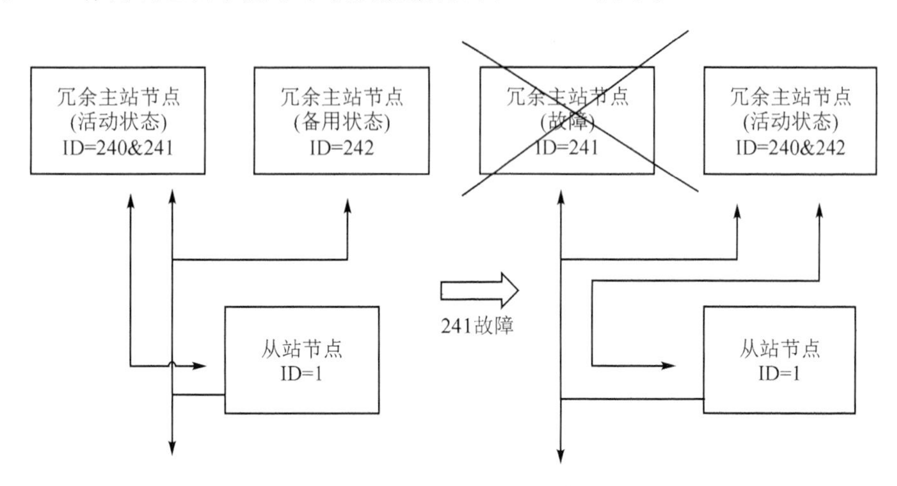

图 11－38 多主冗余的主站切换示意图

② 配置管理

主站的对象字典中保存了对网络上所有从节点和冗余主站的配置信息。当网络启动后，主站首先检查是否需要配置网络上其他节点，如果需要，就根据保存在主站内的配置信息通过 SDO 的方式发送给相应的节点。当某个节点重新回到网络中时，主站也会检查是否需要重新配置该节点。因此当活动主站从 MN1 切换到 MN2 时，MN2 的对象字典中也需要保存与 MN1 相同节点的配置信息。配置示意图如图 11－39 所示。

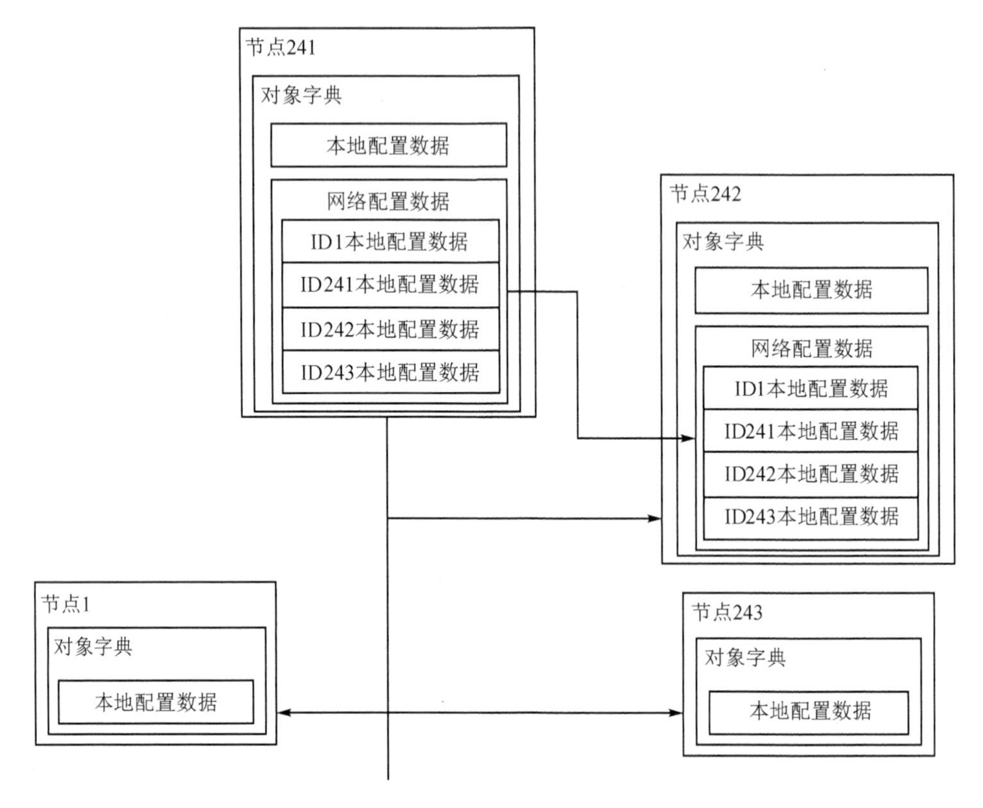

图 11－39　多主冗余网络的配置信息

③ 优先级确定

由于在一个系统中有多个备用主站，所以当活动主站出现故障时，需要有一种机制能从多个备用主站中选择一个来接替活动主站的工作。这里采用竞争机制，每个备用主站都有唯一的优先级。这个优先级有两种确定方式：

第一种：在备用主站中确定一个目标，用来保存优先级参数。目标的索引为 0x1F89，子索引为 0x0A。在组建 PowerLink 网络时，事先配置好每个备用主站的优先级。优先级是一个数值，取值范围为 1，2，…数值越小，优先级越高。

第二种由节点号来确定优先级。由于每个备用主站节点都有唯一的节点号，所以可以将节点号的数值看作是优先级的值。

系统启动时，多个冗余主站同时启动，此时哪个冗余主站应该率先接管网络而成为活动主站？这由前面所述的优先级决定。所有冗余主站根据优先级的不同，分别等待不同的时间。如果在等待时间内某个冗余主站收到 SoA 数据帧，说明已经有其他主站开始工作，则该冗余主站进入备用主站状态；如果在等待时间内某个冗余主站没有收到 SoA 数据帧，则该冗余主站进入活动主站状态，进入 Reduced Cycle（缩短的周期）。PowerLink 主站在启动时首先进入 Reduced Cycle，在这个状态下，主站只是产生 SoA 和 ASnd 来配置网络。如果活动主站正工作在该状态下，那么由于某种故障而停机，备用主站需要有能力检测 SoA 数据帧,并根据优先级的机制选出一个备用主站接替活动主站的工作。因此当活动主站工作在 Reduced Cycle 状态时,备用主站需要周期性地检测 SoA 数据帧,如果很长时间没有收到 SoA 数据帧,就认为活动主站出现故障。具体方法是在备用主站中设置一个定时器,其定时时间为 T_reduced_switch_over_MN,如果备用主站在该时间间隔内没有收到 SoA,就认为网络中没有活动主站产生 SoA。备用主站每次收到 SoA 数据帧时,都会重新设置自己的定时器。如果定时器的定时时间到,但备用主站还没有收到 SoA 数据帧,就启动接管程序。备用主站启动接管程序时,首先发送一个广播消息 ActiveManagingNodeIndication(AMNI),通知网络上其他备用主站:本主站将要成为活动主站。其他备用主站在收到该消息时,需要重新设置自己的定时器。

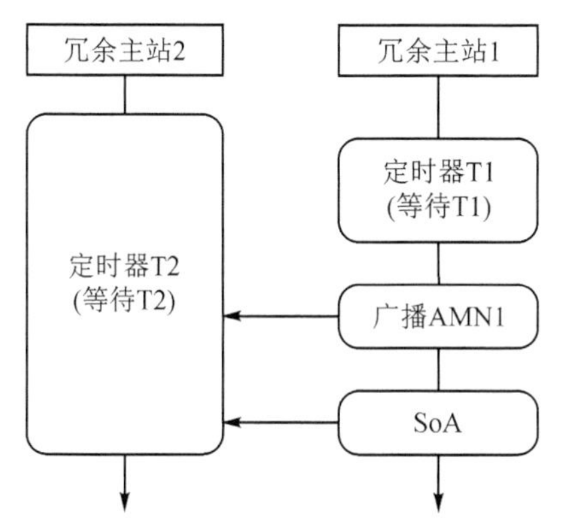

图 11-40　多主冗余网络的启动过程

多主冗余网络的启动过程如图 11-40 所示。

对于优先级高的备用主站,其定时时间 T_reduced_switch_over_MN 的值小,这样的备用主站等待的时间短;对于优先级低的备用主站,其定时时间 T_reduced_switch_over_MN 的值大,定时器等待的时间长。

活动主站进入 PowerLink 正常的循环周期后,会周期性地产生 SoC 数据帧。在该状态下,备用主站需要检测 SoC 数据帧,如果很长时间没有收到 SoC 数据帧,就说明当前的活动主站出现故障,优先级最高的备用主站将接替活动主站的工作。备用主站检测 SoC 数据帧的方法依然是通过设置定时器。定时器的值如下:

$$T_{\text{switch\_over\_MN}} = T_{\text{cycle\_MN}} + \frac{T_{\text{cycle\_MN}} \times (\text{MNSwitchOverPriority\_U32} + \text{MNSwitchOverDelay\_U32})}{\text{MNSwitchOverCycleDivder\_U32}}$$

其中:$T_{\text{cycle\_MN}}$ 是 PowerLink 循环周期的大小;MNSwitchOverPriority_U32 是节点的优先级,优先级越高,该数值越小;MNSwitchOverDelay_U32 是一个可选的延时参数,该参数不是必需的;MNSwitchOverCycleDivder_U32 是一个除数因子,它将循环周期等分以得到较小的时间片。

在主站进入正常工作模式后,之所以采用监控 SoC 数据帧而不是 SoA 数据帧,是原因 SoC 数据帧的抖动更小、更准确。

对于备用主站,每次收到 SoC 数据帧时,其定时器清零并重新启动。若某个备用主站的定时器定时时间到,则说明该备用主站超过一个循环周期没有收到 SoC 数据帧,意味着活动主站可能出现故障(但是也不排除两种可能:SoC 抖动过大和 SoC 数据帧丢失)。由于每个备用主站的优先级不同,所以每个备用主站的定时器设置的时间也不同。某个备用主站的定时时间一旦到了,它就发送一个 AMNI 消息来通知网络上其他备用主站,它将要接替活动主站的工作。其他备用主站收到 AMNI 消息后,需要将自身的定时器清零并重新设置。

除此之外,应用程序可以通过发送命令让本地或者远程的活动主站进入备用状态。

6. 交叉通信

交叉通信是指从站间无需通过主站而交换数据的一种通信方式。

如图 11-41 所示,由于每个从节点在向外发送数据帧时,都是以广播的形式发送出去的,因此网络上所有节点都可以在本周期内收到任一从节点发送的数据帧。如果其中某个节点需要该数据帧,那么就可以直接收取。例如,CN1 将自己的数据放在 PresCN1 中,以广播的方式发送出去,主站和其他所有从站都可以收到该数据帧。如果 CN2 需要接收 CN1 的信息,就可以直接收取该数据帧的某一段或者某几段数据,而无需经过主站。

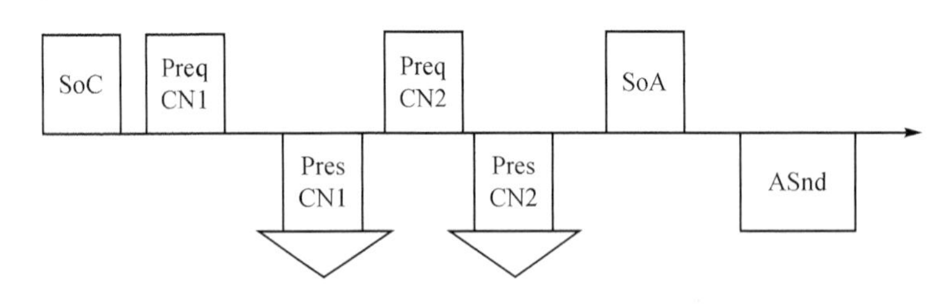

图 11-41 交叉通信原理示意图

7. 实时域与非实时域

PowerLink 网络是一个实时网络,其各个节点的通信有着严格的时序性。各个节点在哪个时间段得到总线的使用权是由主站统一分配的。

经常会有人问,一个局域网中有一些非 PowerLink 设备,是否可以让 PowerLink 网络共用这个局域网?

答案是:可以,也不可以。

可以,是因为 PowerLink 网络就是基于标准以太网的,因此 PowerLink 设备可以与其他以太网设备共存,而且可以相互通信。

不可以,是因为 PowerLink 网络中,每个站什么时候收发数据,是由 PowerLink 主站管理的,如果接入一些非 PowerLink 设备,而这些设备收发数据又不受 PowerLink 主站管理,那么这就会造成冲突,即 PowerLink 设备想要发送数据,却发现当前总线被非 PowerLink 设备使用,从而造成 PowerLink 设备通信超时或者数据丢失,产生一些通信报警和错误。

因此,正确的做法是将实时控制网络与非实时控制网络分开,可以通过网关隔开,或者干脆使用两个不同的网络。

第 12 章　无线局域网

12.1　无线 LAN 基础知识

1. 无线 LAN 的诞生和发展

1985 年，经美国 FCC 批准，原来仅用于军方的扩频通信向民间开放，900 MHz 频带(902～928 MHz)、2.4 GHz 频带(2.4～2.5 GHz)、5.7 GHz 频带(5.725～5.875 GHz)这 3 个被称为 ISM(Industrial Scientific Medical)频带的无线频带开始可供商业使用。

1991 年，IEEE 召开了首个无线 LAN 相关的会议，同时成立了 IEEE 802.11 委员会。1992 年，NCR 公司的 WaveLAN、Proxim 公司的 RangeLAN 以及 Telesytems 公司的 ArLAN 等无线产品在美国市场上推出，这些产品使用 900 MHz 频带，最大通信速率为 2 Mbps。随后，市场上又出现了使用 2.4 GHz 频带、通信速率为 2 Mbps 的无线 LAN 产品。

1997 年，IEEE 完成了首个无线 LAN 标准——802.11 的标准化工作，该标准让使用 2.4GHz 频带、通信速率为 2 Mbps 的无线 LAN 得到普及。而之前在市场上销售的无线 LAN 产品属于非标准化范畴，网络速率低且价格不菲，不同厂商的产品之间兼容性差，难以在市场上普及。

1999 年，通信速率为 11 Mbps 的无线 LAN 通过 802.11b 标准完成了标准化工作。就在该标准颁布前，苹果公司发布了一款名为 AirPort 的无线接入点产品。当时 AirPort 售价 299 美元，无线 LAN 网卡价格为 99 美元，相比价格可谓非常低廉。

随后，IEEE 制定了提高通信速率的 802.11g 以及 802.11n 等标准，这些标准沿用至今。

2. CSMA/CA

以太网传输媒介访问控制方式为 CSMA/CD(Carrier Sense Multiple Access/Collision Detection)，而 IEEE 802.11 无线 LAN 所采用的是 CSMA/CA(Collision Avoidance)方式。通过使用 CSMA 技术，多个终端设备在共享传输媒介(无线 LAN 中则是指无线带宽频带)时能够实时检测出那些未被占用的频点。

以太网的冲突域(CD，Collision Domain)是指在数据发送时检测出冲突，当发生冲突时等候某随机时间再次发送。而在无线 LAN 中，如果在进行载波侦听时遇到其他终端正在发送数据，那么就在对方终端发送完成后，再次等待某个随机时间继续发送数据。该过程称为冲突避免(CA，Collision Avoidance)。如果在对方刚发送完毕就直接发送数据，也有可能造成无线传输的冲突。

在以太网中，传输媒介能够通过异常电气信号检测到冲突的发生。但由于无线通信不会产生电气信号，因此需要使用 CSMA/CA 来取代 CSMA/CD。

3. 无线 LAN 拓扑结构

无线 LAN 的拓扑结构分为两种：用于通信终端之间直接互联的“ad-hoc 模式”以及通过 AP(Access Point，无线接入点)连接有线网络的“基础设施模式”，如表 12－1 所列。这里提到的终端是指搭载了无线 LAN 模块的个人计算机、便携终端、游戏设备等。

表 12－1　两种无线 LAN 拓扑结构说明

模　式	说　明
ad-hoc 模式 (ad-hoc mode)	指 IEEE 802.11 无线网络的 BSS(Basic Service Set)，在两台终端(STA)之间直接通过无线信号互联，从而组成的网络，也称为点到点或孤立的网络模式。该网络模式在个人计算机与打印机之间进行无线连接或者多台便携式游戏机进行无线联机对战时经常使用。入网终端一般直接搭载无线 LAN 模式，或配备 PC 扩展卡、USB 接口的无线 LAN 适配模块。在该模式下，入网设备往往不能连接到互联网 
基础设施模式 (infrastructure mode)	指 802.11 无线网络的 BSS 形式组网，在经由无线 LAN 连接至互联网时使用。在该模式下，除了载有无线 LAN 模块的终端(STA)以外，还需要有无线 LAN 的 AP(无线接入点)方能连接至互联网 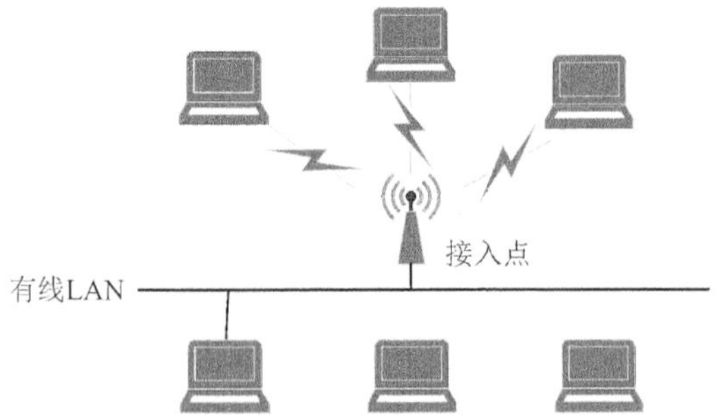

12.2 无线 LAN 标准

以太网标准统称为 IEEE802.3，而无线 LAN 标准则统称为 IEEE802.11。

同 IEEE802.3 一样，IEEE802.11 在物理层和数据链路层之间也定义了 MAC 子层。整个 IEEE802.11 标准定义了无线 LAN 采用何种频带和调制方式，传输速率能够达到何种程度等传输标准，如表 12-2 所列，还定义了安全性、QoS、管理、调制方法等各种涉及无线 LAN 的相关内容。

表 12-2 主要的无线 LAN 传输标准

IEEE 标准	制定年份	使用频带/GHz	最大传输速率	调制方式	无线许可
802.11	1997	2.4	2 Mbps	DSSS[注1]	无需许可
802.11b	1999	2.4	11 Mbps	DSSS(CCK[注2])	无需许可
802.11a	1999	5	54 Mbps	OFDM[注3]	5.15～5.35 GHz，室内使用无需许可；5.47～5.72 GHz，室内、室外使用均无需许可
802.11g	2003	2.4	54 Mbps	OFDM	无需许可
802.11j	2004	4.9-5.0 5.03-5.09	54 Mbps	OFDM	需要出具许可
802.11n	2009	2.4/5	600 Mbps	OFDM (MIMO[注4])	2.4 GHz 频带，室内、室外使用均无需许可； 5.15～5.35 GHz，室内使用无需许可； 5.47～5.725 GHz，室内、室外使用均无需许可
802.11ac	2013	5	6.93 Gbps	OFDM(MIMO)	5.15～5.35 GHz，室内使用无需许可； 5.47～5.725 GHz，室内、室外使用均无需许可
802.11ad	2013	60	6.8 Gbps	SC(Single Carrier)、 OFDM(MIMO)	无需许可

注 1：DSSS(Direct Sequence Spread Spactrum，直接序列扩频)，扩频通信技术的一种，在发送一侧将调制信号经过高频巴克码(Barker code，11 位脉冲码)的 XOR 运算后进行发送。

注 2：CCK(Complementary Code Keying，补充编码健控)，不使用巴克码，而是使用被称为补充序列(Complementary Sequence)的代码对信号进行编码。

注 3：OFDM(Orthogonal Frequency Division Multiplexing，正交频分复用)。

注 4：MIMO(Multiple Input Multiple Output，多进多出)。

1. IEEE802.11

物理层采用 2.4 GHz 频带的 DSSS 方式或 FHSS(Frequency Hopping Spread Spectrum,跳频扩频技术)方式,以及红外线方式 3 种标准(见表 12-3 和表 12-4),通信速率为 1 Mbps 或 2 Mbps,但是该物理层标准目前已不再使用。

表 12-3 IEEE 802.11 在网络分层模型中的地位

<table>
<tr><td rowspan="2">数据链路层</td><td>LLC 子层</td><td colspan="6">802.2 逻辑链路控制(LLC)</td></tr>
<tr><td>MAC 子层</td><td colspan="6">802.11 CSMA/CA</td></tr>
<tr><td rowspan="2">物理层</td><td rowspan="2">物理层</td><td colspan="3">802.11PHY</td><td rowspan="2">802.11b PHY
无线电波
2.4 GHz 频带
DSSS/CCK</td><td rowspan="2">802.11a PHY
无线电波
2.4 GHz
频带 OFDM</td><td rowspan="2">802.11g PHY
无线电波 2.4 GHz
频带 OFDM、
PBCC DSS/CCK</td></tr>
<tr><td>红外线</td><td>无线电波
2.4 GHz
FHSS</td><td>无线电波
2.4 GHz
DSSS</td></tr>
</table>

表 12-4 IEEE 802.11 的传输方式

传输方式	说　明
DSSS(Direct Sequence Spread Spectrum,直接序列扩频)	扩频通信技术的一种,在发送一侧将调制信号经过高频巴克码(Barker Code 11 位脉冲码)的 XOR 运算后进行发送。将信号分散在整个宽带域的同时进行发送。与 FHSS 相比,抗干扰性差,传输速度快
FHSS(Frequency Hopping Spread Spectrum,跳频扩频技术)	扩频通信技术的一种,能在短时间内变更信号发送频率。即使某个频率发生噪音干扰,也能够通过变更为其他频率来修正数据,选择干扰较小的频率进行发送。与 DSSS 相比,虽然传输速度慢,但抗干扰性十分优越。另外,该方式在 Bluetooth 中也能够使用
红外线(Infrared)	使用红外线(波长为 850～950 mm)进行数据的无线传输。最大传输距离只有 20 m 左右,无法跨越墙壁等障碍物

2. IEEE802.11b 和 IEEE802.11g

IEEE802.11b 和 IEEE802.11g 为 2.4 GHz 频带中的无线局域网标准,它们的最大传输速率分别可达到 11Mbps(IEEE802.11b)和 54 Mbps(IEEE802.11g),通信距离可以达到 30～50 m。它们与 IEEE802.11 相似,在介质访问控制层使用 CSMA/CA 方式,以基站作为中介进行通信。

IEEE802.11b 于 1999 年 10 月发布,其物理层使用基于 DSSS 的 CCK 调制方式。该标准开启了无线 LAN 的历史篇章,在该标准发布前后,对应 IEEE802.11b 的廉价无线 LAN 卡开始销售,并在之后的几年里得到迅速普及。

IEEE802.11g 于 2003 年 6 月发布,其向下兼容 IEEE802.11b,调制方式同 IEEE802.11a 相同,采用 OFDM 方式。

3. IEEE802.11a

IEEE802.11a 是在物理层上利用 5 GHz 频带,最大传输速率可达到 54 Mbps 的一种无线通信标准。其数据链路层协议以及数据帧格式均与IEEE802.11相同，物理层调制方式变为OFDM。通信速率能够根据无线电波的信号情况做到54、48、36、24、12、6 Mbps自适应，这通过无线LAN客户端的fallback功能来实现。

4. IEEE802.11n

在IEEE802.11a和IEEE802.11g基础上，IEEE802.11n采用了同步多天线的MIMO技术，其物理层使用2.5 GHz和5 GHz频带。最大传输速率可达150 Mbps。

5. 蓝　牙

与IEEE802.11b/g类似，蓝牙使用2.4 GHz频带，传输速率在V2中能达到3 Mbps(实际最大吞吐量为2.1 Mbps)。根据无线电波的强弱，通信距离有1 m、10 m、100 m三种类型，通信终端最多允许8台设备。

6. WiMAX

WiMAX属于无线MAN，支持城域网范围内的无线通信。

7. Zigbee

Zigbee主要用于家电的远程控制，是一种短距离、低功耗的无线通信技术，最多允许65 535个终端之间互连通信，传输速率随着所使用频带有所变化。在日本，使用2.4 GHz频带的设备，其传输速率最高可达250 kbps。

12.3 无线LAN传输速率与覆盖范围要点

参考无线LAN标准可以得知，IEEE 802.11b最大支持11 Mbps的传输速率，IEEE 802.11g最大支持54 Mbps的传输速率。不过需要注意这里的速率数据都是在最优条件下得出的值。

无线LAN与有线LAN不同，根据接入点之间距离的变化以及建筑物、墙壁等物理障碍物阻挡程度的不同，无线LAN的传输速率会有很大差异。

此外，由于在无线LAN中使用了CSMA/CA冲突避免协议，所以数据在发送时有等待的时间。因此无线LAN实际的最大传输速率一般在IEEE 802.11a中只能达到20 Mbps，在IEEE 802.11b中只能达到4.5 Mbps，在IEEE 802.11g中只能达到20 Mbps。

根据终端与接入点之间距离的不同，最大传输速率会有所不同，离接入点越远，通信延迟越大，传输速率也就越低。在没有障碍物的前提下，无线LAN的覆盖范围如图12-1所示，呈同心圆状分布。

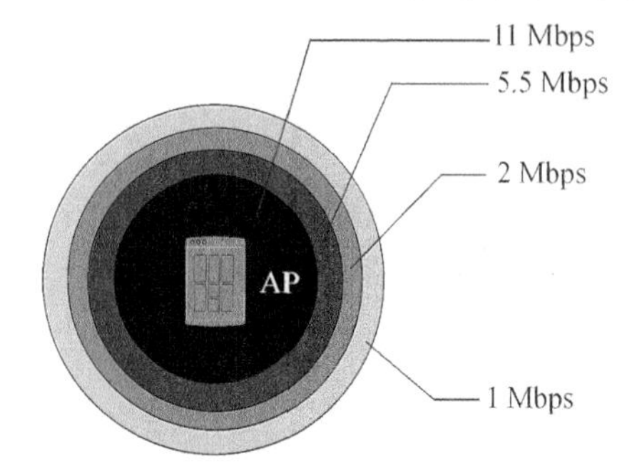

图12-1　无线LAN通信覆盖的范围

在 IEEE802.11a/b/g 中，采用 OFDM 调制方式提供了 8 个传输速率，采用 DSSS 调制方式则提供了 4 个传输速率，如表 12-5 所列。

表 12-5 IEEE 802.11a/b/g 的传输速率

标准	调制方式	传输速率/Mbps
IEEE 802.11a	OFDM	6/9/12/18/24/36/48/54
IEEE 802.11g	DSSS、OFDM	1/2/5.5/6/9/11/12/18/24/36/48/54
IEEE 802.11b	DSSS	1/2/5.5/11

在 IEEE802.11n 中，通过 MIMO(Multiple Input Multiple Output)技术能够将发送数据分割成多个数据流(Stream)，每条独立的数据流通过多个天线使用相同的频带同时发送。MIMO 使用配有天线的多个无线通信线路使传输速率大幅上升。

空间上相互独立的多个天线会同时发送频率相同的无线信号，各个同频信号可以称为空间数据流。各空间数据流由发送天线进行路径分割，最终到达多个接收天线。

发送方使用空时编码(STC，Sapce-Time Coding)将发送信号在时间和空间上进行重组形成并列传输信号，然后通过 M 个天线发送通信电波。

接收方通过 N 个天线接收多径传输来的无线电波，同样使用空时解码(STD，Sapce-Time Decoding)对信号进行分离组合，从而成功接收所有信号。

图 12-2 所示为使用 MIMO 技术进行无线通信的原理图。

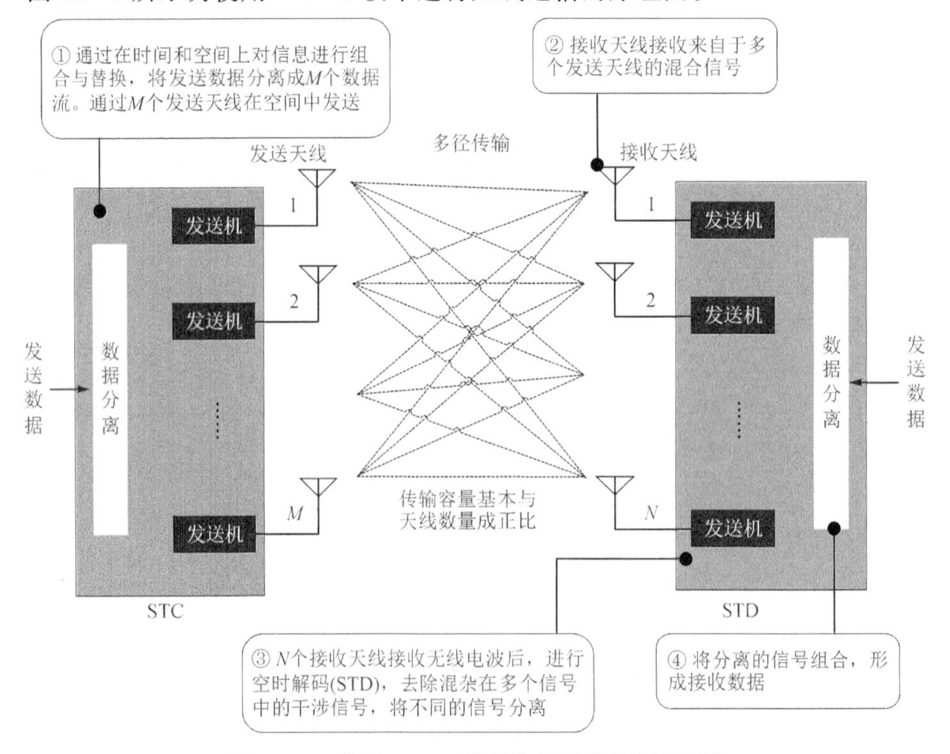

图 12-2 使用 MIMO 技术进行无线通信原理图

无线 LAN 标准中使用 2.4 GHz 和 5 GHz 频带，各频带均存在多条信道。在办公室内设置接入点时，为了防止干涉需要将信道设置为内嵌式，如图 12-3 所示。

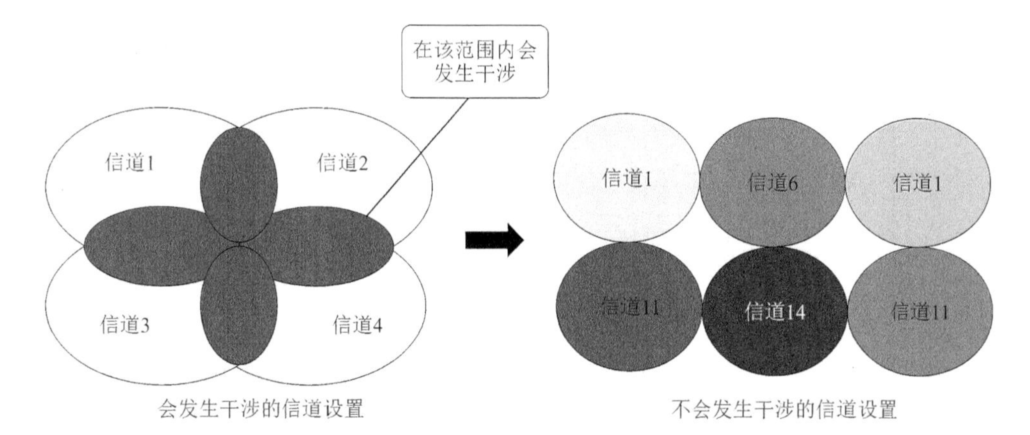

图 12-3 防止干涉的信道设置

IEEE802.11b 中定义了 1～14 共 14 条信道。但并不是说，只要选择了数字不相同的信道就一定不会发生干涉。

如图 12-4 所示，信道 1 使用的频带同信道 2～5 使用的频带有一定的重合，因此还是会发生干涉。这样看来，在 IEEE802.11b 中能够使用的不发生干涉的最大信道数量有 4 个（信道 1、6、11、14）。IEEE802.116 的信道与频带如表 12-6 所列。

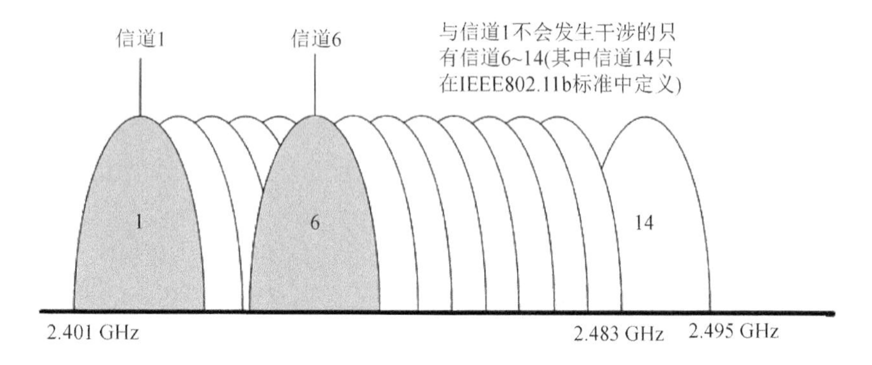

图 12-4 IEEE802.11b 的信道干涉

表 12-6 IEEE 802.11b 的信道与频带

信　道	无线频带/GHz		中心频带/GHz
	下限	上限	
1	2.401	2.423	2.412
2	2.406	2.428	2.417
3	2.411	2.433	2.422
4	2.416	2.438	2.427

续表 12-6

信道	无线频带/GHz		中心频带/GHz
	下限	上限	
5	2.421	2.443	2.432
6	2.426	2.448	2.437
7	2.431	2.453	2.442
8	2.436	2.458	2.447
9	2.441	2.463	2.452
10	2.446	2.468	2.457
11	2.451	2.473	2.462
12	2.456	2.478	2.467
13	2.461	2.483	2.472
14[注1]	2.473	2.495	2.484

注 1：只有 IEEE802.11b 中存在。

第 13 章　虚拟化和云

有些网站对网络资源的需求时刻都在发生变化，尤其在像数据中心一样配置大量的服务器并提供对外服务的环境中，为每个网站和内容提供商分配固定的网络资源显然是低效的。

基于这样一个背景，出现了虚拟化技术。它是指当一个网站（也可以是其他系统）需要调整运营所使用的资源时，并不增减服务器、存储设备、网络等实际的物理设备，而是利用软件将这些物理设备虚拟化，在有必要增减资源时，通过软件按量增减的一种机制。通过此机制实现按需分配、按比例分配，对外提供可靠的服务。

利用虚拟化技术，根据使用者的情况动态调整必要资源的机制被人们称为“云”。而且，将虚拟化的系统根据需要自动地进行动态管理的部分被称为“智能协调层”。它能够将服务器、存储、网络看作一个整体进行管理。

也可以在局域网服务器上构建私有云，比较主流的虚拟化技术主要有虚拟机（Virtual Machines，VM）和容器（Containers），两者的区别如图 13－1 所示。

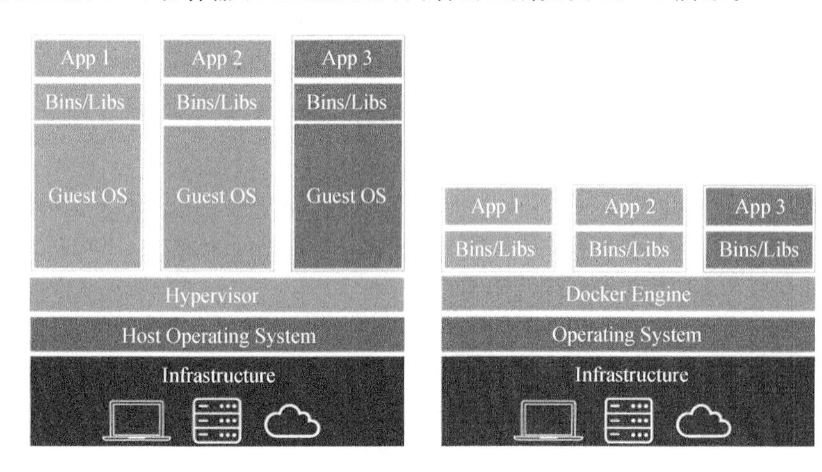

图 13－1　虚拟机与容器的区别

13.1　什么是虚拟机？

服务器的能力和容量在逐渐增加，而一个机器上只能一次运行一种操作系统，因此虚拟机应时而生。虚拟机是在物理服务器的上层运行软件来模拟特定的硬件系统。Hypervisor 位于硬件和系统之间，是创建虚拟机必需的一个部分。

每个虚拟机中都运行着一个系统,安装不同系统的虚拟机可以在同一个服务器上运行。例如,一个 Unix 系统和 Linux 系统的虚拟机可以在同一个服务器上运行,并且每个虚拟机都可以拥有一个比较大的容量。

13.2 什么是容器?

操作系统的虚拟化越来越受欢迎,这就意味着当把一个服务器的运行环境移动到另一个服务器的运行环境上时,软件也可以正常运行。容器提供了一种可以在一个服务器上把各个运行环境(操作系统)隔离开的方法。

容器位于硬件和操作系统的上方,这个操作系统可以是 Linux,也可以是 Windows。每个容器都共享主机操作系统的内核,通常还包括文件的库,共享的组件是只能进行读取的,每个容器都可以通过特定的方法进行挂载写入。这就使得容器特别“轻”。容器的大小一般以 M(兆)为单位,只需要几分钟就可以完成启动,而虚拟机常常需要几分钟才能完成启动。

容器的好处就在于它的“启动速度快”和“轻”。容器可实现“可共享”,可用于各种公共和私有云的部署,通过快速打包应用程序及其依赖的环境来加速开发和测试。另外,容器可以减小运营的开销。

由于容器是共享主操作系统的内核,因此就无法在服务器上运行与主服务器不同的操作系统,也就是说不能在 Linux 的服务器上运行 Windows。

在容器技术出现之前,业界的网红是虚拟机。虚拟机技术的代表是 VMWare 和 OpenStack。

虚拟机属于虚拟化技术;而 Docker 这样的容器技术,也是虚拟化技术,属于轻量级的虚拟化。虚拟机虽然可以隔离出很多“子电脑”,但占用空间更大,启动更慢,虚拟机软件(例如 VMWare)可能还要花钱购买。

而容器技术恰好没有这些缺点。它不需要虚拟出整个操作系统,只需要虚拟一个小规模的环境。它启动时间很快,几秒钟就能完成。而且,它对资源的利用率很高(一台主机可以同时运行几千个 Docker 容器)。此外,它占用的空间很小,虚拟机一般需要几 GB 到几十 GB 的空间,而容器只需要 MB 级甚至 KB 级的空间。

第 14 章　其他网络

几种常见的网络名称、传输速率和用途如表 14－1 所列。

表 14－1　各类网络的名称、传输速率及用途

网络名称	传输速率	用　途
以太网	10 Mbps～1 000 Gbps	LAN、MAN
802.11	5.5～150 Mbps	LAN
蓝牙	177.1 kbps～2.1 Mbps	LAN
ATM	25 Mbps、155 Mbps、622 Mbps、2.4 Gbps	LAN、WAN
POS	51.84 Mbps～40 Gbps	WAN
FDDI	100 Mbps	LAN、MAN
令牌环	4 Mbps、16 Mbps	LAN
100VG-AnyLAN	100 Mbps	LAN
光纤通道	133 Mbps～4 Gbps	SAN
HIPPI	800 Mbps、1.6 Gbps	两台计算机之间的连接
IEEE1394	100～800 Mbps	面向家庭

1. POS

POS(Packet over SDH/SONET)是一种在 SDH(SONET)上进行包通信的协议。SDH(SONET)是指 SDH 和 SONET 的统称，它们是现代光纤通信网络的核心技术，广泛应用于全球范围内的数据传输，它们由不同的组织指定，但技术原理和功能非常相似，且在实际应用中可以互操作。其中，SDH(Synchronous Digital Hierarchy)为同步数字系统，是由国际电信联盟电信标准化部门(ITU-T)制定，主要在欧洲、亚洲和全球其他大部分地区使用。SONET(Synchronous Optical Network)为同步光纤网络，是由美国国家标准协会(ANSI)制定的北美地区光纤通信标准。

SDH 作为利用电话线或专线等可靠性较高的方式进行光传输的网络，正被广泛应用。SDH 的传输速率以 51.84 Mbps 为基准，一般为它的数倍。目前，已有针对 40 Gbps SDH 的 OC 768 产品。

2. FDDI

FDDI(Fiber Distributed Data Interface)为分布式光纤数据接口。由于后来高速 LAN 提供了 Gbps 级的传输速率，FDDI 就逐渐淡出应用领域。FDDI 采用令牌(追加令牌)环的访问方式，该方式在网络拥堵的情况下极容易导致网络收敛。

3. 高速 PLC

高速 PLC(Power Line Communication)是指在家里或办公室内利用电力线上数 MHz～数十 MHz 频带范围,实现数十 Mbps～200 Mbps 传输速率的一种通信方式。使用电力线不用重新布线,能进行日常生活以及家电设备或办公设备的控制。然而,本不是为通信目的而设计的电力线在传输高频信号时,极容易受到电波干扰,一般仅限于室内(家里、办公室内)使用。

在本书中对其他网络就不再详细展开介绍了,感兴趣的读者可自行查阅相关参考文献了解。

参考文献

[1] 三轮贤一.图解网络硬件[M].北京:人民邮电出版社,2014:298-300。

[2] 竹下隆史,村山公保,荒井透等.图解 TCP/IP[M].北京:人民邮电出版社,2013:22-28。

[3] 田果,刘丹宁,余建威.网络基础[M].北京:人民邮电出版社,2017:17-22。

[4] 田果,刘丹宁.路由与交换技术[M].北京:人民邮电出版社,2017:45-48。

[5] 肖维荣,王谨秋,宋华振.开源实时以太网 POWERLINK 详解[M].北京:机械工业出版社,2015:20-38。